“中山大学物理学实验系列教程”

国家级物理实验教学示范中心系列教材
中山大学物理学实验系列教程

半导体工艺与测试实验

谢德英　陈　晖　黄展云　陈　军　编

科学出版社

北　京

内 容 简 介

本书内容包括半导体工艺的6个主要单项实验、半导体材料特性表征与器件测试实验、工艺和器件特性仿真实验，并通过综合流程实验整合各单项实验知识和技能，着重培养学生的半导体器件的综合设计能力.

本书可作为高等院校微电子学、电子科学与技术、光电等专业本科生相关实验课程的教材，也可作为从事微电子科学、电子器件、集成电路等工程研究和应用相关人员的实验技术参考书.

图书在版编目(CIP)数据

半导体工艺与测试实验/谢德英等编.—北京：科学出版社，2015.3
国家级物理实验教学示范中心系列教材·中山大学物理学实验系列教程
ISBN 978-7-03-043646-7

Ⅰ.①半… Ⅱ.①谢… Ⅲ.①半导体工艺-高等学校-教材 Ⅳ.①TN305

中国版本图书馆CIP数据核字(2015)第045678号

责任编辑：罗 吉 昌 盛/ 责任校对：张凤琴
责任印制：吴兆东/ 封面设计：迷底书装

科学出版社出版
北京东黄城根北街16号
邮政编码：100717
http://www.sciencep.com
北京凌奇印刷有限责任公司印刷
科学出版社发行 各地新华书店经销
*
2015年3月第 一 版 开本：787×1092 1/16
2025年7月第九次印刷 印张：12
字数：232 000

定价：45.00元

(如有印装质量问题，我社负责调换)

前　　言

微电子技术是电子信息产业的基础.微电子技术的持续发展、半导体工艺技术的革新和半导体器件测试技术的完善,使得新器件不断涌现,促进了电子工业的加速发展.与此同时,对高科技人才的需求也是前所未有,半导体工艺、材料与器件特性测试实验已成为了很多高校微电子学专业的一门必修课程,具有实践性强、实践与理论紧密结合的特点,对培养具有竞争力的高素质微电子技术人才十分必要.

全书共分为四章.第1章是绪论,提出了实验目的和要求;第2章是半导体工艺实验,包括硅片清洗、热氧化、光刻、湿法刻蚀、扩散和金属蒸镀实验等半导体器件制造的6个主要单项工艺实验;第3章是半导体材料与器件特性表征实验,实验项目涵盖了典型的半导体材料参数、器件电学特性的表征与测量原理,及其测试技术应用;第4章是综合实验,以半导体器件设计为主线,围绕器件设计与工艺制造,以及器件特性表征与检测技术,把前述的各个单项工艺、测试、仿真实验项目的内容整合在一起,最后设计或制造出硅基NMOS或双极型晶体管等器件.由此通过案例式的实验技能训练,增强学生对各单项实验知识之间的融会贯通,及对半导体器件设计、制造和测试的整体把握.全书章节分明、语言直观、图文并茂、引用完备,力求达到作为完备的实验手册的同时,启发学习者的兴趣和为读者深入了解提供指引.

本书从筹备到出版,先后得到了中山大学教务处、中山大学设备与实验室管理处、中山大学物理科学与工程技术学院等单位的支持和资助;同时,中山大学物理实验教学中心及科学出版社对本教材的编写给予了极大的鼓励和帮助,在此向他们表示衷心的感谢.

本书在编写过程中参考了大量国内有关电子器件、晶体管原理、集成电路工艺等方面的传统教材,同时也参考了国际上在该领域内的许多新教材,其中主要的文献资料已详细列于书后,但难免会有未顾及的,在此一并表示衷心感谢.

限于作者的水平和经验,书中的不足之处在所难免,敬请广大读者批评指正.

编　者

2014年9月

目　录

第1章 绪　　论

半导体工艺与测试实验是微电子学专业的基础课程,围绕半导体材料、器件、工艺等环节开设.根据微电子学专业的培养目标,实验教学将为学生在电子器件领域从事工程技术工作和科学研究提供系统的实践训练.学生在实验的学习过程中,要有意识地提高科学实验素养,具有强烈的求知欲望、严谨的科学态度以及勇于探索的钻研精神.

本章是实验的预备知识,内容安排如下:1.1节和1.2节阐述本实验课程中两大部分实验目的与要求;1.3节介绍洁净实验室的环境;1.4节提出学生进入实验室学习的安全与注意事项.

1.1 实验目的

随着科学技术的发展,社会对大学生的素质要求也不断提高,微电子学专业的学生不但要掌握集成电路的基本理论知识,而且还要掌握基本的实验技能,并具有一定的科学研究能力.半导体工艺与测试实验是一门实践性、技术性较强的专业实验课,是微电子学专业教学内容必不可少的一部分.同时也是理论教学的深化和补充,巩固和加深学生对所学的半导体材料、半导体物理、半导体器件、集成电路原理和微加工技术等专业课程的理解,进一步巩固相关理论知识,为从事电子器件设计与制造打下良好的基础.

本课程通过半导体工艺实验,加深学生对整个半导体器件制造工艺的了解,培养学生的动手能力和半导体器件工艺流程设计的能力,并提高学生独立分析问题、解决问题的能力;通过半导体材料与器件特性表征实验,使对半导体材料性能参数、半导体表面及界面态的测量、半导体器件电学参数的观测等实验手段有较深入的认识,了解和掌握有关半导体材料和器件特性检测方面的基本方法和实验手段,提高学生的实验技能;通过综合实验,利用TCAD(technology computer aided design)仿真软件对工艺和器件进行仿真、设计,扩展对实验局限性的认识,探讨现代工艺和器件的主要改进方向.最后从器件设计、集成制备、表征检测等方面完成半导体器件项目的流程综合训练,着重培养学生的综合设计和创新能力.

1.2 实验要求

1.2.1 实验预习要求

实验前应仔细阅读实验教材和参考资料,熟悉仪器设备的说明书,了解相关的理论知识.明确实验目的、实验原理、实验内容和注意事项,按要求做好预习报告,知道实验该做什么、怎么做,大概会出现怎样的结果.

1.2.2 实验过程要求

实验过程中，要严格遵守实验室有关规章制度，正确操作和使用仪器设备. 实验安全问题十分重要，学生应按照不同实验的要求，佩戴好个人的防护，同时也要注意用电、用气、热辐射、化学腐蚀等安全问题. 每个实验仪器都有具体的指示牌，标明了仪器的正确操作步骤和最重要的注意事项，需要仔细阅读. 实验时，需要填写实验记录表，把测量的原始数据记录下来，同时实验过程中遇到问题，也需要记录下来，与老师共同寻求解决方案，最后要附在实验报告里. 实验结束后，要把仪器设备恢复到初始状态，把有关的实验用品整理好才能离开，如有仪器设备损坏，必须及时报告老师.

1.2.3 实验报告要求

实验报告应简单明了、语言通顺、图表规范完整. 实验报告内容应包括：实验原理简述、实验步骤、实验数据（实验原始记录表）、实验结果分析（含图表）、实验讨论和思考题. 按时提交实验报告.

1.2.4 实验完成后要求

实验课程完成后学生在知识结构和实验技能方面应达到以下要求：

(1) 对整个集成电路工艺流程、半导体材料与器件特性表征方法有一个比较全面的了解；

(2) 能够熟练掌握常见的半导体工艺设备和测试仪器，进一步巩固和加深对集成电路器件的理解，综合运用所学知识提高独立设计集成电路器件的能力；

(3) 能根据实验要求熟练查阅手册及有关的参考资料，通过独立思考，深入钻研有关问题，培养自己独立分析问题、解决问题的能力，具有一定的创新能力；

(4) 准确分析实验结果，认真撰写实验报告及设计报告，要求文理通顺、说理清楚、立论准确；

(5) 通过完成综合实验，培养学生独立解决实际问题的能力，提高学生的科研素质与创新意识.

1.3 洁净室简介

半导体器件制造必须要在一个洁净无污染的环境中进行，基本原则是要有一个封闭的空间，由非污染物建造，并能提供洁净的空气，还包括可以防止由外界或操作人员带入的意外污染.

洁净室是指能将一定空间范围内的空气中的微粒子、有害空气、细菌等污染物排除，并将室内温度、洁净度、室内压力、气流速度与气流分布、噪声振动及照明、静电等控制在某一需求范围内而特别设计的房间. 也即是不论外在空气条件如何变化，其室内均能具有维持原先所设定要求的洁净度、温湿度及压力等性能特性. 按照国际惯例，无尘净化级别主要是根据每立方米空气中粒子直径大于划分标准的粒子数量来规定的. 也就是说所谓无尘并非百分之百没有一点灰尘，而是控制在一个非常微量的单位级别上. 当然这个标准中符合灰尘标准的颗粒相对于我们常见的灰尘已经是小得微乎其微，但是对于半导体制造而言，哪怕是一点点的灰尘都会产生非常大的负面影响，所以在半导体器件生产上，无尘是必然的要求. 每立方米将小于 0.3μm 粒径的微尘数量控制在 3500 个以下，就达到了国际无尘标准的 A 级. 目前应用在芯片级生产加工的无尘标准对于灰尘的要求高于 A 级，这样的高标准主要被应用在一些等级较高的芯片生产上. 5μm 及以下的微尘数量被严格控制在每立方米 1000 个以内，这也就是业内俗称的 1K 级别.

目前，一般半导体工艺洁净实验室主要由以下几个功能区组成：更衣区、风淋室、纯水间、空调机房和工艺实验工作区.

更衣区作为洁净室与外界的缓冲部分，用于放置洁净服. 工作人员必须在此区域更换洁净服，进入洁净室的物品也必须在此清洁.

风淋室是连接洁净室和更衣区的部分，工作人员进入风淋室，高速流动的空气可以吹落洁净服外面的颗粒. 风淋室采用互锁系统，可以防止前后门同时打开.

工艺实验工作区是器件制造的主要场地，回风空气经过一系列过滤器，以均匀平行的方式流出，为洁净室提供洁净的空气，使之达到相应的洁净级别.

为了维持洁净室的高洁净度，除了建立一个完整的空气循环系统外，日常对其维护是很重要的. 洁净室的污染源来自于工作人员、仪器、实验用品（实验材料、化学药品等），其中工作人员是最大的污染源，即使一个经过风淋的工作人员，当他坐着的时候，每秒钟也可释放 10 万到 100 万个颗粒，活动的时候，就会释放得更多. 因此，进入洁净室，工作人员要把身体的每个部位罩住，也就是从头到脚都要在洁净服里面.

1.4 实验室安全与注意事项

实验室是进行科学研究和实践的地方，有大量的仪器设备、实验材料和特殊的实验环境. 各类实验室装备不同，实验环境要求也不同. 学生进入实验室学习一定要养成良好的实验习惯，严格执行实验室给出的各项具体的操作规程和安全防护规则，确保人身安全和仪器安全.

在半导体制造和器件测试的过程中，也存在着广泛的安全隐患，如化学溶液（腐蚀或有毒）、压缩气体、高温、高压电、辐射、机械危险等. 特别是进入洁净室前，必须学习如何使用这些材料和仪器，了解相关的安全准则.

1.4.1 化学溶液使用安全

工艺实验的洁净室内要用到大量的化学溶液，如酸类药品（浓硫酸、浓盐酸、浓硝酸、氢氟酸、浓磷酸、醋酸）、碱类药品（氢氧化钠、氢氧化钾、TMAH、氨水）和有机药品（甲苯、丙酮、乙醇、异丙醇），要正确安全使用这些化学药品，以及学习一些急救措施.

使用化学试剂前，要先看清楚标签和注意事项，或者查阅相关的安全资料，查明是否会对人体造成伤害，药品使用完毕要放回原位. 特别关注以下的操作规范：

(1) 使用强酸和碱类药品前，应戴上耐酸碱手套，穿上塑胶围裙，并戴上防护面罩；

(2) 使用有机药品时,应戴上乳胶手套,并戴上防护面罩;

(3) 在配置浓硫酸溶液时,浓硫酸应最后缓慢加入水溶液中,并用石英棒不断地搅动,绝对禁止把水溶液倒入浓硫酸中,以免飞溅伤人;

(4) 使用氢氟酸时,务必使用塑料容器,严禁使用玻璃容器,氢氟酸溶液使用完毕后,应把残液倒入废弃氢氟酸桶内,严禁直接倒入下水管道.

酸废液需稀释后方可倒入酸碱腐蚀槽内(氢氟酸废液除外),切不可任意倾倒,更不可与有机溶液混合.尤其是浓硫酸废液需稀释后并等溶液完全冷却,方可倒入酸碱腐蚀槽内;碱废液需稀释后方可倒入酸碱腐蚀槽内,切不可任意倾倒,更不可与有机溶液混合.

若不慎接触到化学有毒溶液,以下介绍一些紧急处理方法:

(1) 皮肤或眼睛接触浓硫酸切忌用水冲洗,先用棉布吸取浓硫酸,再用大量水冲洗,接着用3%～5%的碳酸氢钠溶液中和,最后用水清洗;

(2) 皮肤接触氢氟酸时,先用大量清水冲洗较长时间,直至伤口表面发红,然后用3%～5%的碳酸氢钠溶液洗,再以甘油和氧化镁(2∶1)悬浮剂涂抹,最后用消毒纱布包扎;

(3) 眼睛接触氢氟酸时,应先用大量水冲洗,再用3%～5%的碳酸氢钠溶液清洗;

(4) 皮肤或眼睛接触浓盐酸、浓硝酸、浓磷酸或醋酸时,应先用大量水冲洗,再用3%～5%的碳酸氢钠溶液清洗;

(5) 皮肤或眼睛接触碱类药品应先用大量水冲洗,再用2%的乙酸溶液清洗;

(6) 皮肤接触有机药品时,应用清水和肥皂水彻底冲洗;

(7) 眼睛接触有机药品时,提起眼睑,用流动清水或生理盐水冲洗.

此外还要注意其他安全事项:

(1) 在倾注或加热溶液时,不要俯视容器,以防溅在脸上或皮肤上;

(2) 使用药品时,应在通风橱中完成.加热液体时,或超声有机溶液时,应关闭好橱柜门,以免液体飞溅伤人;

(3) 溶液配置完毕后,应在容器上贴上标签,注明所配置溶液的名称;

(4) 在工作时,应养成良好的工作姿势,上身应避免前倾入通风橱中,除避免危险外亦减少污染机会;

(5) 无论晶片处于清洗还是腐蚀状态,绝不可轻忽省略,擅自离开;

(6) 化学药品外泄时应立即向工作人员汇报,并作适当处理,若有撤离需要时应按照指示撤离.

1.4.2 仪器使用安全

使用仪器前要先了解仪器的性能、配置和正确操作方法,严禁拆卸零件及附件,不能私自调整仪器的参数.

曝光机使用时,应注意以下安全事项:

(1) 光刻胶不能在日常白光下打开,需要戴防护手套,避免与化学药品直接接触;

(2) 汞灯电源冷却风机停转或发生某种故障时禁止使用电源;

(3) 汞灯触发时存在很高的电压和电磁干扰,务必注意人身安全和其他电子器件的干扰;

(4) 在测量光强度和调整汞灯时，不要直视光源，要戴好防护眼镜，以免紫外光灼伤眼睛；

(5) 汞灯灯泡饱含水银，水银是危险材料，应小心对待，汞灯光源运行中会达到较高温度，要注意热防护.

氧化扩散炉运行时，炉内温度可以达到 1000℃，注意热防护，避免直接触碰炉体；硅片和扩散源送入炉体时，必须佩戴绝热手套.

电阻蒸发镀膜机使用时，需要用到机械泵和分子泵抽真空，注意分子泵的使用安全，当分子泵高速旋转时，切勿触碰. 在搬运玻璃钟罩的过程中，小心掉落破碎.

1.4.3 用电安全

电气设备与电缆要保证有良好的绝缘和接地，在带电设备上操作时，决不能用金属笔、金属尺，或佩戴戒指、手表. 当手、脚或身体在有汗、水湿的情况下，不能触碰电气设备.

对于一些高压设备，操作过程中身体切勿触碰仪器的电压输出端，以防触电.

当忽然停电、停水时，应立刻切断仪器设备的电源和水源开关，以防来电、来水时，因无人在场发生意外事故和水淹事故.

1.4.4 用气安全

打开气瓶时，必须观察流量计，以免因充气过度使仪器损坏；气体使用完毕，必须把气瓶的总开关关闭.

附录 《洁净室安全卫生工作管理条例》

(1) 进入洁净室前，必须知会管理人员，并通过基本训练；

(2) 进入洁净室严禁吸烟、饮食，除规定纸张和物品外，其他物品一概不得携带进入洁净室，并严禁嬉闹奔跑；

(3) 进入洁净室前，需在洁净室外脱去外鞋，将鞋放置于鞋柜内；

(4) 进入风淋室前，需从更衣区的衣柜中取出洁净服，依程序穿着洁净服，把鞋子、帽子整理好，佩戴好手套和口罩；

(5) 洁净服穿好后，排队通过风淋室，去除灰尘后才能进入洁净室；

(6) 不论进入或离开洁净室，须按规定在更衣区内穿脱洁净服，不可在其他区域，尤其是不可在洁净室内边走边脱；

(7) 洁净服应定期清洗，有破损、脱线时，应及时换新；

(8) 脱下洁净服后必须把洁净服叠好，放进衣柜相应的位置；

(9) 更衣区的衣柜，除了放置洁净服等规定物品外，不得放置其他物品；

(10) 洁净服等不得携带出洁净室，用毕放置于规定的地方；

(11) 任何物品进入洁净室前，必须用酒精擦拭干净；

(12) 任何设备进入洁净室前，请先知会管理人员，在洁净室外擦拭干净后方可进入；

(13) 禁止使用未通过安全考核的仪器，若遇紧急情况，必须依照紧急处理步骤作适当处理，例如关闭水、电、气体等开关.

第 2 章　半导体工艺实验

本章介绍了半导体器件制造工艺中的六个主要单项工艺实验，每项单项工艺将对应介绍工艺的基本原理，展示工艺设备的主要构造组成，实践工艺流程步骤，进行工艺效果的检测. 以使学生对半导体工艺技术有一个深入的了解，提高学生的工艺实验技能，同时加深对半导体制造相关专业理论知识的理解.

内容安排如下：2.1 节介绍器件制造核心工艺——光刻中使用到的光掩模版；2.2 节介绍工艺流程中的 5 种工艺原理：热氧化工艺、光刻工艺、刻蚀工艺、扩散工艺和金属化工艺；2.3～2.8 节是六个单项实验，包括硅片清洗、热氧化工艺、光刻工艺、湿法刻蚀工艺、磷扩散工艺和金属蒸镀工艺实验.

2.1　光掩模版介绍

光刻是集成电路制造工艺中的一个重要环节. 微电子技术以惊人的速度发展，离不开光刻技术的进步，包括掩模制造技术的改进. 随着集成电路设计工艺的发展，对掩模版品质的要求也逐步趋向更为严格. 通常来说百分之八十以上的工艺控制误差产生于光刻工艺这一步骤，如关键线宽尺寸误差、同一尺寸线宽在掩模版上不同位置上的均一性分布误差、掩模版图形成像及分辨率等，目前都已成为光刻和显影工艺所面对的重要挑战. 本章在工艺实验之前先介绍一下掩模版和几个关键的单项工艺. 掩模版是微电子器件制备中的关键要素，也是连接器件设计与工艺设计的主要桥梁. 利用光刻技术，可以把设计的图案通过光刻胶转移到硅片上. 后续的刻蚀工艺，则可以继续把光刻胶图案转移到薄膜上，一个现代的微电子工艺通常需要几十块掩模版.

掩模版是在玻璃底板表层镀铬，使掩模版表面覆盖许多电路图形的副本，将用于整个晶圆表面形成图形(图 2.1.1).

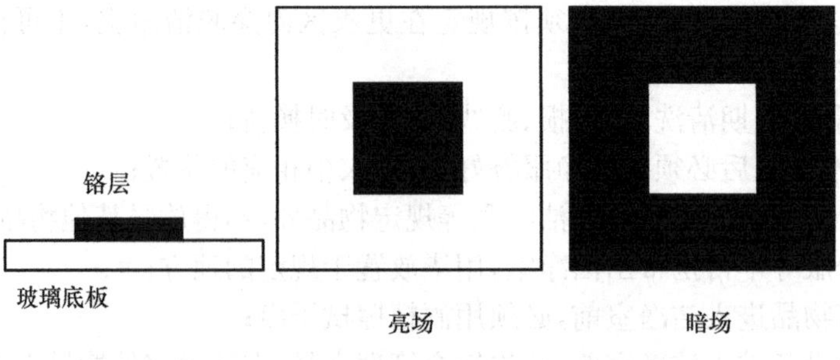

图 2.1.1　在玻璃板上镀铬形成光掩模版

在本教材的实验中一共会用到五块掩模版，它们分别是：n 掺杂窗口、p 掺杂窗口、栅氧/氧化层图案、接触窗口、金属图案.

这些掩模版是由版图设计软件人工设计或通过计算机辅助设计软件自动产生. 版图查看软件打开掩模版图形文件后，可以用多层叠加的形式查看版图. 这里的每一层版图，都由很多闭合的集合图形组成. 这些几何图形，就对应工艺流程中的一块掩模版上的金属图案或者透明窗口. 图 2.1.2 为我们使用的五块掩模版的对应版图文件. 在五层版图同时显现的时候，会以不同的颜色和纹理图案来区分. 比如最上端版图标号，就属于不同层的掩模版.

我们使用的是接触式曝光机，所以掩模版曝光区域的大小是和硅片的大小一致的. 每块掩模版上，都会有很多相同的芯片区域(die). 如图 2.1.2 所示，在我们这套用在 3 英寸硅片的掩模版上，一共有 32 个 die. 每个 die 的尺寸是 $48mm^2$ (8mm×6mm). 在典型的半导体器件生产中，每个 die 对应的就是一个芯片的裸片. 而从做实验的角度出发，每个 die 在空间上处于硅片的不同区域，可以反映出工艺均匀性方面的偏差. 均匀性是半导体工艺中最重要的指标之一，也是半导体工艺工程师在设备研发和工艺调整过程中攻坚的主要内容. 由于光刻工艺处在其他工艺流程之前，并且直接影响工艺在图案上的均匀性，所以保证光刻工艺的均匀性显得尤为重要.

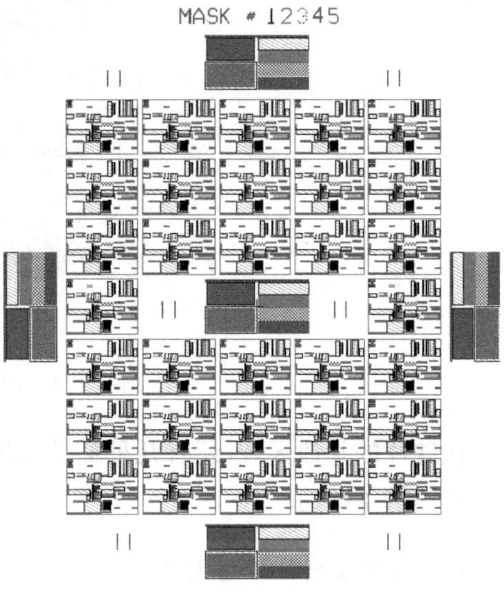

图 2.1.2　光掩模版全图

通过对掩模版版图的查看，可以了解到每块掩模版上的图案. 而通过比对不同层间的图案的重合情况，一个有经验的微电子工程师能很轻易地解读这些器件. 下面是我们准备制备的两种典型器件的版图：

(1) MOS 器件光掩模图案，沟道宽度是 8μm(图 2.1.3)；

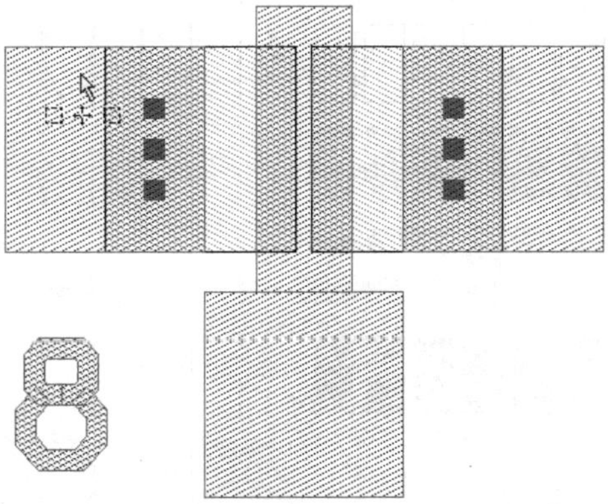

图 2.1.3　MOS 器件光掩模图案

(2) BJT 器件光掩模图案(图 2.1.4).

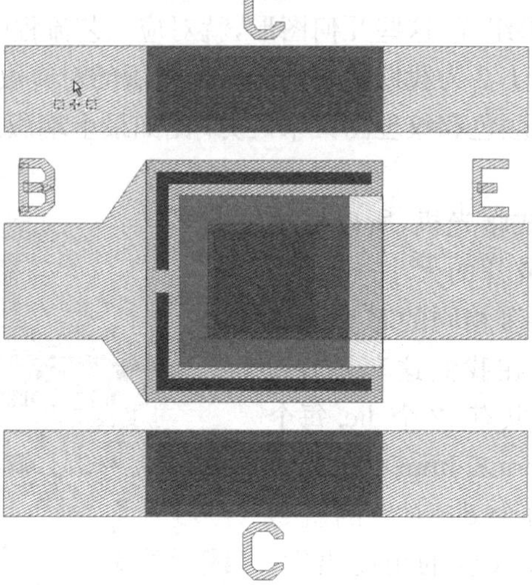

图 2.1.4　BJT 器件光掩模图案

在硅片的其他区域,还有几种辅助结构.这些经过巧妙设计的结构,为工艺流程的质量监控提供了帮助.

一、曝光及刻蚀检查图案

曝光及刻蚀检查图案,由一系列不同宽度的线和槽组成(图 2.1.5).图上面的数字标记表明对应线/槽采用的微米单位宽度.在光刻胶曝光显影过后,我们可以通过检查这些图案了解光刻参数是否适当.以正胶为例,假若 1μm 的线不见了,那么我们就可以判断出现了过曝光或过显影的情况.假若 1μm 的槽没有打开,还有光刻胶残留,我们就可以判断出现了欠曝光或欠显影的情况.同样在刻蚀过程中,这些图案会反映刻蚀工艺是否保留了

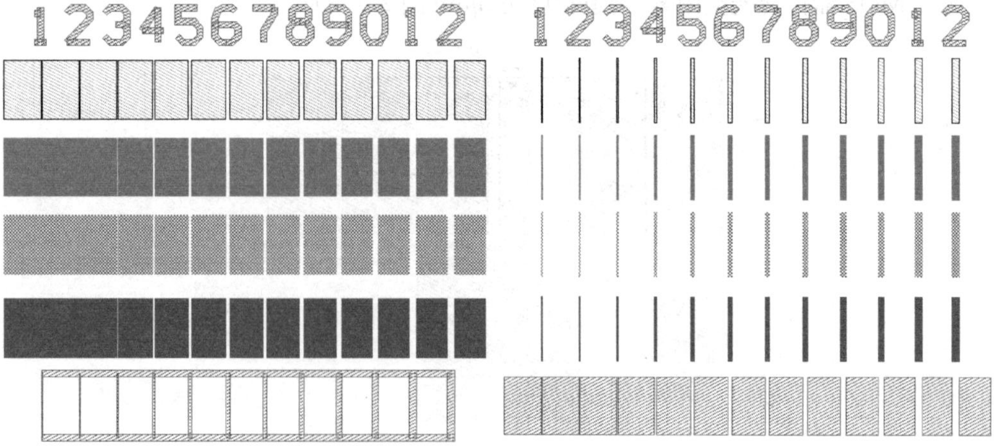

图 2.1.5　曝光及刻蚀检查图案 1

光刻胶的图案. 这些图案的存在与否，基本可以反映我们的工艺能否再现所设计的器件中的相同尺寸的图案.

下面是另一组典型的曝光及刻蚀检查图案(图 2.1.6). 这些图案由两排错位的矩形构成. 对角相邻的矩形之间会有一定的间隙. 假若显影完成后，两个矩形的边连接起来了，我们就可以判断所出来的图形将会比设计的宽了多少. 如果光刻恰当，我们又经过刻蚀工艺，原来相连的两个矩形的边断开了，则这个数量就是刻蚀对图案的横向侵蚀程度有多大.

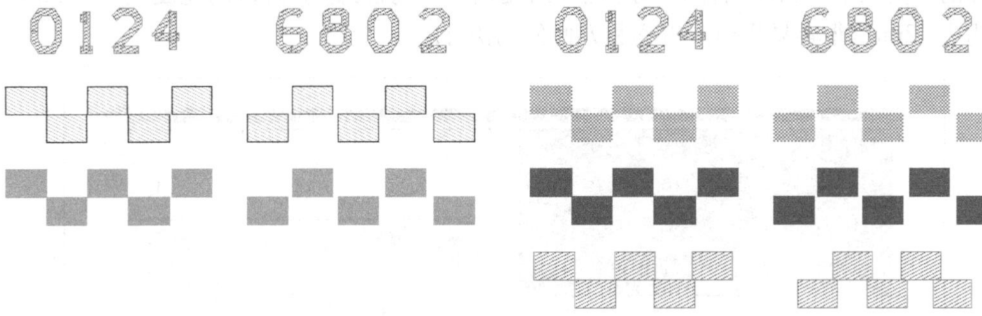

图 2.1.6　曝光及刻蚀检查图案 2

二、套刻对准图案(图 2.1.7)

通过叉丝可以保证对准，同时旁边的梳状游标尺可以估算套刻对准的偏差.

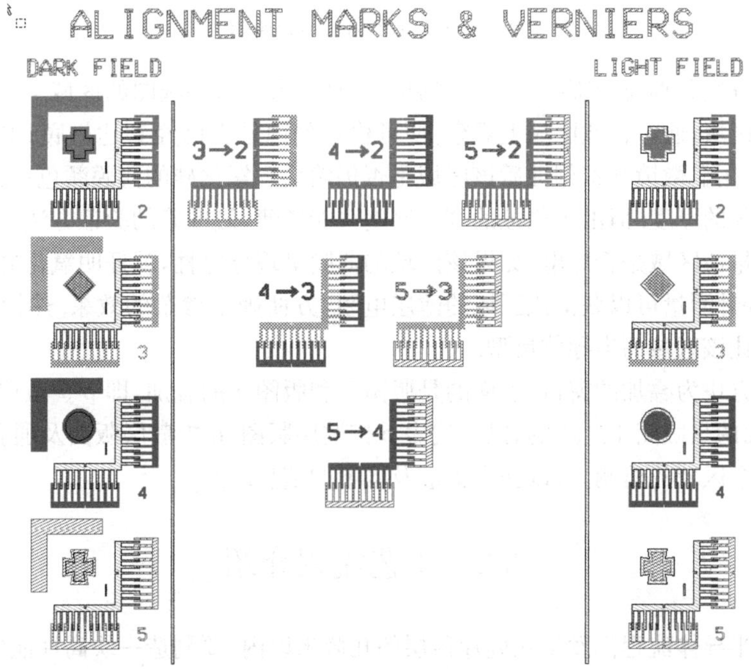

图 2.1.7　套刻对准图案

三、工艺监测窗口(图 2.1.8)

工艺监测窗口用于在各工艺步骤中作检查，以确定工艺的完整性. 例如，在刻蚀工艺过后对刻蚀材料残留的检查，在扩散工艺后对掺杂半导体的性质和导电性的检查等. 这都需要在版图上预留特定的大面积窗口，以便使用接触式的表征设备.

在我们的教学版图中，预留的工艺监测窗口如图 2.1.8 所示，这些监测窗口位于晶圆版图的中间及上、下、左、右四个方位上，以便检查均匀性. 这些窗口的宽度约为 5mm，高度为 1～2mm，很容易用肉眼观察和方便使用探针.

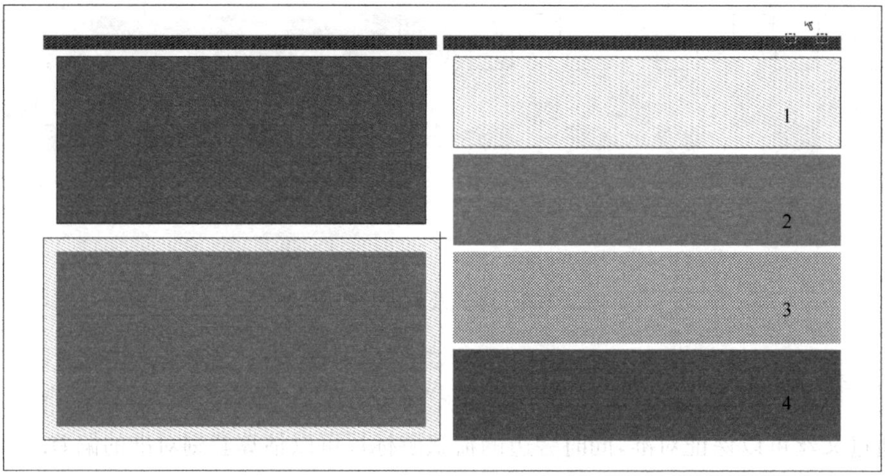

图 2.1.8　工艺监测窗口图案

右列的方块分别属于版图 1～4 层的单个窗口. 由于这些版图的区域属于各步骤中氧化膜刻蚀的区域，通过在此区域上观察，便可检查刻蚀是否已经到达衬底. 主要的检测方法包括：①使用显微镜观察刻蚀后该区域是否仍然呈现氧化硅的薄膜颜色；②使用膜厚测量仪监测薄膜的厚度. 但由于刻蚀的剩余厚度可能较薄，最准确的验证方法是使用热探针或四探针测量该区域是否导电. 如果该区域的薄膜呈现导电性，就证明氧化硅薄膜已经刻蚀干净. 四探针测量可以获得该区域的薄层电阻，方便确定掺杂的效果. 热探针法则可确定掺杂是否让该区域的半导体反型.

左列的方块为叠加的窗口：上面的是版图 1 和版图 4 的叠加，即 p 扩散层版图和通孔层版图，下面的是版图 1、2、4 的叠加，代表 p 扩散层版图、n 扩散层版图及通孔层版图. 所以通过这两个区域的监测，可以获得扩散及接触的信息.

2.2　工艺流程介绍

大多数半导体流程都发生在硅片顶层的几微米以内，要制造一块高性能的微芯片，只需要多次运用有限的几种工艺，也就是说整个半导体工艺就是描述硅片怎么在有限的工艺流程中重复循环. 但是在工艺循环中，必须意识到工艺中的各种变换，如工艺参数和材料工具等，这些变换直接影响到最终的测试结果. 图 2.2.1 是以一个 CMOS 器件的制作工艺为例，经过 24 个步骤，其中有一些需要循环的步骤，如光刻一刻蚀一去胶，最终形成一个 CMOS 器件.

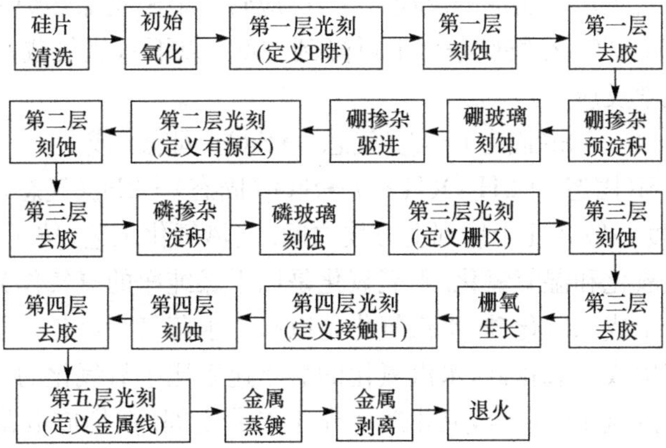

图 2.2.1　CMOS 器件制作工艺

这些制造工艺就是在硅片上执行一系列复杂的化学或物理过程，可以分为四大类：薄膜制作、刻印、刻蚀和掺杂. 无论是简单的 pn 结制作还是复杂的集成电路，都是由这四大类工艺组成. 以下介绍本工艺实验室用到的 5 种工艺：热氧化工艺、光刻工艺、刻蚀工艺、扩散工艺和金属化工艺.

2.2.1　热氧化工艺

由于氧化物制备容易，并且与硅衬底有着优良的界面，氧化膜对于硅基半导体工艺很重要，其应用有以下几方面：

1）保护器件免划伤和隔离沾污. 由于二氧化硅是一种坚硬和无孔(致密)的材料，在硅片表面上生长一层二氧化硅层，可作为一种有效的阻挡层，用来隔离和保护硅内的灵敏器件.

2）限制带电载流子场区隔离(表面钝化). 热氧化形成的二氧化硅可以通过束缚硅的悬挂键，达到降低它的表面态密度的效果，称为表面钝化，能够防止电性能退化，减少由潮湿、离子或其他外部沾污物引起的漏电流通路. 抑制金属层的电荷堆积较厚的氧化层称为场氧化层，典型厚度为 2500～15000Å.

3）栅氧或存储器单元结构中的介质材料. MOS 工艺中常用的栅氧结构就是用极薄氧化层作为介质材料，二氧化硅具有高的介电强度(10^7 V/cm)和高的电阻率(10^{17} Ω · cm).

4）掺杂中的阻挡. 与硅相比，掺杂物在二氧化硅里的移动缓慢，因此二氧化硅作为硅表面选择性掺杂的有效掩蔽层，只需要薄的氧化层就可以阻挡杂质进入. 对于没有二氧化硅保护的硅片表面，掺杂材料可以进入其中，而有二氧化硅保护的硅片表面，可以避免杂质扩散，从而实现选择性杂质注入.

5）金属导电层间的介质层. 通常情况下，二氧化硅是绝缘体，不能导电，是微芯片金属层间有效的绝缘体，可以防止上层金属和下层金属间短路.

因此，热氧化工艺也是硅平面技术中的一项重要工艺. 硅(Si)与含有氧化物质的气体(例如水汽和氧气)在高温下进行化学反应，在硅片表面产生一层致密的二氧化硅(SiO_2)薄膜.

将硅片置于用石英玻璃制成的反应管中，反应管用电阻丝加热炉加热到一定温度(常用的温度为 900～1200℃，在特殊条件下可降到 600℃以下)，氧气或水汽通过反应管时，在硅片表面发生化学反应

$$Si(固态)+O_2(气态)\rightarrow SiO_2(固态)\ 或$$

$$Si(固态)+2H_2O(气态)\rightarrow SiO_2(固态)+2H_2(气态)$$

生成 SiO_2层，其厚度一般在几十埃到上万埃之间. 硅热氧化工艺，按所用的氧化气氛可分为：干氧氧化、水汽氧化和湿氧氧化. 干氧氧化是以干燥纯净的氧气作为氧化气氛，在高温下氧直接与硅反应生成二氧化硅；水汽氧化是以高纯水蒸气为氧化气氛，由硅片表面的硅原子和水分子反应生成二氧化硅，水汽氧化的氧化速率比干氧氧化的快；而湿氧氧化实质上是干氧氧化和水汽氧化的混合，氧化速率介于二者之间. 在集成电路工艺中，以加热高纯水作为水蒸气源，而湿氧氧化则用干燥氧气通过加热的水(常用水温为 95℃)所形成的氧和水汽混合物形成氧化气氛. 用高纯氢气和氧气在石英反应管进口处直接合成水蒸气的方法进行水汽氧化时，通过改变氢气和氧气的比例，可以调节水蒸气压，减少沾污，有助于提高热生长二氧化硅的质量.

对硅热氧化动力学的研究表明，除了几个分子层外，硅热氧化是由氧或水分子 H_2O(或 OH^-)扩散通过已形成的二氧化硅层，在 Si-SiO_2界面与硅反应而生成二氧化硅. 随着氧化过程的进行，Si-SiO_2界面不断向硅内部推移. 当硅生成为二氧化硅时，体积增大 2.2 倍. 二氧化硅的生成速率主要由两个因素控制：①在 Si-SiO_2界面上硅与氧化物反应生成二氧化硅的速率；②反应物(O_2、H_2O 或 OH^-)通过已生成的二氧化硅层的扩散速率. 氧化物由两个生成阶段描述：线性阶段和抛物线阶段.

二氧化硅生长的最初阶段是线性阶段，氧化层厚度与氧化时间呈线性关系：$X=(B/A)t$，式中 X 为生成的二氧化硅厚度，t 为生长时间，(B/A)是线性速率系数，与硅片晶向密切相关. 通常以(111)晶向时的 B/A 为最大，(100)晶向时的 B/A 为最小，$B/A(111)/B/A(100)\approx 1.68$. 温度升高，$B/A$ 值会增加，这意味着氧化速率也会增大. 这个线性阶段的有效性使氧化物的厚度大约生长到 15nm，当 SiO_2达到一定的厚度时，氧化速率由氧化物质通过已生成的二氧化硅膜的扩散速率所控制. 这时二氧化硅的生长进入抛物线阶段：$X=(Bt)^{1/2}$，B 为抛物线速率系数，此阶段二氧化硅的生长要比在线性阶段慢得多. 这是因为当氧化层变厚时，参与反应的氧扩散必须经过更长的距离才能达到 Si/SiO_2 界面，反应受到氧扩散速率的限制. 当抛物线速率系数变大时，氧化物生长速率也会增大，例如湿氧的抛物线速率系数 B 要比干氧大，所以湿氧的氧化速率要快.

2.2.2 光刻工艺

光刻(photolithography)是半导体器件制造工艺中的一个重要步骤，光刻生产的目标是根据电路设计的要求，生成尺寸精确的特征图形，并且在晶圆表面的位置正确且与其他部件(parts)的关联正确. 实现图形转移需要经过两步完成：第一步利用曝光和显影在光

刻胶层上刻画几何图形结构;第二步通过刻蚀工艺将光掩模上的图形转移到衬底上. 通过光刻工艺过程,图形被转移到光刻胶层. 光刻胶是一种感光物质,曝光后会导致自身性质和结构的改变,如正性光刻胶,被曝光部分由非溶性物质变成可溶性物质,经过显影可以去除,在光刻胶层形成一个窗口,对应掩模版的透光部分,如图 2.2.2 所示.

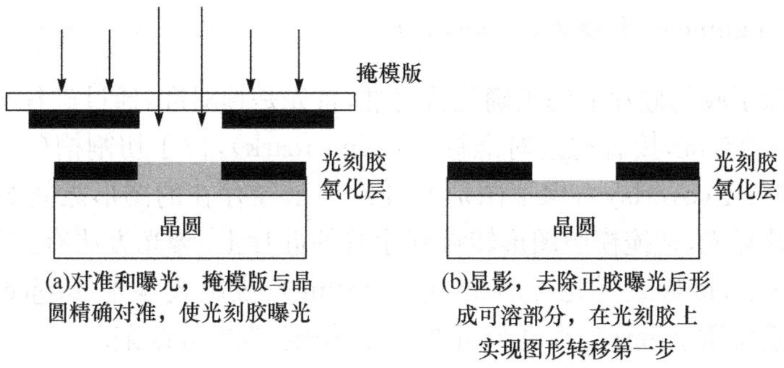

图 2.2.2　光刻过程

光刻是所有四个基本工艺中最关键的. 光刻确定了器件的关键尺寸. 光刻过程中的错误可造成图形歪曲或套准不好,最终可转化为对器件的电特性产生影响. 图形的错位也会导致类似的不良结果. 光刻工艺中的另一个问题是缺陷. 光刻是高科技版本的照相术,只不过是在难以置信的微小尺寸下完成. 在制作过程中的污染物会造成缺陷. 事实上由于光刻在晶圆生产过程中要完成 5 层至 20 层甚至更多层,所以污染问题将会放大.

把图形从掩模版转移到晶圆表面是由多个步骤来完成的,大部分都是基本光刻 10 步法的变异或选项. 这 10 步法是:表面准备(硅片表面清洗烘干)、涂胶、软烘、对准和曝光、显影、硬烘、显影检查、刻蚀、剥离、最终检查.

一、表面准备(硅片表面清洗烘干)

方法是湿法清洗+去离子水冲洗+脱水烘焙;目的是要除去表面的污染物(颗粒、有机物、工艺残余、可动离子)和水蒸气,使基底表面由亲水性变为疏水性,增强表面对光刻胶的黏附性.

二、涂胶(spin-on or coating)

方法是当硅片静止时,滴胶、加速旋转、甩胶、挥发溶剂(原光刻胶的溶剂约占 65%～85%,旋涂后约占 10%～20%);或者当硅片低速旋转时,滴胶、加速旋转(3000rpm)、甩胶、挥发溶剂.

一般旋涂光刻胶的厚度与曝光的光源波长有关(因为不同级别的曝光波长对应不同的光刻胶种类和分辨率):I-line 最厚,约 0.7～3μm;KrF 的厚度约 0.4～0.9μm;ArF 的厚度约 0.2～0.5μm. 决定光刻胶涂胶厚度的关键参数:光刻胶的黏度(viscosity),黏度越低,光刻胶的厚度越薄;旋转速度,速度越快,厚度越薄. 影响光刻胶均匀性的参数:旋转加速度,加速越快越均匀;与旋转加速的时间点有关.

三、软烘(soft baking)

方法是用真空热板 85～120℃,烤 30～60s;目的是除去溶剂(4%～7%),增强黏附性,释放光刻胶膜内的应力,防止光刻胶沾污设备.

四、对准(alignment)和曝光(exposure)

掩模版与涂了胶的硅片上的正确位置对准,首先是预对准,通过硅片上的 notch 或者 flat 进行激光自动对准,接着通过对准标志(align mark),位于切割槽(scribe line)上.层间对准,即套刻精度(overlay),保证图形与硅片上已经存在的图形之间对准.一旦对准,将掩模版和硅片曝光,把掩模版图形转移到涂胶的硅片上.曝光方法有三种:接触式曝光(contact printing)、接近式曝光(proximity printing)、投影式曝光(projection printing).对准和曝光的重要质量指标是线宽分辨率、套准精度、颗粒和缺陷.

五、显影(development)

方法有三种:整盒硅片浸没式显影(batch development)、连续喷雾显影(continuous spray development)/自动旋转显影(auto-rotation development)、水坑(旋覆浸没)式显影(puddle development).

显影中的常见问题:①显影不完全(incomplete development),表面还残留有光刻胶,由显影液不足造成;②显影不够(under development),显影的侧壁不垂直,由显影时间不足造成;③过度显影(over development),靠近表面的光刻胶被显影液过度溶解,形成台阶,显影时间太长.

六、硬烘(hard baking)

方法是热板温度为 100～130℃,烤 1～2min.目的:①完全蒸发掉光刻胶里面的溶剂;②坚膜以提高光刻胶在离子注入或刻蚀中保护下表面的能力;③进一步增强光刻胶与硅片表面之间的黏附性;④进一步减少驻波效应(standing wave effect).

常见问题:①烘烤不足,减弱光刻胶的强度(抗刻蚀能力和离子注入中的阻挡能力减弱),降低针孔填充能力,降低与基底的黏附能力;②烘烤过度,引起光刻胶的流动,使图形精度降低,分辨率变差.

七、显影检查(developing examination)

检查表面对准和缺陷,可以及时发现错误并纠正,是硅片制造过程中少有的可以纠正的几步之一.

八、刻蚀(etching)

包括干法刻蚀和湿法刻蚀两大类,目标是将光刻掩模版上的图形精确地转移到晶圆表面,在刻蚀后图形就会永久地转移到晶圆的表层.

九、剥离(lift off)

将晶圆上的光刻胶去除,传统的方法是用湿法化学工艺,也可以同刻蚀一样,用干法等离子体工艺来去除光刻胶.

十、最终检查

对于刻蚀的不规则性和其他问题进行表面检查.

2.2.3　刻蚀工艺

刻蚀是半导体制造工艺中必不可少的重要步骤.是与光刻相联系的图形化(pattern)处理的一种主要工艺.实现图形转移的第二步,当刻蚀剂把晶圆表面没有被光刻胶覆盖的部分去掉的时候,图形发生转移,图形从光刻胶层转移到晶圆层,如图 2.2.3 所示.

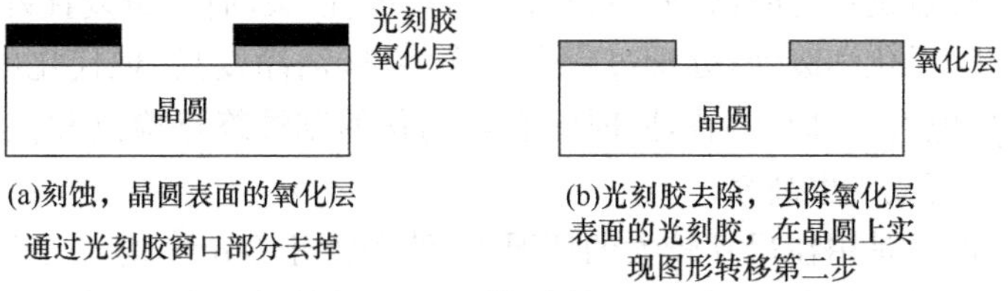

图 2.2.3　刻蚀和去胶过程

刻蚀是用化学或物理方法有选择地从硅片表面去除不需要的材料的过程,基本目标是在涂胶的硅片上正确地复制掩模图形.有图形的光刻胶保护层在刻蚀中不受到腐蚀源的显著侵蚀.这层掩蔽膜用来在刻蚀中保护硅片上的特殊区域即选择性地刻蚀掉未被光刻胶保护的区域.

理想的刻蚀工艺必须具有以下特点:

(1) 各向异性刻蚀,即只有垂直刻蚀,没有横向钻蚀.这样才能保证精确地在被刻蚀的薄膜上复制出与抗蚀剂上完全一致的几何图形;

(2) 良好的刻蚀选择性,即对作为掩模的抗蚀剂和处于其下的另一层薄膜或材料的刻蚀速率都比被刻蚀薄膜的刻蚀速率小得多,以保证刻蚀过程中抗蚀剂掩蔽的有效性,不致发生因为过刻蚀而损坏薄膜下面的其他材料;

(3) 加工批量大,控制容易,成本低,对环境污染少,适用于工业生产.

在半导体制造中,有两种基本的刻蚀工艺:干法刻蚀和湿法刻蚀.

干法刻蚀是亚微米尺寸下刻蚀器件的最主要方法.把硅片表面暴露在气态中会产生等离子体,等离子体通过光刻胶中开出的窗口,与硅片发生物理或化学反应,从而去掉暴露的表面材料.干法刻蚀的种类包括等离子体刻蚀、离子铣刻蚀和反应离子刻蚀.

等离子体刻蚀:利用气压为 10～1000Pa 的特定气体(或混合气体)的辉光放电,产生能与薄膜发生离子化学反应的分子或分子基团,生成的反应产物是挥发性的.它在低气压的真空室中被抽走,从而实现刻蚀.通过选择和控制放电气体的成分,可以得到较好的刻蚀选择性和较高的刻蚀速率,但刻蚀精度不高,一般仅用于大于 4μm 线条的工艺中.

离子铣刻蚀：低气压下惰性气体辉光放电所产生的离子加速后入射到薄膜表面，裸露的薄膜被溅射而除去. 由于刻蚀是纯物理作用，各向异性程度很高，可以得到分辨率优于 1μm 的线条. 这种方法已在磁泡存储器、表面波器件和集成光学器件等制造中得到应用. 但是，这种方法的刻蚀选择性极差，须采用专门的刻蚀终点监测技术，而且刻蚀速率也较低.

反应离子刻蚀：这种刻蚀过程同时兼有物理和化学两种作用. 辉光放电在零点几到几十帕的低真空下进行. 硅片处于阴极电势，放电时的电势大部分降落在阴极附近. 大量带电粒子受垂直于硅片表面的电场加速，垂直入射到硅片表面上，以较大的动量进行物理刻蚀，同时它们还与薄膜表面发生强烈的化学反应，产生化学刻蚀作用. 选择合适的气体组分，不仅可以获得理想的刻蚀选择性和速度，还可以使活性基团的寿命缩短，这就有效地抑制了因这些基团在薄膜表面附近的扩散所造成的侧向反应，大大提高了刻蚀的各向异性特性. 反应离子刻蚀是超大规模集成电路工艺中很有发展前景的一种刻蚀方法.

干法刻蚀的优点是：各向异性好，选择比高，可控性、灵活性、重复性好，细线条操作安全，易实现自动化，无化学废液，处理过程未引入污染，洁净度高. 现代化的干法刻蚀设备包括复杂的机械、电气和真空装置，同时配有自动化的刻蚀终点检测和控制装置，这种工艺的设备复杂，投资成本也高昂.

湿法刻蚀一般只是用在尺寸较大的情况下（线条大于 3μm），是一个纯粹的化学反应过程，是指利用溶液与预刻蚀材料之间的化学反应来去除未被掩蔽膜材料掩蔽的部分，从而达到刻蚀目的. 例如，用一种含有氢氟酸的溶液刻蚀二氧化硅薄膜，用磷酸刻蚀铝薄膜等. 在刻蚀过程中，必须控制基本的湿法刻蚀参数：溶液浓度、浸泡时间、腐蚀槽的温度、溶液槽的搅动、样品的批次.

湿法刻蚀的优点是操作简便、对设备要求低、易于实现大批量生产，并且刻蚀的选择性也好. 但是，化学反应的各向异性较差，存在横向钻蚀的缺点，使所得的刻蚀剖面呈圆弧形，精确控制图形变得困难. 湿法刻蚀的另一问题是抗蚀剂在溶液中，特别在较高温度的溶液中易受破坏而使掩蔽失效，因而对于那些只能在这种条件下刻蚀的薄膜必须采用更为复杂的掩蔽方案. 另外，湿法刻蚀过程中存在化学腐蚀槽的安全性，可能带来的光刻胶脱落和起泡，难以控制腐蚀槽的参数以保证均匀性，化学溶液的处理费用昂贵等问题. 对于采用微米级和亚微米量级线宽的超大规模集成电路，刻蚀方法必须具有较高的各向异性特性，才能保证图形的精度，但湿法刻蚀不能满足这一要求.

2.2.4　扩散工艺

使晶体管和二极管工作的结构是 pn 结，结就是富含电子的区域（n 区）与富含空穴的区域（p 区）的分界处，具体位置是在电子浓度与空穴浓度相同的地方. 通常在半导体晶圆表面形成 pn 结的方法是：热扩散或离子注入. 在大规模和超大规模集成电路制造中，已逐步采用离子注入掺杂工艺，但扩散工艺仍是集成电路制造中的一种主要掺杂工艺. 热扩散工艺就是利用固态扩散原理将杂质元素按要求的深度掺入半导体表面或体内指定区域的工艺. 在硅集成电路工艺中，主要是掺化学元素Ⅲ族和Ⅴ族杂质. 掺入Ⅲ族元素形成 p 区；掺入Ⅴ族元素形成 n 区. 杂质扩散工艺用于制作 pn 结或构成集成电路中的电阻、电容、互连布线、二极管和晶体管等器件，也用于器件之间的隔离，其目的可归纳为以下三个方面：

(1) 在晶圆表面产生具体掺杂原子浓度；

(2) 在晶圆表面下的特定位置形成pn结；

(3) 在晶圆表面层形成特定的掺杂原子浓度分布.

集成电路的衬底通常是硅片. 常温下杂质在硅内扩散很慢，尽管多数集成电路要求的杂质扩散只有零点几到1μm或2μm的深度，但对多数杂质(如硅中的Ⅲ族、Ⅴ族元素)来说，扩散温度仍然要在1000℃上下或者更高，掺杂过程才能在较短时间内完成. 因此，制造集成电路的扩散工艺，就是在一个系统内把硅片和杂质源按一定的温度加热一定的时间，以达到所需的掺杂浓度和深度.

扩散的方法有很多，按所用杂质源的形式分为：液态源扩散、固态源扩散、气态源扩散；按所用扩散系统的形式分为：开管式扩散、闭管式扩散以及箱法扩散.

无论是哪种扩散方法都需要经过以下步骤：

(1) 开启扩散炉平衡温度；

(2) 清除硅片表面的杂质及自然氧化层；

(3) 将硅片送入扩散炉中，开始预淀积；

(4) 升高炉温，推进并激活杂质；

(5) 取出硅片，测量扩散层的电阻和结深.

硼扩散：扩散硼的杂质源虽然很多，但是大多数源都是先分解或化合产生三氧化二硼，再与表面硅反应产生单质硼并向硅内扩散，反应式如下：

$$2B_2O_3+3Si \xlongequal{} 3SiO_2+4B$$

磷扩散：磷扩散的杂质源很多，但大多数源都是经化学反应先生成五氧化二磷(P_2O_5)，再与硅反应生成单质磷向硅内扩散，反应式如下：

$$2P_2O_5+5Si \xlongequal{} 4P+5SiO_2$$

一、固态源扩散

惰性气体作为载气把杂质源蒸气输运到硅片表面，在扩散温度下，杂质化合物与硅反应生成单质杂质原子向硅内扩散. 固态源扩散对于大尺寸的晶圆有很好的均匀性，杂质块使用安全，室温下没有有毒蒸气. 具有设备简单，操作方便，不需要盛放杂质源的器具和携带杂质源的气体，气体流量不会影响扩散结果，扩散效果好等优点. 但也存在杂质块使用时会有破碎，由于杂质块会占据炉管中的位置，使产能降低，杂质块需要清洗或烘烤等不足. 固态源扩散工艺如图2.2.4所示.

固态硼扩散选择片状氮化硼作为杂质源，首先经过氧化激活，使其表面氧化生成三氧化二硼，三氧化二硼与硅反应生成二氧化硅和硼原子，硼原子开始扩散. 氮化硼(BN)片与硅片大小相当，和硅片相间均匀放置在舟上. 不需载气，但以N_2或Ar保护. 反应式如下：

$$4BN+2O_2 \xlongequal{} 2B_2O_2+2N_2$$

$$2B_2O_3+3Si \xlongequal{} 3SiO_2+4B$$

氮化硼化学性质稳定，酸和强碱溶液以及氯气等几乎都不能与它反应. 有很强的吸水

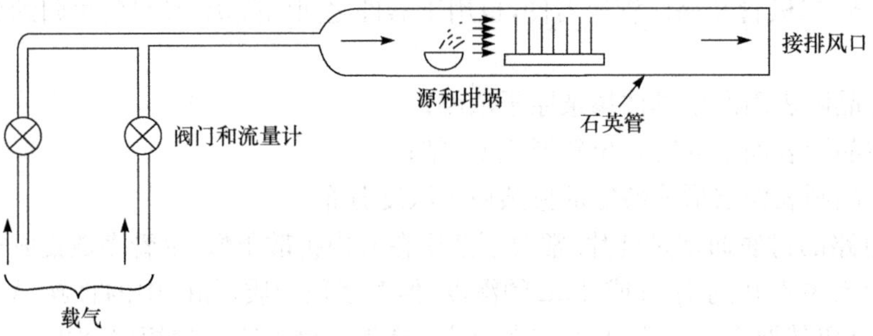

图 2.2.4　固态源扩散工艺

性,所以杂质源通常存放在充满干燥氮气的器皿中.

磷的固态源扩散也是经常采用的一种方法.固态扩散源是磷钙玻璃,由 CaO 与 P_2O_5 按一定比例(CaO : P_2O_5 = 1 : 3～1 : 5)在氯气保护下于 900℃焙烧而成.扩散温度一般为 1050℃,固态扩散源中的 CaO 主要起调节 P_2O_5 蒸气压的作用.磷钙玻璃有很强的吸水性,系统要注意干燥.反应式如下:

$$2P_2O_5 + 5Si = 4P + 5SiO_2$$

二、液态源扩散

液态源扩散是指杂质源为液态,被储存在控温的石英瓶中,利用载气(如 N_2)通过液态杂质源,携带着杂质蒸气进入高温扩散反应管,杂质蒸气在高温下分解,并与硅表面硅原子发生反应,释放出杂质原子向硅中扩散,以达到掺杂的目的.控制好炉温、扩散时间以及杂质总量就可以得到预期的掺杂工艺要求.液态源扩散的优势是成本比较低,能够连续掺杂,但存在均匀度(尤其对直径较大的晶圆)、安全性和污染问题.液体源扩散工艺如图 2.2.5 所示.

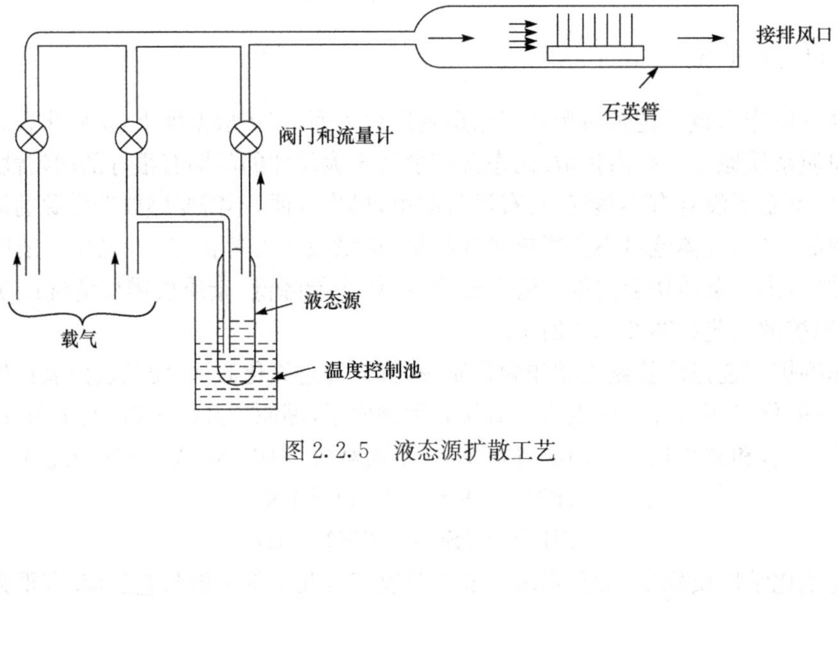

图 2.2.5　液态源扩散工艺

溴化硼(BBr_3)是一种硼扩散液态源,反应式如下:

$$4BBr_3 + 3O_2 = 2B_2O_3 + 6Br_2$$

$$2B_2O_3 + 3Si = 3SiO_2 + 4B$$

三氯氧磷($POCl_3$)是普遍选用的一种磷扩散液态源. $POCl_3$是无色透明液体,因溶有P_2O_5或氯气而呈红黄色. 反应式如下:

$$4POCl_3 + 3O_2 = 2P_2O_5 + 6Cl_2$$

$$2P_2O_5 + 5Si = 4P + 5SiO_2$$

三、气态源扩散

利用载气(如 N_2)稀释杂质气体,杂质气体在高温下与硅表面的硅原子发生反应,释放出杂质原子向硅中扩散. 气态杂质源(剧毒气体)有:磷烷(PH_4)、砷烷(AsH_3)、氢化锑(SbH_3)、乙硼烷(B_2H_6)等. 气态源扩散具有可通过压力阀精确控制的优势,可用于较大直径的晶圆,洁净度比液态源好. 但气体管路中不需要的反应会产生二氧化硅粉尘,可能会污染炉管和晶圆.

乙硼烷(B_2H_6)是目前重要的气态硼源. 反应式如下:

$$B_2H_6 + 3O_2 = B_2O_3 + 3H_2O$$

$$2B_2O_3 + 3Si = 3SiO_2 + 4B$$

磷的气态源主要是磷化氢(PH_3),也称磷烷. PH_3是无色、易燃、易爆的剧毒气体,在-87.4℃凝结为液体,在-137℃时结晶为固体. 反应式如下:

$$2PH_3 + 4O_2 = P_2O_5 + 3H_2O$$

$$2P_2O_5 + 5Si = 4P + 5SiO_2$$

气体源扩散工艺如图 2.2.6 如示.

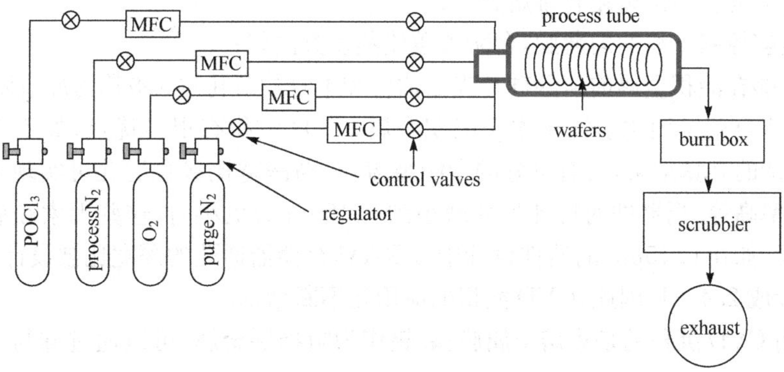

图 2.2.6　气态源扩散工艺

2.2.5　金属化工艺

金属化是芯片制造过程中在绝缘介质薄膜上沉积金属薄膜以及在上面刻印图形以便形成互连金属线和集成电路的孔填充塞的过程,即采用物理或化学处理的方法在芯片上沉积导电金属膜的过程. 为了提高性能,对于金属材料提出如下的要求:导电率高、黏附性好、易于沉积、可靠性好、抗腐蚀性好以及很好的抗机械应力特性. 在硅片制造中,通常使用铝、铜和铝铜合金.

金属沉积的方法有:真空蒸发、溅射、金属 CVD、铜电镀等.

真空蒸发:通过把被蒸镀材料(如铝)放置于坩埚在真空系统中加热,利用被蒸镀物质在高温下(接近物质的熔点)的饱和蒸气压,来进行薄膜沉积. 金属原子获得足够的能量后脱离金属表面的束缚成为蒸气原子,蒸气原子沿直线运动,撞到硅片表面凝结形成薄膜. 灯丝和电子束源是常用的蒸发方法. 蒸发镀膜的优点是采用电子束加热薄膜纯度高,设备简单. 但最大的缺点是不能产生均匀的台阶覆盖,不适合淀积合金. 为了沉积由多种材料组成的合金,蒸发器需要有多个坩埚,这是因为不同材料的蒸气压不同而产生的问题,使得沉积的合金组分具有任意精度.

溅射可以用来淀积不同类型金属和不容易用 CVD 方法淀积的合金. 在间隙填充方面,也是对真空蒸发的一个大的改进,通过溅射可以获得良好的台阶覆盖. 溅射也是物理气相淀积形式之一,主要是一个物理过程,而非化学过程. 原理:在溅射过程中,高能粒子撞击具有高纯度的靶材料固体平板,按物理过程撞击出原子. 这些被撞击出的原子穿过真空,最后淀积在硅片上. 溅射过程可以归纳为 6 个基本步骤:①在高真空腔等离子体中产生正氩离子,并向具有负电势的靶材料加速;②在加速过程中获得动量,并轰击靶;③离子通过物理过程从靶上撞击出(溅射)原子,靶具有想要的材料组分;④被撞击出(溅射)的原子迁移到硅片表面;⑤被溅射的原子在硅片表面凝聚形成薄膜,与靶材料相比,薄膜具有与它基本相同的材料组分;⑥额外材料由真空泵抽走. 主要的溅射系统有四种:直流溅射,射频溅射,磁控溅射,离子化的金属等离子(IMP).

溅射沉积有以下的优点:

(1) 具有淀积并保持复杂合金原组分的能力;

(2) 能够淀积高温熔化和难熔金属;

(3) 能够控制淀积均匀薄膜,台阶覆盖比蒸发方法好;

(4) 能够在淀积金属前清除硅片表面沾污和本身的氧化层(被称为原位溅射刻蚀).

金属 CVD 就是用化学气相方法沉积金属,CVD 淀积有很多优点,如不需要造价昂贵、维护复杂的高真空泵,具有良好的台阶覆盖,对高深宽比接触通孔可实现无间隙式的填充,生产率高等. 当器件的特征尺寸减小到 $0.15\mu m$ 或更小时,这些因素在硅片制造业中至关重要. 如在 $0.15\mu m$ 的器件设计中,DRAM 存储器通孔的深宽比被设计成 7∶1,逻辑电路设计成 2.4∶1. 因此,CVD 淀积的应用在不断增加.

最常用 CVD 沉积的是难熔金属膜钨. 钨作为阻挡层金属,可以通过硅与六氟化钨气体进行反应:

$$2WF_6 + 3Si \longrightarrow 2W + 3SiF_4$$

电镀铜金属的基本原理是将具有导电表面的硅片沉浸在硫酸铜溶液中(这个溶液包含所需要淀积的铜). 硅片和种子层作为带负电荷的平板或阴极电连接到外电源. 固体铜块沉浸在溶液中并构成带正电荷的阳极. 电流从硅片进入溶液到达铜阴极. 当电流流动时,下列反应在硅片表面淀积铜金属:

$$Cu^{2+} + 2e^- \longrightarrow Cu^0$$

2.3　硅片清洗实验

【实验目的】

1. 了解硅片表面的沾污物；
2. 了解每一种污染物的清洗方法；
3. 掌握硅片的湿法清洗过程.

【实验原理】

由于硅片上关键尺寸的缩小，硅片表面在经受工艺之前必须是洁净的，因此在工艺之前需要把硅片表面的沾污物通过清洗而排除. 硅片表面的沾污物包括：颗粒、有机物、无机物和自然氧化层. 颗粒污染包括硅渣、尘埃、细菌、微生物、有机胶体纤维等，会导致各种缺陷；有机污染包括光刻胶、有机溶剂残留物、合成蜡和人接触器件、工具、器皿带来的油脂或纤维；无机污染包括重金属金、铜、铁、铬等，严重影响少数载流子寿命和表面电导，碱金属如钠等，会引起严重漏电. 每一工艺步骤都是硅片上器件潜在的污染源，因此硅片的清洗工艺贯穿着芯片生产的全过程，在去除全部污染物的同时，不会刻蚀或损害芯片表面.

硅片的清洗方法大概分为物理清洗和化学清洗两种.

一、物理清洗

物理清洗有三种方法. ①刷洗或擦洗：可使用刷洗器，将硅片承载在一个旋转的真空吸盘上，在去离子水冲洗表面的同时，一个旋转的刷子近距离地接触旋转的硅片，刷子和硅片旋转地结合在硅片表面产生了高能量的清洗动作，可除去颗粒污染和大多数粘在片子上的薄膜. ②高压清洗：是用液体喷射片子表面，喷嘴的压力高达几百个大气压. 高压清洗依靠喷射作用，片子不易产生划痕和损伤. 但高压喷射会产生静电作用，依靠调节喷嘴到片子的距离、角度或加入防静电剂加以避免. ③超声波清洗：超声波声能传入溶液，依靠气蚀作用洗掉片子上的污染. 但是，对于有图形的硅片要去除小尺寸颗粒的时候则比较困难. 将频率提高到超高频频段（兆声频段），清洗效果更好.

二、化学清洗

化学清洗是为了除去原子、离子不可见的污染，方法比较多：有溶剂萃取、酸洗（硫酸、硝酸、王水、各种混合酸等）和等离子体法等. 液体的化学清洗工艺通常称为湿法工艺或湿法清洗. 浸泡型清洗在嵌入清洗台台板上的玻璃、石英或聚四氟乙烯的槽子中进行. 槽子放置于加热盘上，周围被加热用的电阻丝缠绕或者其内部有一个浸入式加热器，清洗液将被加热，增强清洗效果. 化学品也可以用于喷洒，应用于直接冲击或离心分离设备中. 常见的化学清洗剂有硫酸、过氧化氢、盐酸、氨水等. 其中过氧化氢体系清洗方法效果好，环境污染小.

占统治地位的硅片表面清洗方法是湿化学法. 工业标准湿法清洗工艺称为 RCA 清洗工艺，由一系列有序地浸入两种不同的化学溶液组成，1 号标准清洗液（SC-1）和 2 号标准清洗液（SC-2）. SC-1 清洗液是碱性溶液，化学配料为 $NH_4OH/H_2O_2/H_2O$（氢氧化铵/

过氧化氢/去离子水)，这三种化学物按 1∶1∶5 到 1∶2∶7 的配比混合，这种溶液能去除颗粒和有机物，对于颗粒，SC-1 湿法清洗主要通过氧化颗粒或电学排斥起作用. SC-2 清洗液是酸性溶液，化学配料为 $HCl/H_2O_2/H_2O$(盐酸/过氧化氢/去离子水)，这三种化学物按 1∶1∶6 到 1∶2∶8 的配比混合，这种溶液能去除硅片表面的金属，在酸溶液中金属成为离子形式，并溶于溶液中. 这两种化学配料都是以过氧化氢为基础，温度通常在 75～85℃，放置 10～20min.

硅是很容易氧化的，在空气中或者在加热的时候都能进行氧化反应，即使很薄的氧化层，都会阻碍其他工艺的正常进行，如阻挡晶圆表面与金属层之间的良好电接触，因为这层氧化层可成为绝缘体. 要去除这层氧化层，氢氟酸(HF)是首选的强酸，典型的稀释溶液是 1∶50 到 1∶100，对于浓度的选择依赖于芯片上氧化物的多少，因为水和氢氟酸的溶液既可将孔洞中的氧化物刻蚀，同时也会把表面其余部分的氧化物去除. 为了保证有效地去除孔中氧化物的同时，不会过分地刻蚀其他的氧化层，必须要控制溶液浓度. HF 浸泡之后，硅片表面完全被氢原子终止，在空气中具有很高的稳定性，避免了再次氧化. 许多清洗方法都是在最后一步时把硅片表面曝露于氢氟酸中，以去除硅片表面的自然氧化层，称为 HF 结尾.

典型的硅片湿法清洗的顺序如表 2.3.1 所示：

表 2.3.1　清洗步骤和目的表

清洗步骤	目的
H_2SO_4/H_2O_2	有机物和金属
超纯水	清洗溶液
稀 HF 溶液	自然氧化层
超纯水	清洗溶液
SC-1	颗粒
超纯水	清洗溶液
HF 溶液	自然氧化层
超纯水	清洗溶液
SC-2	金属
超纯水	清洗溶液
HF 溶液	自然氧化层
超纯水	清洗溶液
干燥	干燥

【实验设备和材料】

通风柜、硅片篮子、秒表、氮气枪、清洗溶液

【实验内容与步骤】

一、实验准备

(1) 准备容器：用去离子水(DI)清洗容器、量筒；

(2) 准备化学药品：去离子水 H_2O、双氧水 H_2O_2、氢氧化铵 NH_4OH、硫酸 H_2SO_4、氢氟酸 HF.

二、实验过程

(1) 把需要清洗的硅片放置到硅片篮子中；

(2) 稀释氢氟酸溶液(DI∶HF＝50∶1)，把硅片篮子放入稀释的氢氟酸溶液中刻蚀 30s，浸泡时，要缓慢地前后移动硅片篮子，保证刻蚀均匀；

(3) 从氢氟酸溶液中取出硅片篮子，在去离子水中冲洗 10～20s；

(4) 配置 1 号清洗液(SC-1)：1800 ml H_2O、360 ml H_2O_2、180 ml NH_4OH；

(5) 将硅片篮子放入 SC-1 中，在 75℃的温度下浸泡 10 min；

(6) 从 SC-1 中取出硅片篮子，在去离子水中冲洗 10～20s；

(7) 再次把硅片篮子浸泡于稀释 HF 溶液中，刻蚀 15s，在去离子水中冲洗 10～20s；

(8) 配置 2 号清洗液(SC-2)：1820ml H_2O、320ml H_2O_2、110ml H_2SO_4；

(9) 将硅片篮子放入 SC-2 中，在 75℃的温度下浸泡 10min；

(10) 从 SC-2 中取出硅片篮子，在去离子水中冲洗 10～20s；

(11) 用氮气枪将硅片表面的水迹吹干，保证硅片表面清洁，放置于干燥的地方待用.

三、实验记录(表 2.3.2 所示)

表 2.3.2　清洗工艺记录表

项目	配方	浸泡温度	浸泡时间
氢氟酸溶液			
去离子水			
SC-1			
去离子水			
氢氟酸溶液			
去离子水			
SC-2			
去离子水			

【实验报告与数据分析】

1. 清洗液配置的全过程；
2. 实验结果的分析与讨论；
3. 完成思考题.

【注意事项】

1. 配置溶液时都要戴上手套，并且在通风柜里面进行；
2. 倾倒化学药品时，避免瓶口接触量筒和容器，以免污染瓶子剩下的化学药品；
3. 取用硅片时，要使用芯片镊子(wafer tweezers).

【思考题】

1. 硅片表面通常存在哪四种类型的污染物?
2. 写出每一种污染物相应的清洗用化学品或化学溶液配方;
3. 解释亲水性表面和疏水性表面的不同之处;
4. 氢氟酸清洗完的硅片是亲水还是疏水的,如何判断?

2.4　热氧化工艺实验

【实验目的】

1. 理解氧化硅的形成;
2. 了解氧化炉的工作原理和基本操作;
3. 了解氧化工艺的步骤.

【实验原理】

二氧化硅能够紧紧地依附在硅衬底表面,具有极稳定的化学性和电绝缘性. 因此,二氧化硅可以用来作为器件的保护层和钝化层,以及电性能的隔离、绝缘材料和电容器的介质膜.

二氧化硅的另一个重要性质是对某些杂质(如硼、磷、砷等)起到掩蔽作用,从而可以实行选择扩散. 正是利用这一性质,并结合光刻和扩散工艺,才发展起来平面工艺和超大规模集成电路.

制备二氧化硅的方法很多,但热氧化制备的二氧化硅掩蔽能力最强,是集成电路工艺最重要的工艺之一. 本实验采用热氧化法二氧化硅制备工艺.

根据迪尔-格罗夫热氧化模型(Deal-Grove thermal oxidation model),热氧化过程须经历如下过程,如图 2.4.1 所示:

(1) 氧化剂从气体内部以扩散形式穿过滞流层运动到 SiO_2气体界面,其流密度用 F_1 表示. 流密度定义为单位时间通过单位面积的粒子数;

(2) 氧化剂以扩散方式穿过 SiO_2层(忽略漂移的影响),到达 SiO_2-Si 界面,其流密度用 F_2表示;

(3) 氧化剂在 Si 表面与 Si 反应生成 SiO_2,流密度用 F_3表示;

(4) 反应的副产物离开界面.

氧化的致密性和氧化层厚度与氧化气氛(氧气、水气)、温度和气压有密切关系,应用于集成电路掩蔽的热氧化工艺一般采用干氧→湿氧→干氧的工艺制备.

干氧和湿氧:湿氧的生长速率较快,产量高,但生长的氧化膜性能较差.

线性和抛物线速率系数:SiO_2 的热氧化有两种极限情况,线性近似和抛物线近似. 氧化速率取决于扩散的快慢和化学反应的快慢,具体哪一个起主要作用,将取决于氧化时的条件.

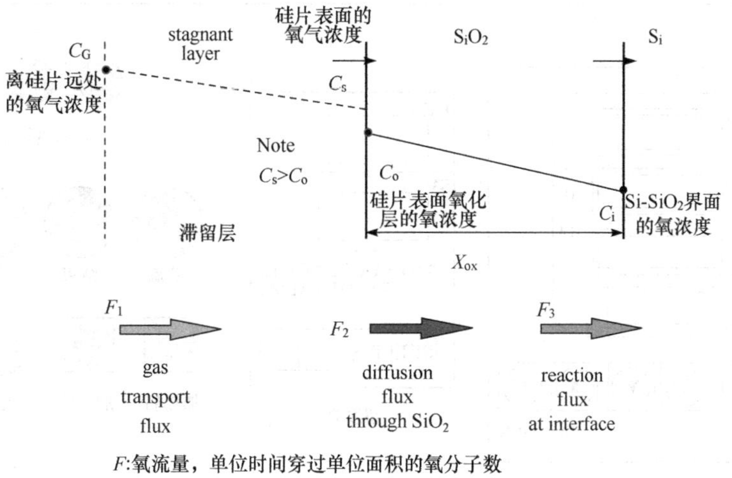

图 2.4.1　氧化气流浓度变化

【实验设备和材料】

SRD -L4514-3 三管扩散炉、尾气处理塔系统、F40 薄膜分析仪、石英舟、石英拉杆、绝热手套、氮气、氧气

SRD -L4514 -3 三管扩散炉的主机为水平三管炉系统构架，可以独立完成氧化（干氧和湿氧工艺）和扩散（硼扩散和磷扩散）的工艺. 仪表控制系统如图 2.4.3 所示，对炉温、气体流量等进行自动控制，具有断电报警、超温报警、极限超温报警等多种安全保护功能. 主要适合于 3 英寸（兼容 4 英寸工艺）硅片的硼扩散、磷扩散、一次氧化、干氧氧化、基区扩散氧化、合金、退火等工艺. 设备由以下几部分组成：气源柜组件、主机组件、工作台组件、石英管、石英帽、四寸舟、三寸舟、石英钩放置筒组件.

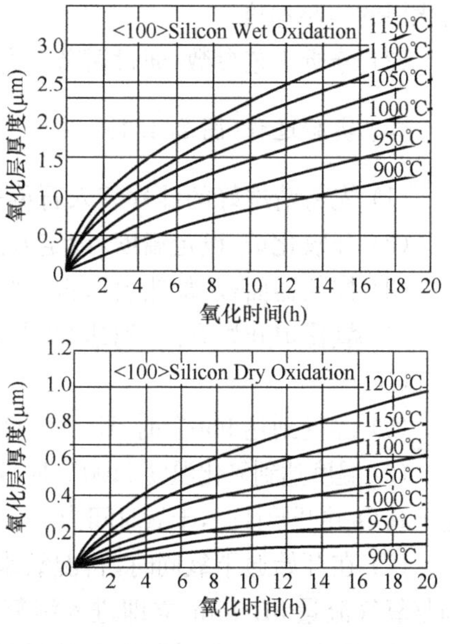

图 2.4.2　湿氧和干氧工艺的比较

F40 薄膜分析仪可以简单快速地测量薄膜的厚度和光学参数. 通过对待测膜层之间上下界面间反射光谱的分析，几秒钟内就能得到测量结果. 能够满足在样品表面的某些微小限定区域或者其他应用要求光斑小于 1μm 的测量，使用前先逐步校正显微镜的物镜，再进行测量，即可获得精准的厚度和光学参数值.

【实验内容与步骤】

一、实验内容

(1) 完成在硅片上生长氧化层；

(2) 通过观察氧化层的颜色，对照颜色表，初步判断其厚度，再通过薄膜分析仪，测量

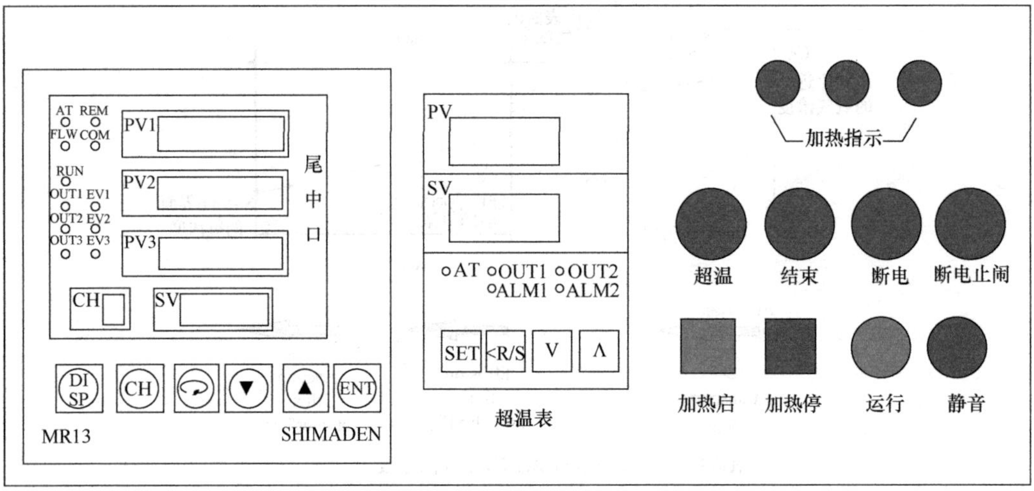

图 2.4.3 SRD-L4514-3 三管扩散炉的操作面板

氧化层的实际厚度；

(3) 分析工艺参数，通过调节工艺参数，获得一定厚度的氧化层.

二、实验过程(图 2.4.4)

(1) 先将清洗好的硅片装入石英舟，打开总闸，打开水开关，打开抽风；

(2) 开氧化炉，设定温度，设定升温步骤；

(3) 按仪器面板“加热启”，再按“运行”；

(4) 氧化炉开始升温，到达 825℃时，打开氮气流量计，调整氮气流量 3L/min，开始通氮气(N_2)；

(5) 温度到达 960℃时，将石英舟推入恒温区，并继续升温；

(6) 温度达到氧化温度 1100℃时，关氮气流量计，打开干氧流量计，调整氧气流量 3L/min，通干氧 O_2 并开始计时，干氧时间为 15min；

(7) 在开始通干氧同时，将湿氧水壶加热到 95～98℃. 干氧完成后，打开湿氧流量计，调整氧气流量 3L/min，立即进入湿氧化，同时关闭干氧流量计. 湿氧时间 30min；

(8) 湿氧完成后，关闭湿氧流量计，打开干氧流量计，调整氧气流量 3L/min，并开始计时，干氧时间 15L/min；

(9) 干氧完成后，关闭干氧流量计，打开氮气流量计，按“加热停”，并开始降温；

(10) 继续通氮气直到炉管冷却到 700℃左右，关氧化炉，关水，关抽风，关总闸，关气体，氧化实验结束；

(11) 将石英舟拉出，并在净化台内将硅片取出；

(12) 观察氧化层表面状况，用比色法估计薄膜的厚度，同时用 F40 薄膜分析仪测量厚度，并且进行比较，用薄膜分析仪测量时，需要测量硅片上的 5 点(中、上、下、左、右)，计算出平均值和估计薄膜沉积的均匀性.

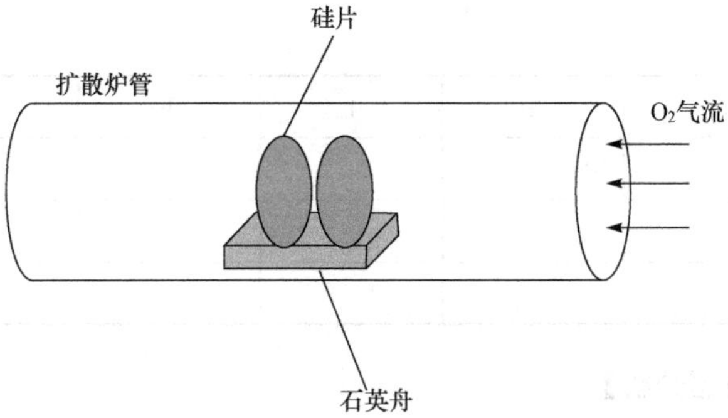

图 2.4.4　扩散炉氧化过程示意图

三、实验记录(表 2.4.1～表 2.4.3 所示)

表 2.4.1　热氧化工艺记录表

项目		1	2	3	4	5
实验前准备						
设定升温步骤						
开始升温						
通氮气(时间/流量)						
石英舟进入恒温区时间						
开始氧化	干氧(时间/流量)					
	湿氧(时间/流量)					
	干氧(时间/流量)					
开始降温						
停止通氮气						
关机						

表 2.4.2　比色法估计氧化层厚度

项目	1	2	3	4	5
氧化层颜色					
估计氧化膜厚度					

表 2.4.3　薄膜分析仪测量氧化层厚度

测量部位	中	上	下	左	右
拟合曲线					
拟合系数					

续表

测量部位	中	上	下	左	右
氧化层厚度					
厚度平均值					
氧化层的均匀性					

【实验报告与数据分析】

1. 写出热氧化工艺的全过程，记录所有的实际实验条件，画出升温曲线和气流控制；
2. 用比色法来简单判断氧化层厚度，再用薄膜分析仪测(要求测量 5 点以上)，对比两种方法的结果；
3. 实验结果的分析与讨论；
4. 完成思考题；
5. 使用 Deal-Grove 模型估算实验条件下的理论氧化膜厚，与实验值做比较分析(可选)；
6. 选择一篇科技新闻材料或学术文献说明氧化薄膜的最前沿发展(可选)；
7. 编写一个程序，根据氧化模型和工艺条件，估算热氧化的膜厚(可选)；
8. 编写一个程序，根据干涉原理，得出氧化薄膜厚度和颜色的关系(可选)；
9. 使用仿真软件，完成氧化过程的数值模拟(可选).

【注意事项】

1. 氧化扩散炉为高温设备，注意烫伤，任何针对炉管的操作必须佩戴高温隔热手套；
2. 石英管，石英舟和石英推杆须远离污染源，配合对应炉管使用，专物专用，以免交叉污染；
3. 气瓶为高压设备，必须在指导老师确认的压力合适范围下操作.

【思考题】

1. 氧化工艺对硅表面有什么要求？
2. 我们的氧化炉有几段加热区？目的是什么？
3. 在我们的工艺中为什么要以石英作为炉管和硅片承载舟的材料？
4. 在本工艺中，通氮气的主要作用是什么？
5. 本工艺中的炉管为水平摆放，当前还有竖立摆放的炉管，后者有何优点？
6. 我们通过加热水产生水蒸气供给湿氧的生长，另外一种是通过氢气和氧气的燃烧产生水蒸气，后者的主要考虑是什么？
7. 我们能用光刻胶作为氧化过程中的掩膜达到区域氧化的效果吗？
8. (接上)氮化硅呢？
9. 衬底尺寸的增大为热氧化工艺带来什么挑战？

附录

一、F40 薄膜分析仪的膜厚测量方法

F40 薄膜分析仪开机后要先预热 20min,待光源强度稳定时才进行测量. 对氧化膜进行膜厚测量时,要先进行基准定标,然后再进行膜厚的测量. 定标的材料是硅和二氧化硅,用到 Focus/Reference Wafer (图 2.4.5)和 BK7 Reflectance Standard(倾斜 45°的硅片). 定标和测量的步骤如下:

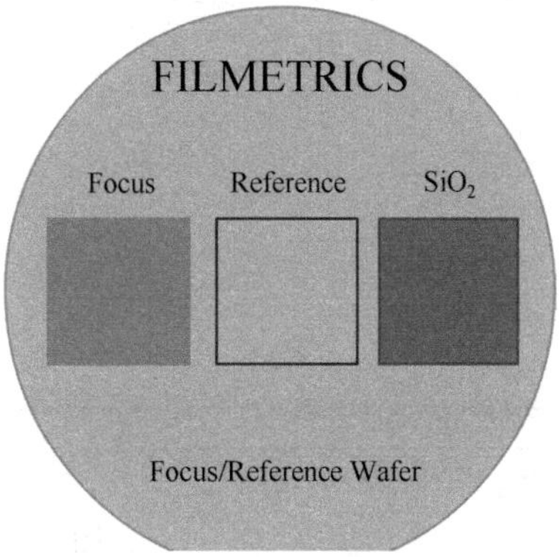

图 2.4.5　Focus/Reference Wafer

1. 在计算机桌面上双击"FILMeasure",进入如图 2.4.6 画面;

2. 把 Focus/Reference Wafer 放在显微镜下,点击"编辑配方",出现如图 2.4.7 画面,选择如画面中的配方,"Nominal"选择 10000,因为我们定标的 SiO_2 大概是这个厚度;

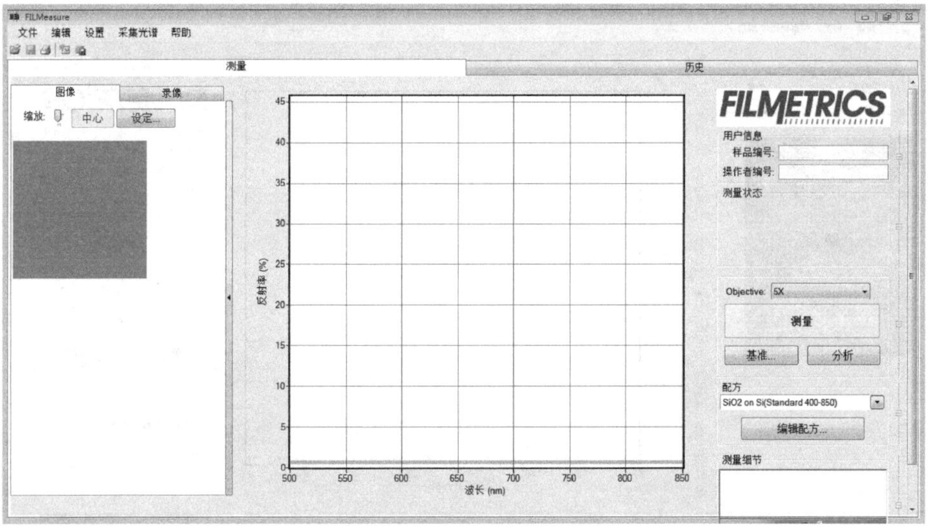

图 2.4.6　软件主界面

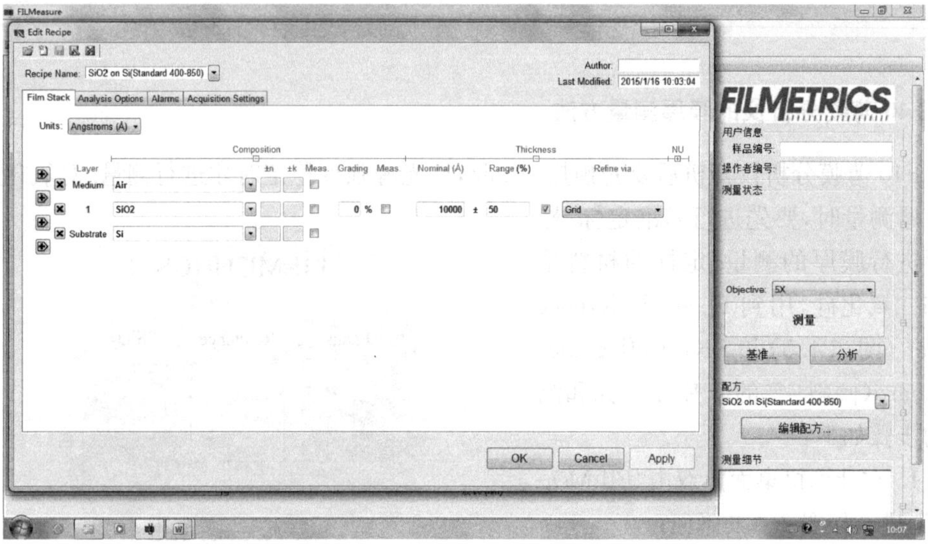

图 2.4.7 参数设定

3. 用显微镜对准 Focus/Reference Wafer 的 Focus 窗口，可见如图 2.4.8 左侧窗口，用显微镜调焦，使得画面的点阵更加清晰；

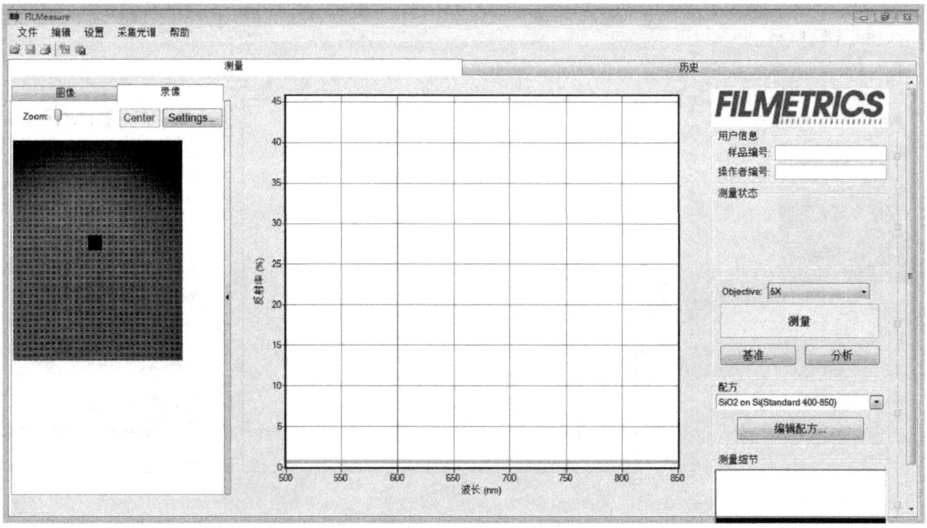

图 2.4.8 对焦

4. 点击“基准...”按三个步骤进行定标，第 1 步把显微镜对准 SiO_2 窗口，取得样品的反射率，如图 2.4.9 所示；

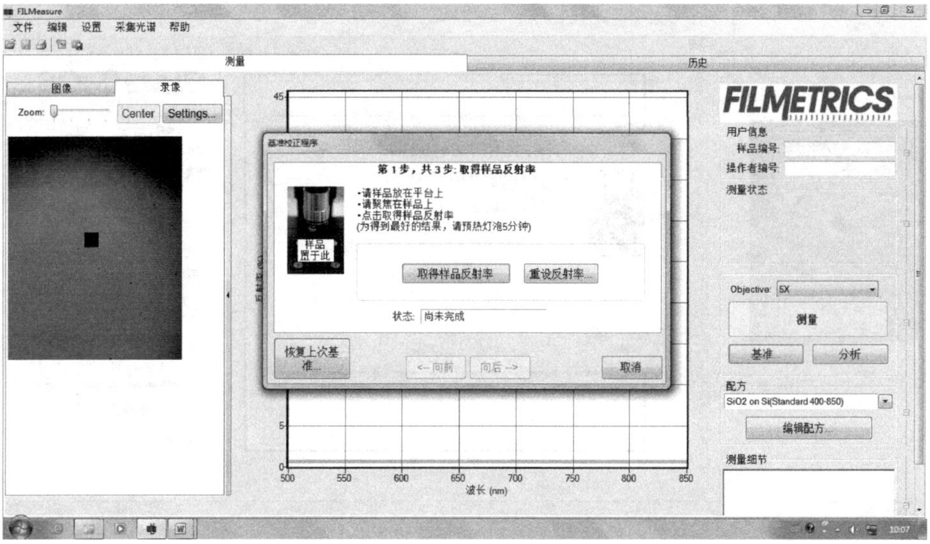

图 2.4.9　操作步骤 1

5. 第 2 步用显微镜对准 Reference 窗口，如图 2.4.10 所示，取得标准反射率，如图 2.4.11 所示，接着点击“向后”；

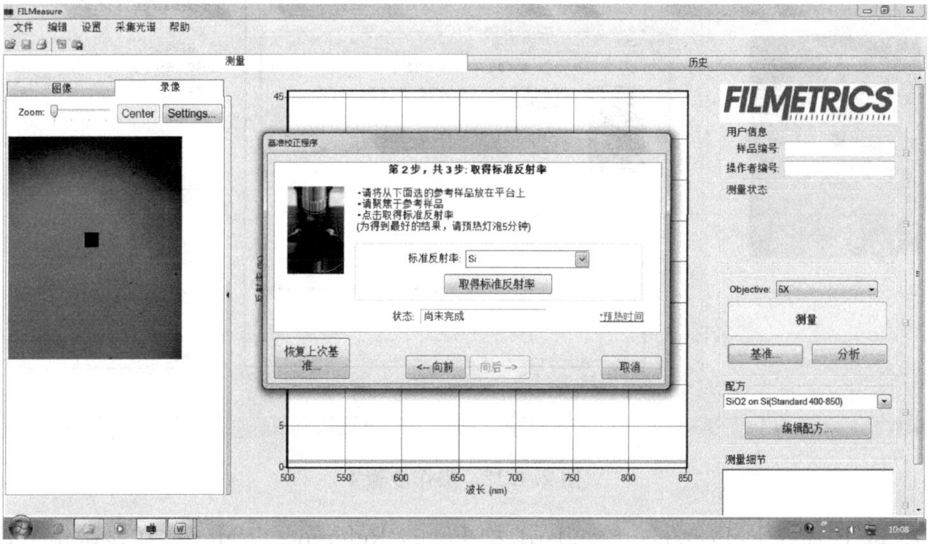

图 2.4.10　操作步骤 2

6. 第 3 步，取下 Focus/Reference Wafer，把 BK7 Reflectance Standard 放在显微镜下，如图 2.4.12 所示，由于参考样品倾斜 45°，从而使光线不能反射回显微镜，点击取得背景，接着点击“完成”，如图 2.4.13 整个定标过程结束；

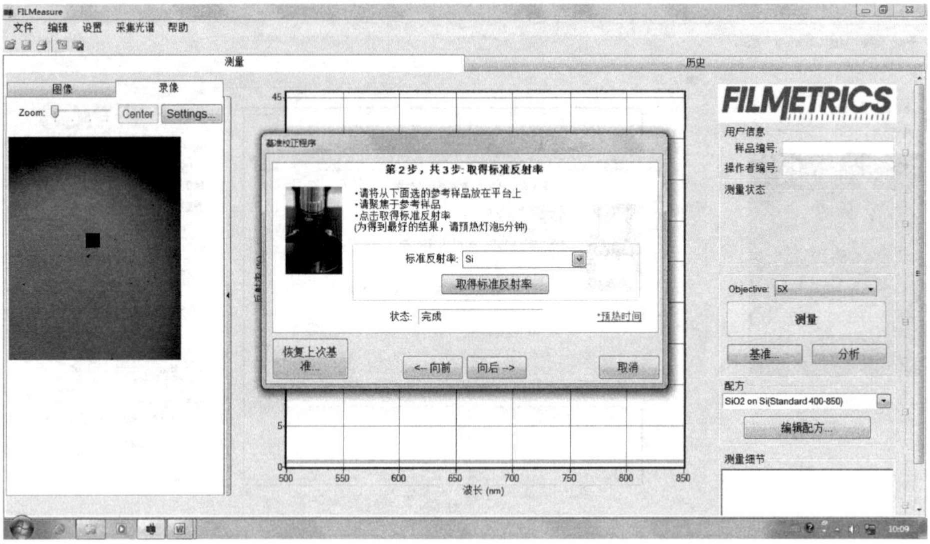

图 2.4.11　操作步骤 3

图 2.4.12　操作步骤 4

7. 取下 BK7 Reflectance Standard，把 Focus/Reference Wafer 放在显微镜下，用物镜对准 SiO_2 窗口，点击“测量”，就可以测量出标准 SiO_2 的厚度，可以看出计算和测量的曲线吻合比较好（Goodness of fit＝0.9993），因此，标准 SiO_2 的厚度是 10020Å，如图 2.4.14 所示；

图 2.4.13　定标完成

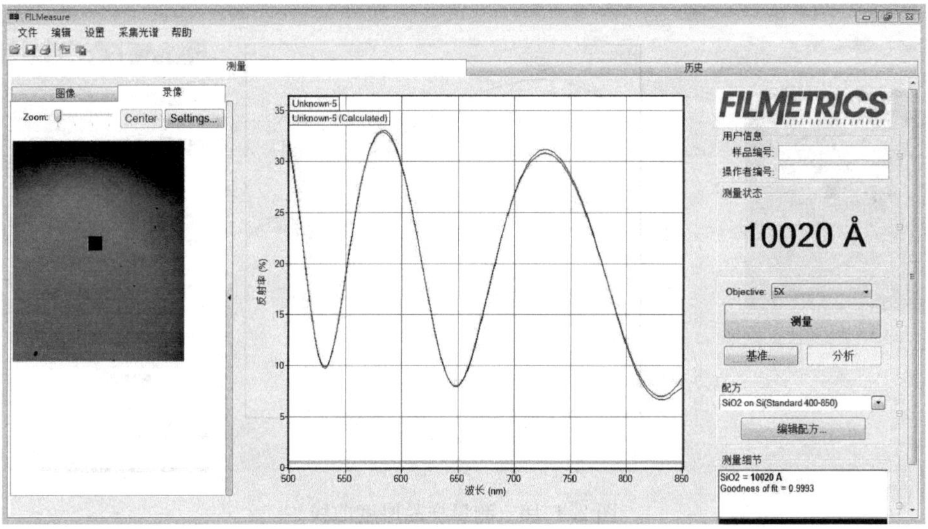

图 2.4.14　标准样品厚度曲线

8. 把已经氧化了的硅圆片从氧化炉中取出，放在显微镜下，通过颜色观察，膜厚约 2000Å，需要点击“编辑配方...”，如图 2.4.15 所示；

9. 点击测量，可以看出计算和测量的曲线吻合比较好(Goodness of fit=0.9997)，得到氧化层的厚度为 2088Å，如图 2.4.16 所示.

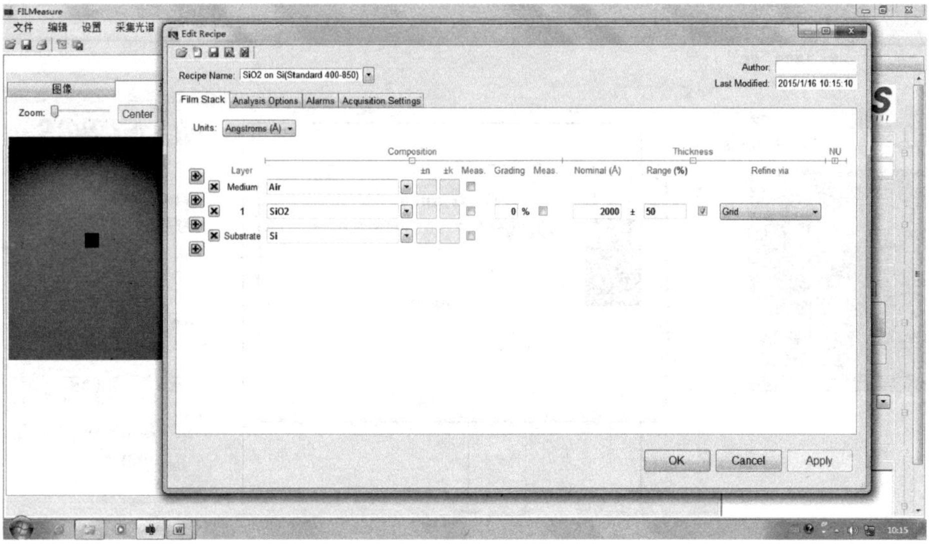

图 2.4.15　参数设定

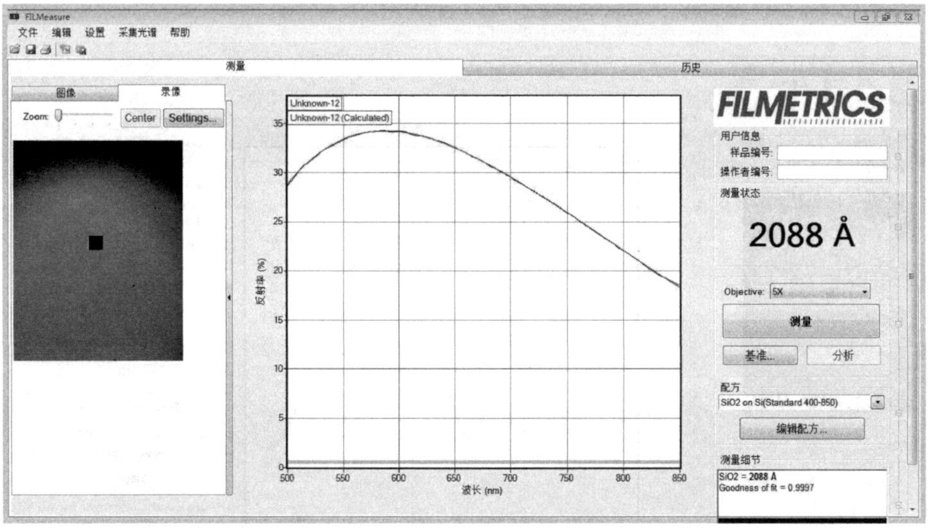

图 2.4.16　测量样品厚度曲线

二、表面氧化层厚度与颜色的关系

不同厚度的氧化层会显现不同的颜色，在白光下观察热氧化生长的二氧化硅膜的颜色，通过比色法，根据表 2.4.4 中的数据可以估计薄膜的实际厚度.

表 2.4.4　表面氧化层厚度与颜色的关系表

氧化膜厚度/Å	氧化膜颜色	氧化膜厚度/Å	氧化膜颜色
500	茶色	1000	暗紫罗兰到红—紫罗兰色
700	棕色	1200	品蓝

续表

氧化膜厚度/Å	氧化膜颜色	氧化膜厚度/Å	氧化膜颜色
1500	淡蓝到金属蓝	4100	淡橙黄色
1700	金属色到非常浅黄—绿	4200	康乃馨粉红
2000	淡金黄或黄	4400	紫罗兰—红
2200	具有浅橙黄色的金黄	4600	红—紫罗兰
2500	橙黄色到瓜色	4700	紫罗兰
2700	红—紫罗兰	4800	蓝—紫罗兰
3000	蓝到紫罗兰—蓝	4900	蓝色
3100	蓝色	5000	蓝—绿
3200	蓝到蓝—绿	5200	绿(明亮的)
3400	淡绿	5400	黄—绿
3500	绿到黄—绿	5600	绿—黄
3600	黄—绿	5700	黄到微黄色
3700	绿—黄	5800	淡橙黄或黄色
3900	黄	6000	康乃馨粉红

2.5　光刻工艺实验

【实验目的】

1. 加深对图形转移工艺的认识；
2. 熟悉光刻机结构及光刻工艺参数的设定；
3. 了解硅片清洗工艺流程.

【实验原理】

光刻工艺是加工制造集成电路微图形结构的关键工艺技术，起源于印刷技术中的照相制版，是在一个平面(硅片)上加工形成微图形. 光刻工艺包括涂胶、曝光、显影、腐蚀等工序. 集成电路对光刻的基本要求有如下几个方面：

一、高分辨率

一个由 10 万个元件组成的集成电路，其图形最小条宽约为 3μm，而由 500 万个元件组成的集成电路，其图形最小条宽为 1.5～2μm，百万个以上元件组成的集成电路，其图形最小条宽≤1μm，因此，集成度越高则要求条宽越细，也就要求光刻技术的图形分辨率越高. 条宽是光刻水平的标志，代表集成电路发展的水平.

二、高灵敏度

灵敏度是指光刻机的感光速度，集成电路要求产量要大，因此，曝光时间应短，这就要求光刻胶的灵敏度要高.

三、低缺陷

如果一个集成电路芯片上出现一个缺陷,则整个芯片将失效,集成电路制造过程包含几十道工序,其中光刻工序就有 10 多次,因此,要求光刻工艺缺陷尽量少,否则,就无法制造集成电路.

四、精密的套刻对准

集成电路的图形结构需要多次光刻完成,每次曝光都需要相互套准,因此集成电路对光刻套准要求非常高,其误差允许为最小条宽的 10%左右.

集成电路所用的光刻胶有正性光刻胶和负性光刻胶两种:正性光刻胶通常由碱溶性酚醛树脂、光敏阻溶剂及溶剂等组成,光敏剂可使光刻胶在显影液中溶解度减小,但曝光将使光敏阻溶剂分解,使光刻胶溶解度大大增加而被显掉,未曝光部分由于溶解度小而留下. 负性光刻胶和正性光刻胶相反,负性光刻胶在曝光前能溶于显影液,曝光后,由于光化反应交链成难溶大分子而留下,未曝光部分溶于显影液而显掉,由此完成图形复制.

【实验设备和材料】

BG-401A 型单面曝光机、CPN-PSD-100OP 净化显影机、加热板、KW-4A 型匀胶机、通风柜、金相显微镜、光刻胶、显影液、漂洗液

BG-401A 型单面曝光机适用于中小规模集成电路、声表面波器件和其他各种半导体器件制造工艺中进行一次曝光或多次曝光的研究和生产. 由高精度对准工作台及输片机构、分离视场观察对准显微镜及调焦扫描机构、超高压直流汞灯电源、紫外曝光光源及电气控制系统等五大部分组成.

BG-401A 型单面曝光机结构图如图 2.5.1 所示.

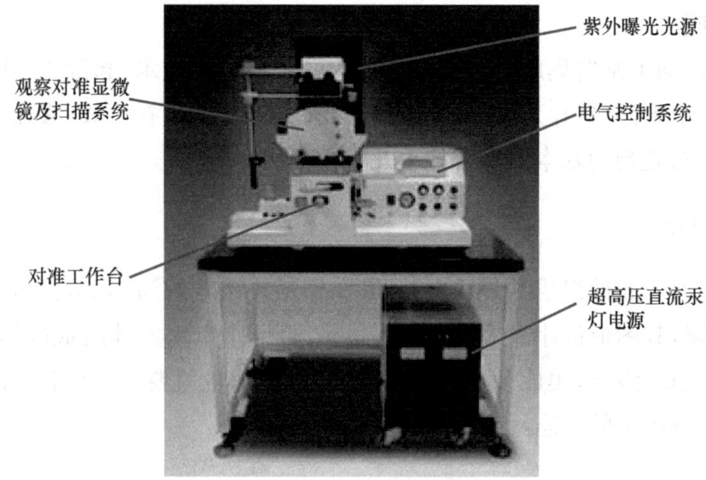

图 2.5.1　BG-401A 型单面曝光机的结构

如图 2.5.2 所示，观察对准系统的设计采用了立式分离视场结构，主要有照明聚光组、物镜组、合像棱镜、转像镜组及目镜组等组成，具有体积小、结构紧凑、稳定性好的特点. 此外，对双目镜、双物镜的间距都设计了调节机构，可以适用于不同的操作者观察，扩大观察对准的范围，对准过程中的齐焦及工作距离的调整可用管镜调节旋钮和调焦旋钮来实现，通过齿轮、齿条传动来移动合像棱镜，进行左右视场的切换.

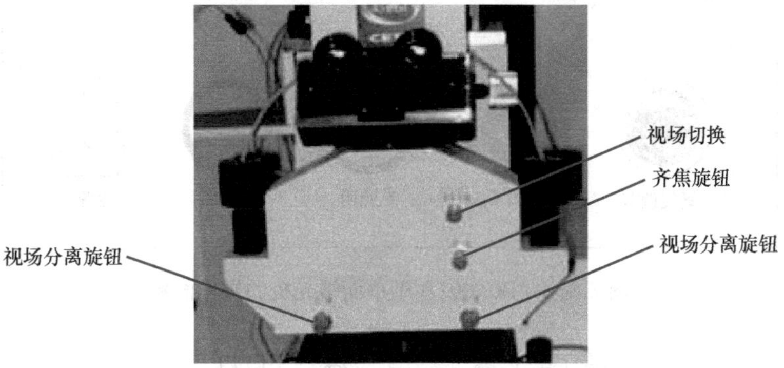

图 2.5.2　观察对准显微镜及扫描系统

曝光系统中汞灯的调节对光照强度、均匀性起着关键性的作用，所以在系统的机械结构设计中，设计了使汞灯可以上下、左右和前后调整的调节机构，当汞灯被调整到椭球反射镜的焦点处时，曝光面上的光强比较均匀和最亮，这时汞灯处于最佳位置. 其相对光强的不均匀程度计算式如下：

$$I=\pm\frac{I_{\max}-I_{\min}}{I_{\max}+I_{\min}}\times 100\%$$

式中，$I_{\max}$、$I_{\min}$ 分别为曝光面积内测得的光强最大、最小值.

BG-401A 型单面曝光机的汞灯电源、操作面板和工作台的示意图如图 2.5.3～图 2.5.5所示.

CPN-PSD-100/OP 型净化显影机是半导体器件制造过程中的专用工艺设备，采用先进的单片微型机程序自动控制，实现喷雾显影工艺，电路清晰完整，由于控制系统稳定，在进行工艺中不飞片，显影速度快(30s)和节省显影液，主要用于科研和生产单位大规模集成电路和其他半导体器件的光刻工艺中作显影之用. CPN-PSD-100/OP 型净化显影机面板如图 2.5.6 所示.

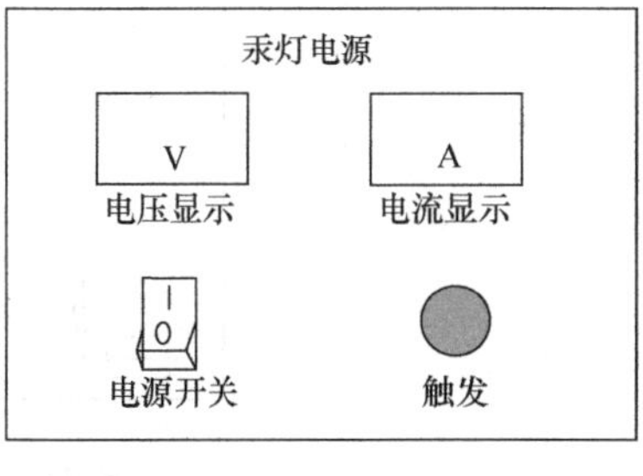

图 2.5.3　汞灯电源

【实验内容与步骤】

一、实验内容

(1) 完成光刻胶在硅片上涂胶过程，通过调节时间和转速，控制涂胶的厚度；

(2) 完成曝光过程，通过调节曝光时间，达到更好的曝光效果；

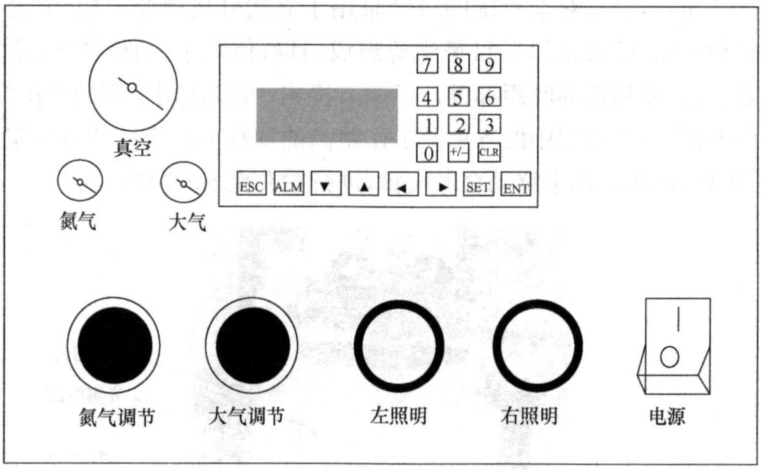

图 2.5.4　BG-401A 型单面曝光机的操作面板

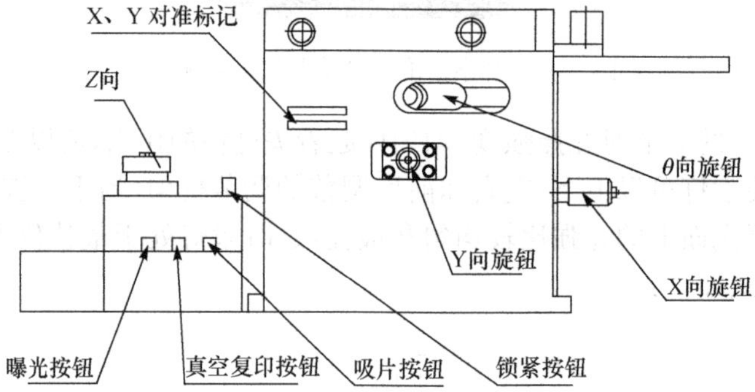

图 2.5.5　工作台示意图

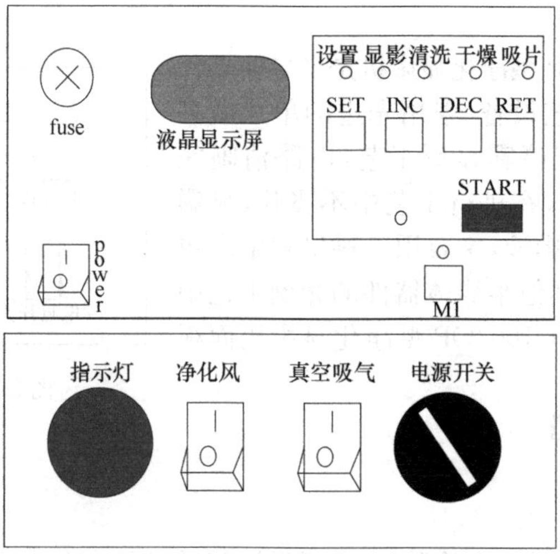

图 2.5.6　CPN-PSD-100/OP 型净化显影机的操作面板

(3) 完成显影过程，调整显影参数，在显微镜下观察显影后的图案.

二、实验准备

(1) 清洗掩模版和硅片，用氮气枪吹干；

(2) 打开加热板设定温度，前烘温度设定为 100℃，坚膜温度设定为 100℃；

(3) 涂胶前 15min 开启泵源，甩胶机电源，调整转速，以满足实验要求；

(4) 光刻前开启光刻机汞灯预热，30min 后用紫外辐射计进行光强检测，记录在表 2.5.1 中. 点击“ALM”，如图 2.5.7，看各个方向(中、上、下、左、右)的紫外辐射光强是否均匀，光强的不均匀程度计算如下：

$$I=\pm\frac{I_{\max}-I_{\min}}{I_{\max}+I_{\min}}\times 100\%$$

表 2.5.1　光强检测记录表

光强	中	上	下	左	右
$I/(\mathrm{mW\cdot cm^{-2}})$					

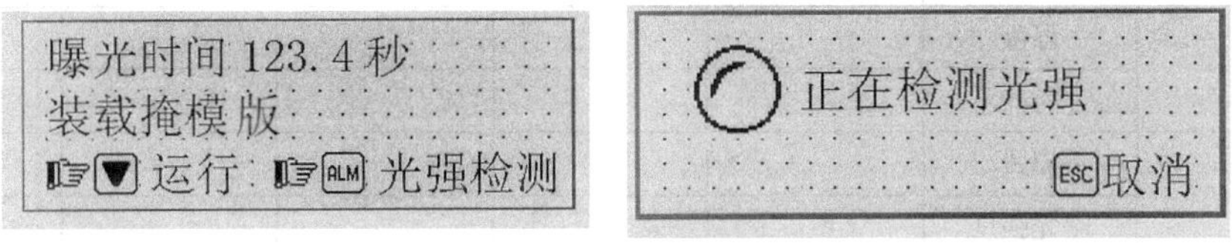

图 2.5.7　光强检测显示

(5) 清洗胶瓶和吸管，并倒出适量光刻胶备用；

(6) 开启净化显影机，准备好显影液和清洗液，设定显影、清洗和干燥的转速和时间.

三、实验过程

涂胶：光刻工艺实验采用旋转涂胶法，涂胶前设定好转速和时间. 将清洗完的硅片放在涂胶机上，滴上光刻胶进行涂胶，要求胶面均匀、无缺陷、无未涂区域；

前烘：将涂好光刻胶的硅片放入前烘烤板，并计时，前烘完成后将硅片取出；

对准：将掩模版放在光刻机上，并进行图形套准；

曝光：将套准后的硅片锁紧，检查套准误差、检查曝光时间，确认无误后，进行曝光；

显影：实验采用喷射显影，按照实验前设定好的显影、清洗和干燥参数，硅片显影后甩干；

坚膜：显影后将硅片放入坚膜烤板上进行坚膜，设定坚膜时间；

腐蚀：将坚膜好的硅片准备腐蚀，首先确认氧化层厚度，计算腐蚀时间. 然后进行腐蚀，腐蚀后冲水，甩干后在显微镜下检查是否腐蚀干净，若未腐蚀干净继续腐蚀；

去胶：硅片腐蚀完成后，在去胶液中将光刻胶去掉，并冲洗干净，实验结束.

四、实验记录(表 2.5.2 所示)

表 2.5.2　光刻工艺记录表

项目		1	2	3	4	5
光刻胶类型						
掩模版类型						
衬底类型						
曝光光强检测						
实验前准备						
实验前烘烤	温度					
	时间					
涂胶	低挡转速					
	低挡时间					
	高挡转速					
	高挡时间					
前烘	温度					
	时间					
曝光	模式					
	曝光强度					
	曝光时间					
曝光后烘焙	温度					
	时间					
显影	显影时间					
	显影转速					
	清洗时间					
	清洗转速					
坚膜	温度					
	时间					

【实验报告与数据分析】

1. 描述整个光刻过程的实验步骤;
2. 实验结果的分析与讨论;
3. 完成思考题.

【注意事项】

1. 汞灯光源采用自然风冷却,在运行中会达到较高温度;
2. 汞灯电源冷却风机停转或发生某种故障时禁止使用电源;汞灯触发时存在很高的

电压和电磁干扰，务必注意人身安全和其他电子器件的干扰；在测量光强度和调整汞灯时，要戴好防护眼镜，以免紫外光灼伤眼睛. 曝光时，注意眼睛不要直接注视紫外灯；

3. 加热时，烤板的温度较高，小心造成烫伤；

4. 实验使用的光刻胶会挥发刺激性气体，对人体产生危害，应佩戴防毒面具等进行操作，并且在通风柜中进行操作，以免吸入；

5. 不能在常光下打开化学品，戴防护手套，避免与化学药品直接接触.

【思考题】

1. 光源怎么决定光刻的最小分辨率，我们使用的光源是什么光源？

2. 在甩胶过程中，为什么会看到胶体有一环一环的变化？

3. 光刻胶的厚度应该是厚点，还是薄点好，我们使用的是多少厚度？

4. 在使用有氧化硅的衬底时，曝光条件与纯硅衬底对比，会不会有所改变？

5. 有什么光学检测方法可以更清楚地看到光刻胶残留？

6. 怎样估算掩模版精度？

附录

一、CPN-PSD-100/OP 型净化显影机操作过程

1. 面板上设有“START”键(工作)，“SET”键(调整)，“＋”键(时间、转速加 1)，“－”键(时间、转速减 1)，“RET”键(复位)，“M”为手动时电机和吸片电磁阀电源开关.

2. 数据组的调用：开机后，时间显示器显示为“P_0”，转速显示器显示“LOAD”，表示需要加载数据. “SET”指示灯闪亮，“P_0”为第一组预存的数据，“P_0-P_9”为 10 组预存数据. 如先按下“START”键，第一组(P_0)参数将被选中；如先按下“SET”键，时间显示器显示“P_1”(第二组)，再按“SET”键，时间显示器显示“P_2”(第三组)，其后依次类推. 按“START”键确认后，相对应的数据组将被选中.

3. 启动：在自动模式下放好工件后，按“START”键启动机器，此时机器自动按选定的模式和参数工作. 手动模式下，需先按下面板上绿色“M”按键，再按下“START”按键启动机器，电机停稳后再释放面板上的“M”开关，关闭电机和吸片电磁阀的电源，喇叭鸣三次后完成此次工作.

4. 若紧急停机，按住“START”键 2s 后可停机.

5. 运行中可随时按“＋”或“－”键调整电机转速. 调整后的参数将被自动保存(转速的调整应在放好工件加载的状态下进行).

二、BG-401A 型曝光机操作过程

1. 接通汞灯电源，按汞灯出发按钮点亮汞灯. 15min 后，电压显示 40V，电流显示 6A，汞灯进入稳定状态.

2. 打开机械泵、电脑、开气体，打开电气控制箱总电源.

3. 打开电气控制箱面板电源，观察表头数值：真空(－100～－50)，大气(＞0.5)，氮气(0.2 左右).

4. 在工作初始状态，拉出滑板架，将掩模版放在装载台上，按电气控制箱面板的“▼”键，显示屏出现如图 2.5.8 画面，按压左手板的“锁紧”按钮，再一次按电气控制箱面板的“▼”键，显示屏出现如图 2.5.9 画面.

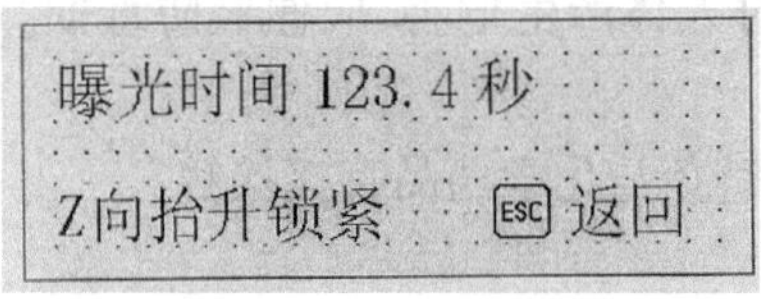

图 2.5.8　显示屏画面

图 2.5.9　显示屏画面

5. 将滑板架推入工作位置，扭紧双旋钮.

6. 选择曝光方式，选择吹氮或者不吹氮，显示屏出现如图 2.5.10 画面.

7. 装载基片，把硅片放到承片台上，显示屏出现如图 2.5.11 画面，按“▲”键或者左手板的“吸片”，基片被真空固定在承片台上. 将承片台推入工作位置（记住推到尽头）.

图 2.5.10　显示屏画面

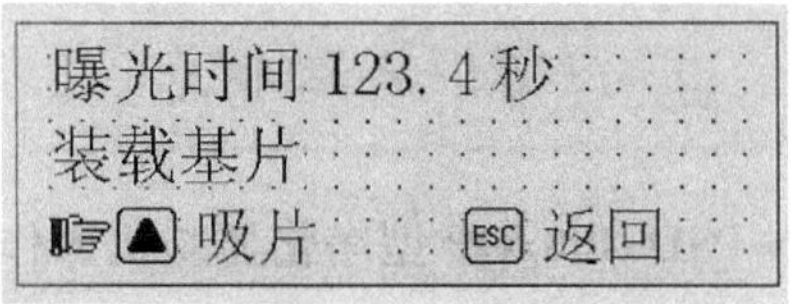

图 2.5.11　显示屏画面

8. 转动棘轮，大轮按顺时针转动，直到发出“嗒嗒”声音后，再转一两圈（注意：不需要对准，小轮不动），按下左手板“锁紧”.

9. 选择曝光模式，显示屏出现如图 2.5.12 画面，真空复印、曝光.

10. 曝光结束后，棘轮退回原始状态，拉出承片台.

11. 取消“吸片”，显示屏出现如图 2.5.13 画面，取出基片.

图 2.5.12　显示屏画面

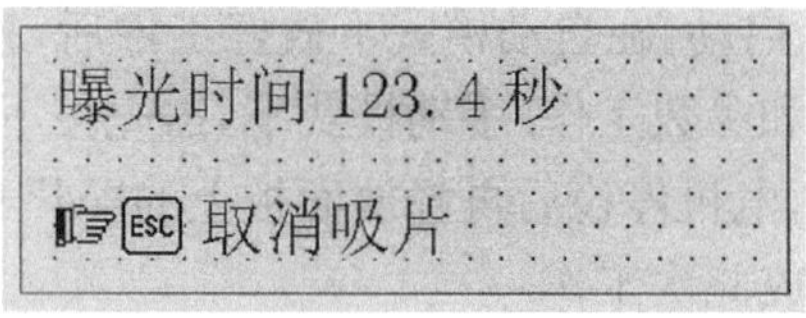

图 2.5.13　显示屏画面

12. 取下掩模版.

13. 关闭电气控制箱电源、关闭计算机、关闭汞灯电源、关闭总插座电源、关氮气.

2.6　湿法刻蚀工艺实验

【实验目的】

1. 理解通过刻蚀生成图案的方法；

2. 熟悉氧化硅刻蚀工艺的步骤；

3. 熟悉刻蚀形貌表征的基本方法.

【实验原理】

刻蚀工艺是加工制造集成电路微图形结构的关键工艺技术，用于将掩模版光刻生成的光刻胶图案最终转移到器件薄膜上. 刻蚀工艺的种类很多，大类上可以分为干法刻蚀和湿法刻蚀.

集成电路对刻蚀的基本量度有如下几个方面：

一、刻蚀速率

指刻蚀过程中，腐蚀物对待刻蚀薄膜的侵蚀速度，一般以埃每分钟(Å/min)为单位计算. 刻蚀速率和刻蚀的工艺条件高度相关.

二、选择比

指同一刻蚀条件下，一种材料与另一种材料相比刻蚀速率快多少，定义为被刻蚀材料的刻蚀速率与另一种材料的刻蚀速率的比.

三、方向性

指刻蚀过程中，腐蚀在各方向上的异同.

以上这几种特性基本决定了工艺的选择. 比如，从方向性来讲，干法刻蚀，特别是有离子加速过程的刻蚀就比湿法刻蚀好. 此外，还有其他的因素决定刻蚀工艺的选择. 包括：

可控性：指刻蚀过程是否可控制.

刻蚀速率的均匀性：灵敏度是指光刻机的感光速度，集成电路要求产量要大，因此，曝光时间应短，这就要求光刻胶的灵敏度要高.

止蚀条件：让刻蚀过程停止所需要的条件.

由于受到刻蚀特性及工艺参数的影响，刻蚀后的薄膜图案，通常具有以下特性：

(1) 钻刻：指光刻胶掩模之下的侧向刻蚀，有两种描述形式：一是每边的底切距离；二是引入刻蚀速率各向异性的概念.

(2) 刻蚀偏差：刻蚀以后线宽或关键尺寸间距的变化，通常是由于横向钻刻引起的，但也能由刻蚀剖面引起.

本实验室的刻蚀方法是采用湿法刻蚀. 与干法刻蚀相比，湿法刻蚀的优势在于对下层材料具有高的选择比，对器件不会带来等离子体损伤，而且设备简单，操作容易. 这是一个纯粹的化学反应过程，刻蚀由三个步骤组成：刻蚀剂运动到硅晶圆片表面；与暴露的膜发生化学反应生成可溶解的副产物；从硅晶圆片表面移去反应生成物，反应产物通常出现在刻蚀溶剂中. 这三个步骤是必须发生的，其中最慢的一种，称为速率限制步骤，它决定着刻蚀速率. 如果想获得高的、均匀的、受控良好的刻蚀速率，湿法刻蚀的溶剂通常被以某种方式搅动，用以帮助刻蚀剂到达硅晶圆片表面和帮助去除刻蚀生成物. 被选择的刻蚀溶剂要有可均匀地去掉晶圆片表面而又不伤及下一层材料(良好的选择性)的能力.

在湿法刻蚀过程中，必须控制基本的湿法刻蚀参数，如表 2.6.1 所示.

表 2.6.1 湿法刻蚀工艺的参数表

参数	说明	可控难度
浓度	刻蚀溶液的浓度，如腐蚀 SiO_2时，溶液 NH_4F 与 HF 的比	最难控制的参数，由于在腐蚀过程中，槽内溶液的浓度一直发生变化
时间	硅片浸泡在湿法化学腐蚀槽中的时间	相对容易控制
温度	湿法化学腐蚀槽的温度	相对容易控制
搅动	溶液槽的搅动	适当控制有一定难度
批数	为了减少颗粒并确保适当的溶液强度，一定批次后必须更换溶液	相对容易控制

根据刻蚀的材料，可以分为硅湿法刻蚀、二氧化硅湿法刻蚀、铝膜湿法刻蚀、淀积氧化物湿法刻蚀、氮化硅湿法刻蚀等. 最普通的刻蚀层是热氧化形成的二氧化硅，基本的刻蚀剂是氢氟酸溶液，其对二氧化硅与硅有着极高的选择比，即可以刻蚀二氧化硅而又不伤及硅. 氧化层在溶剂中的湿法刻蚀完全是各向同性的. 准确的化学反应路径是复杂的，取决于离子的强度、溶液的 pH 和腐蚀液溶剂. SiO_2 的整个腐蚀反应过程为

$$SiO_2 + 6HF \longrightarrow H_2 + SiF_6 + 2H_2O$$

【实验设备和材料】

NXXD-XH-BZD-2012-11 湿法刻蚀实验台、F40 薄膜分析仪、显微镜、硅片夹具、氮气枪、防护用品(防酸手套、眼罩、围裙)

湿法刻蚀清洗台适用半导体基片的清洗处理. 主要由机架、排风系统、工艺处理部分、水路、气路控制系统以及电气控制系统等组成.

工艺处理部分(槽体部分)是湿法刻蚀清洗台的主要部分，是完成预定工艺过程的载体. 它主要由一个酸洗槽、两个石英加热槽、两个 QDR 槽组成.

1# 槽为酸洗槽，槽体为 NPP 材料制成，槽体尺寸为 200 mm×200 mm×200 mm，人工加入化学液，处理后，设有声光报警，提示操作人员工艺完成.

3#、5# 槽为石英加热槽，槽体为石英玻璃材料制成，槽体尺寸为 200 mm×200 mm×200 mm. 设置加热装置，注液及排液装置，有液位传感器，低液位时停止加热并报警. 加热温度用户可以由温控表上设定和调整. 设有声光报警，提示操作人员工艺完成.

2#、4# 槽为 QDR 槽，槽体为 NPP 材料制成，槽体尺寸为 200 mm×200 mm×200 mm. 设置有喷淋装置、注水装置、快排装置. 工艺安排可以根据用户的要求在触摸屏上设定和调整.

【实验内容与步骤】

一、实验准备

(1) 准备经过光刻的、有二氧化硅薄膜的硅片；
(2) 准备好样品夹具；
(3) 准备好刻蚀的溶液，检查溶液的参数；
(4) 准备好供清洗用的水槽，确定清洗水槽能够工作；
(5) 确定水枪、氮气枪能正常工作，无尘纸巾等都已备好；
(6) 确定手套、面罩、围裙等个人防护设备的完好；
(7) 确定通风柜或湿法刻蚀台的抽风功能正常，秒表已准备好.

二、实验过程

(1) 利用膜厚仪测量硅片上二氧化硅的厚度,选择多个区域进行测量并记录;
(2) 利用显微镜找到一些关键图案,测量记录关键图案的尺寸信息;
(3) 检查个人防护设备,穿戴个人防护设备(包括面罩、防酸手套、防酸围裙);
(4) 配备溶液,并记录配备比例;
(5) 设定秒表到指定的时间;
(6) 将硅片放置在夹具上,检查是否牢固;
(7) 利用夹具将硅片浸泡到刻蚀溶液中,开始计时;
(8) 计时器完成计时,提出夹具,放置到清洗的去离子水中;
(9) 利用鼓泡清洗硅片(选择程序),提取硅片,观察硅片正面和反面的亲水疏水情况;
(10) 利用氮气枪吹干硅片,并放置在烘箱中烘干;
(11) 利用膜厚仪检查开口的刻蚀情况,测量薄膜厚度;
(12) 利用显微镜观察刻蚀表面的情况;
(13) 利用显微镜测量关键图案的尺寸.

三、实验记录(表 2.6.2 所示)

表 2.6.2　湿法刻蚀工艺记录表

时间	2 min	4 min	6 min	8 min	10 min
氧化层度/Å					

【实验报告与数据分析】

1. 描述整个刻蚀过程的实验步骤;
2. 画出刻蚀曲线计算刻蚀速率;
3. 描述形貌情况,并利用刻蚀特性说明形貌的形成机制;
4. 完成思考题.

【注意事项】

1. 刻蚀过程中需要用到强酸,要特别小心,实验前也需要了解急救知识;
2. 实验过程中,需要佩戴好防护用具;
3. 整个过程必须在通风柜中进行,除了操作人员,其他人不能靠近通风柜黄线以内区域;
4. 刻蚀完毕,溶液必须放进回收桶,密封盖好.

【思考题】

1. 估算一下湿法刻蚀的速率;
2. 这种腐蚀是各向同性还是各向异性,给出判断依据.

2.7　磷扩散工艺实验

【实验目的】

1. 了解完整的扩散工艺流程,画出流程图;

2. 了解实验室常用的扩散源以及它们的优缺点；

3. 通过电阻测量，了解扩散时间、扩散浓度和硅片表面电阻率的关系.

【实验原理】

扩散掺杂工艺是半导体生产的重要步骤. 扩散是一种材料通过另一种材料的运动，它的发生需要两个必要的条件：一种材料的浓度必须高于另外一种材料的浓度；系统内部必须有足够的能量使高浓度的材料进入或通过另一种材料.

热扩散工艺形成结需要两步：第一步是沉积，第二步是推进氧化. 这两步都需要在卧式或立式炉管中进行，这些设备与氧化工艺相同.

对杂质扩散工艺的要求是：准确控制浓度和深度；在整个半导体片内扩散均匀；片间和批次间有均一性. 扩散浓度一方面决定于源的情况，当源足量时则决定于温度，因为杂质的固溶度决定杂质在半导体表面的浓度. 扩散深度$\sqrt{Dt}$取决于扩散系数D和扩散时间t. 因为$D=D_0 e^{-E/KT}$，对于一定杂质在特定固体中激活能E和D_0是一定的，所以D与T是指数上升关系. 为了精确控制深度，精确控制温度（<±0.5℃）十分重要，同时还须严格控制扩散时间. 一个圆片内的扩散均匀性，在很大程度上取决于表面的严格处理；而片与片以及批与批间的均一性，除恒温度区稳定，气流形式合适和源稳定外，还要求保持扩散环境的洁净（包括炉管和洁净室等）. 杂质扩散不仅是在扩散这一道工艺中进行，而且是在掺入杂质后的任何一道加温处理的工序中都在继续进行. 因此，关于扩散结深和分布参数，还要计入后道工序的效应（除扩散外还要考虑分凝等）.

本实验采用固体扩散源扩散，陶瓷片状磷扩散源是含五氧化二磷（P_2O_5）的多孔陶瓷，具有良好的低温稳定性，色白，不溶于水，可溶于酸，需存放在干燥的地方. 产品参数如表 2.7.1 所示.

表 2.7.1　固态磷源的规格

性能	规格			
	SP-1	SP-2	SP-3	SP-4
工作温度/℃	1050～1150	1000～1100	950～1050	900～1050
Na、K、Fe 分别含量/ppm	20～50	20～50	20～50	20～50
Cu、Pb、B 分别含量/ppm	<10	<10	<10	<10
毒性（常温）	无	无	无	无

为了配合我们的扩散管，我们选用 SP-3 型，尺寸是 $\Phi75\times1.8$mm.

陶瓷片在高温（约 700 ℃）下分解释放 P_2O_5，随后沉积在硅片上，从而实现磷掺杂，即

$$2P_2O_5+5Si=\!=\!=4P+5SiO_2$$

这种陶瓷片状磷扩散源与通常采用的液态磷源 $POCl_3$，PH_3 相比，具有扩散均匀性和重复性好，操作简便，无毒性等优点.

【实验设备和材料】

SRD-L4514-3 三管扩散炉、尾气处理塔系统、四探针测试仪、石英舟、石英拉杆、绝热手套、氮气、氧气

【实验内容与步骤】

一、实验过程

(1) 实验前对源片进行清洗：把源片插在石英舟上，用去离子水冲洗，然后煮沸5min，再用去离子水冲洗. 冲洗后，把源片放置于 120℃的干燥箱内烘干 6h，排除全部吸附水分(注意：温度过高时，反而会影响水分的排出)；

(2) 开始实验：打开总闸，打开水开关，打开抽风；

(3) 开启三管扩散炉中的磷扩散管，设定温度，设定升温步骤；

(4) 按仪器面板“加热启”，再按“运行”，炉管内开始升温；

(5) 打开氮气流量计，调整氮气流量 500mL/min，开始通氮气 N_2，将烘干的源片放在石英舟上(先不要插入硅片)，放在炉管口预热，当温度上升到 600℃的时候，将源片推入炉管的中部恒温区，如图 2.7.1 所示；

(6) 约 15min 后，把源片从恒温区拉到炉管口，插入硅片，再把石英舟推到炉管的恒温区(注意：源片和硅片是插在同一个石英舟上，两源片之间背靠背地插入硅片，硅片与源片的距离约 8mm)；

(7) 温度逐渐升到 1000℃，保温 1h，保持通氮气；

(8) 按“加热停”，炉管开始降温，当炉管冷却到 500℃左右，停止通氮气，接着关炉管，关水，关抽风，关总闸，磷扩散实验结束；

(9) 将石英舟拉出，并在净化台内将硅片取出，测量扩散后硅片的电阻率.

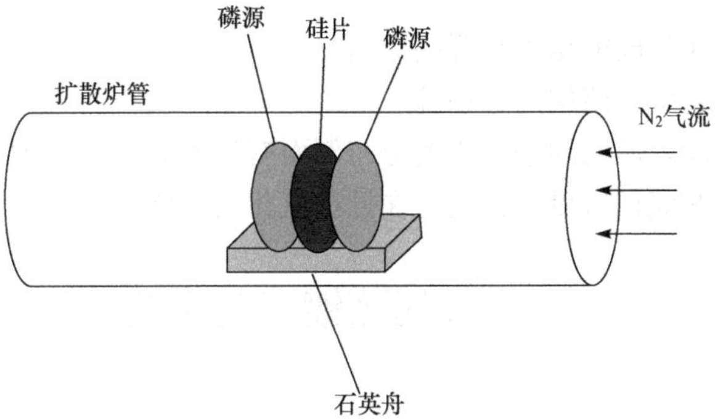

图 2.7.1　扩散炉扩散过程示意图

二、实验记录(表 2.7.2 所示)

表 2.7.2　磷扩散工艺记录表

项目	1	2	3	4	5
实验前准备					
设定升温步骤					
开始升温					
通氮气(时间/流量)					
源片预处理时间					

续表

项目	1	2	3	4	5
硅片和源片都进入恒温区					
温度达到 1000 ℃					
开始降温					
停止通氮气					
关机					
测量结果					

【实验报告与数据分析】

1. 写出磷扩散工艺正规操作流程；

2. 实验结果的分析与讨论；

3. 完成思考题.

【注意事项】

1. 氧化扩散炉为高温设备，注意烫伤，任何针对炉管的操作必须佩戴高温隔热手套；

2. 石英管，石英舟和石英推杆须远离污染源，配合对应炉管使用，专物专用，以免交叉污染；

3. 气瓶为高压设备，必须在指导老师确认的压力合适范围下操作；

4. 扩散过程的副产物气体会产生有害酸滴，必须保证排风和净化塔工作稳定.

【思考题】

1. 磷扩散工艺在集成电路中有哪些应用?

2. 举出扩散工艺中所使用的三种源.

3. 扩散与离子注入形成的杂质浓度分布剖面有何不同? 为每种勾画出示意图.

4. 结的深度是在淀积后更深? 还是在推进氧化后更深?

2.8　金属蒸镀工艺实验

【实验目的】

1. 初步掌握蒸镀工艺流程；

2. 熟悉 ZHD-300M2 型高真空电阻蒸发镀膜机的工作原理和操作步骤.

【实验原理】

金属薄膜在半导体技术中最普通的用途就是表面连线，把各个元件连接到一起的材料、工艺、连线过程一般称为金属化工艺. 针对金属薄膜特性和质量的控制，沉积系统主要有真空蒸发、溅射沉积、技术化学气相沉积和铜电镀. 真空蒸发技术一般被用在分立元件或较低集成度电路的金属沉积上. 对于铝、金和熔丝金属，金属沉积的主要方法是真空蒸发. 铝在所有的蒸发材料中最常见也最重要，在 660℃时熔化，在 1100℃以上时开始迅速地蒸发，而且有足够低的电阻率($2.7\mu\Omega\cdot cm$)，有很好的过电流密度. 它的优点在于对二氧化硅有优异的黏附性，有很高的纯度，与硅有很低的接触电阻，并且用传统的光刻工艺易于进行图形化工艺.

真空蒸发是将固体材料置于真空室内，在真空条件下，将蒸发源加热到液体状态使其蒸发，蒸发出来的原子或分子能自由地弥布到容器的器壁上. 当把一些加工好的固体材料放在其中时，蒸发出来的原子或分子可直接到达被镀的固体材料表面，由于固体材料表面温度较低，便凝结在上面形成一层薄膜，称真空镀膜. 根据扩散源的数量，可以分为单源蒸发、多元同时蒸发和多元按次序蒸发，如图 2.8.1 所示.

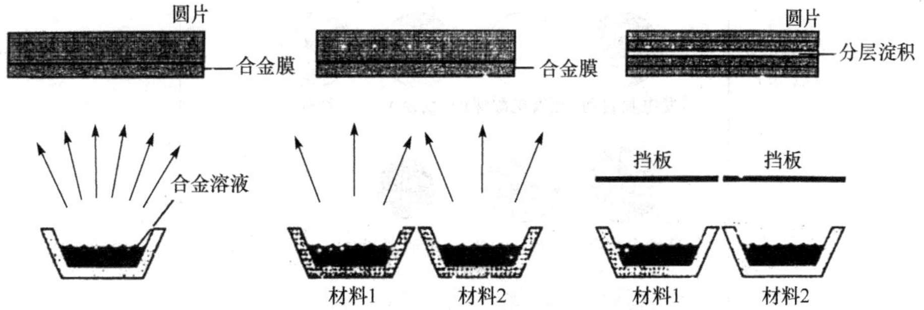

图 2.8.1　从左到右分别是单源蒸发、多元同时蒸发和多元按次序蒸发

本实验采用的是真空蒸发镀铝膜，实质就是在真空环境下把金属铝加热使其蒸发在基片上沉积成一层金属连接层.

薄膜厚度可由数百埃至数微米. 膜厚决定于蒸发源的蒸发速率和时间(或决定于装料量)，并与源和基片的距离有关. 对于大面积镀膜，常采用旋转基片或多蒸发源的方式以保证膜层厚度的均匀性. 从蒸发源到基片的距离(蒸距)应小于残余气体分子的平均自由程，以免蒸汽分子迁移过程中与残余气体分子发生碰撞现象. 常用的蒸镀机的蒸距均不大于 50 cm. 因此，在蒸镀设备中，镀膜室所选用的真空度一般应高于 10^{-2} Pa.

膜材加热到一定温度时就会发生气化现象，即由固相或液相进入到气相，由于真空条件下物质蒸发比在常压下容易得多，因此所需的蒸发温度将大幅度下降，熔化蒸发过程将大大缩短，蒸发速率明显提高. 膜材的蒸发速率除了与其自身的分子量、绝对温度和膜材在温度 T 下的饱和蒸汽压有关外，还与它的表面清洁度有关. 因此，膜材在真空条件下和自由蒸发速率 Ne 应按下式计算：

$$Ne=2.64\times10^{24}p\left(\frac{1}{T\mu}\right)^{1/2}\alpha_1$$

其中，p 是膜材在温度为 T 时的饱相蒸气压，μ 是膜材的分子量，α_1 是表征膜材蒸发时膜材表面清洁度的系数，称为蒸发系数.

为了加快沉积薄膜的成膜过程，提高膜材的蒸发速率，应采取以下措施：

(1) 真空室内的压强足够低；

(2) 精确控制蒸发温度；

(3) 清除膜材上的污染物.

【实验设备和材料】

ZHD-300M2 电阻蒸发镀膜机、钼舟、铝条

ZHD300M2 电阻蒸发镀膜机标配两对蒸发电极，适用于实验室制备金属单质膜、有机膜、扫描电镜制样等. 基片台采用加热及温控系统，以提高成膜质量. 主要由镀膜腔室、蒸发电极、蒸发电源、真空机组、真空测量系统、电气控制系统、水路系统以及安全保护报警系统等组成.

ZHD300M2 电阻蒸发镀膜机面板如图 2.8.2 所示.

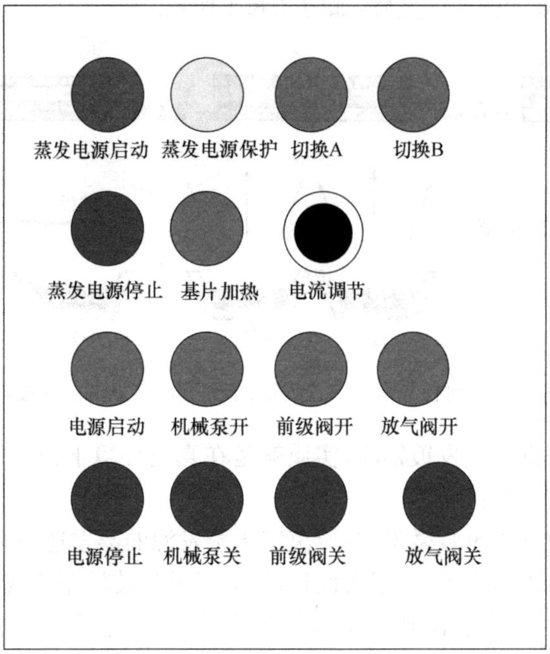

图 2.8.2　ZHD300M2 电阻蒸发镀膜机的操作面板

【实验内容与步骤】

一、实验内容

（1）熟悉 ZHD-300M2 型高真空电阻蒸发镀膜机的基本部件；

（2）更换衬底和蒸镀材料；

（3）操作蒸发镀膜机进行蒸镀铝膜；

（4）光刻胶剥离.

二、实验过程

（1）开机过程：打开三相电，按下面板上的“总开关”，启动冷水机，按下“电源启动”；

（2）放蒸发源和基片：承片台和挡板如图 2.8.3 所示，按下“放气阀开”，当达到内外气压平衡后拿起钟罩，把铝粒放入钼舟作为蒸发源，拉出承片台，把基片装上承片台，盖好钟罩，按下“放气阀关”；

（3）抽真空：按下“机械泵开”，接着是“前级阀开”，打开真空计；当气压小于 5Pa 时，按分子泵电源“工作”，分子泵转速开始增加，这时可按需要调节基片加热温度，一直待到

图 2.8.3　承片台和挡板

背底真空值小于 4×10^{-3} Pa;

(4) 开始蒸镀:当背底真空值小于 4×10^{-3} Pa 时,开始蒸发,按下"蒸发电源启动",选择蒸发源(切换 A 与切换 B);转动"电流调节",工作电流逐渐加大;蒸发完毕后:把电流调到 0,按"蒸发电源停止";

(5) 关机过程:按分子泵电源"工作",待转速降为 0,按"前级阀关"、"机械泵关",关基片加热;按下"电源停止",关闭冷水机,最后关面板上的"总开关"和三相电.

三、实验记录(表 2.8.1 所示)

表 2.8.1　金属蒸镀工艺记录表

操作流程	时间记录	备注
开机过程:开三相电→面板"总开关"→启动冷水机"电源启动""放气阀开"		
拿起钟罩→放蒸发源、装基片		确保气压平衡再拿起钟罩
盖好钟罩→按下"放气阀关"		
"机械泵开"→"前级阀开"→打开真空计		
按分子泵电源"工作"		气压小于 5Pa
可调节基片加热温度		
开始蒸发:按"蒸发电源启动",选择蒸发源(切换 A 与切换 B)		背底真空值:小于 4×10^{-3} Pa 可用挡板挡住蒸发源按"蒸发电源启动"之前要确保电流调节转到最小处
转动"电流调节",工作电流逐渐加大		逐渐加大工作电流,当到 100 时,电流要慢慢加大,让蒸发源先熔化,继续加大电流,蒸发源开始蒸发,保持气压在 10^{-3} Pa
蒸发完毕后:把电流调到 0,按"蒸发电源停止"		
关机过程:按分子泵电源"工作",待转速降为 0		
按"前级阀关"→"机械泵关"		
关基片加热		
按"电源停止"→停止冷水机→关面板"总开关"→关三相电		

【实验报告与数据分析】

1. 写出蒸发镀膜的实验步骤；

2. 实验结果的分析与讨论；

3. 完成思考题.

【注意事项】

1. 不要随便乱按蒸镀机面板上的按钮，如果在装基片或换舟的时候不小心按到了基片加热或蒸发电源开，可能会产生安全事故；

2. 小心搬运玻璃钟罩，以防打破；

3. 实验后要把玻璃钟罩上残留的铝粉用酒精清洗干净；

4. 去胶过程中要佩带防护，注意安全.

【思考题】

1. 怎样估算薄膜的厚度?

2. 为什么再次使用钼舟蒸镀的时候，需要加大蒸发电流? 怎么改善?

第 3 章　半导体材料与器件特性表征实验

半导体测试技术是研究半导体材料和器件必须具备的基础知识和技能. 半导体测试广泛应用于半导体材料与器件的研发、器件和工艺的参数监控、器件建模、可靠性研究等领域. 半导体材料和器件特性表征技术主要有：电学表征、光学表征、化学和物理表征. 本书采用的测试技术以电学表征为主，包括：四探针、霍尔效应、电流电压法（I-V）、电容电压法（C-V）等测试方法.

本章实验介绍了几种典型半导体材料参数、器件电学特性的表征与测量原理，及其测试技术应用. 实验项目涵盖了半导体电阻率和掺杂浓度、载流子寿命与扩散长度、界面态密度、霍尔系数、迁移率等材料参数测量；电流增益、反向击穿电压、阈值电压、pn 结特性等各种类型晶体管的器件电学特性参数的测试与分析.

3.1　高频光电导衰减法测量硅单晶非平衡少数载流子寿命实验

【实验目的】

1. 理解硅单晶非平衡少数载流子寿命及其重要的物理意义；
2. 掌握用高频光电导衰减法测 Si 单晶中非平衡少数载流子寿命的原理和方法.

【实验原理】

一、概述

n 型半导体在平衡态下空穴为少数载流子，同样，在 p 型半导体中，电子就是少数载流子. 在外加条件下（如光照），满带中的一些电子被激发到导带中去，造成了比平衡情况多出来的少数载流子. 这种少数载流子称为非平衡载流子，它们具有极重要的意义. 许多重要的半导体效应都是由于非平衡载流子的作用而产生的. 例如，半导体的光电和发光现象就是和非平衡载流子的激发有密切的联系. 用电学方法亦可以产生非平衡载流子，这直接造成了晶体管的放大作用.

半导体中的非平衡少数载流子寿命 τ 是硅单晶三大电学性能（型号、电阻率、寿命）之一，和迁移率 μ、扩散系数 D 一样，τ 也是器件建模过程中必须考虑的重要材料参数. 它是与半导体中重金属含量，晶体结构完整性直接相关的物理量，可直接而灵敏地反映硅单晶里重金属杂质的含量. 在半导体多晶及单晶生产工艺中，往往使用大量的不锈钢（管道及炉膛），铁是最容易进入原材料的重金属杂质，其次为铜（高频线圈材料）. 杂质、缺陷愈多，非平衡载流子消失得愈快，通过电阻率测量不易察觉，但寿命测量却能非常灵敏地反映它们的存在，灵敏度远远超过其他测试方法（如等离子光谱、质谱、原子吸收谱等），因此寿命测试是检验单晶质量必不可少的项目. 寿命值过低将影响太阳能电池的光电转换率、晶体管的电流放大倍数以及射线探测器的灵敏度等一系列器件参数. 此外，寿命测量原理也涉及非平衡载流子的产生和复合，体内深能级复合中心，表面缺陷复合中心等概念，因此它是帮助我们理解能带论的极好实验.

通过硅单晶非平衡少数载流子（简称少子）寿命测量的实验，可以直观地从示波器上看到少子的产生和衰退的过程.

二、少子寿命的定义

对于少子寿命的定义，世界著名的半导体物理学家黄昆、谢希德在他们合著的《半导体物理学》中是这样描述的："非平衡载流子平均存在的时间，称为寿命."最新的国际标准中定义寿命为"少数载流子产生与复合之间的平均时间间隔".

硅单晶在受到如光照或电触发的情况下会在表面及体内产生新的（非平衡）载流子，当外界作用（如光照）撤除后这些非平衡载流子由于复合而逐渐消失，其数量在半导体内部指数式地随时间衰减，可通过微分方程求和得到如下结果：

$$\Delta n(t)=\Delta n(0)\mathrm{e}^{-t/\tau} \tag{3.1.1}$$

τ 反映了非平衡载流子平均存在的时间，即我们要测量的寿命值.

这种衰减可通过硅单晶光电导电压的变化反映出来，例如给硅单晶施加一个脉冲光照，产生 ΔV（光电导电压）. 当光很快熄灭后，光电导电压 ΔV 会以指数方式衰减，即

$$\Delta V=\Delta V_0\mathrm{e}^{-t/\tau_f} \tag{3.1.2}$$

则光电导衰减时间常数 τ_f 为实验观察到的表观寿命.

三、实验测量系统

1）光电导衰减法（PCD 法）测量寿命的原理.

实验测量系统原理如图 3.1.1 所示. R_S 是两端为欧姆接触的半导体样品电阻，R_L 是负载电阻，V_A 是外加直流电压，V_L 是测量的负载输出电压. 光脉冲形成的微扰可以在半导体样品内产生过剩载流子，从而可以检测到电导率的变化. 撤掉光脉冲之后，过剩载流子被复合掉，测得的电导率回到初值.

显然，随光脉冲注入，R_S 和 V_L 是时间的函数，如图 3.1.2 所示. V_L 反映出半导体样品内电导率的变化.

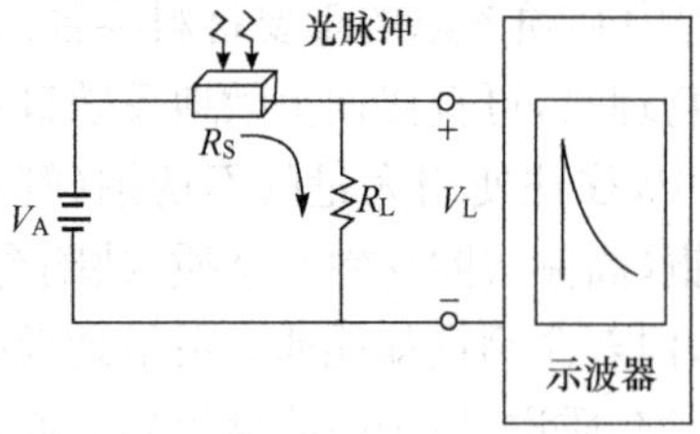

图 3.1.1　光电导率衰变测量的示意图

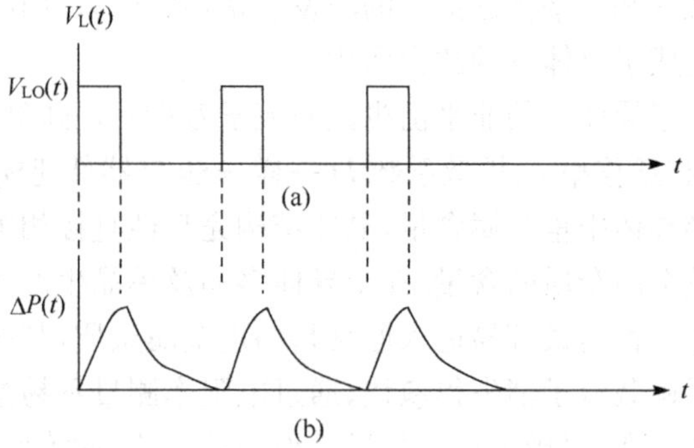

图 3.1.2　(a) 光脉冲；(b) 样品电导率

2）测量系统组成及寿命值读取的方法.

仪器的测量系统电路组成如图 3.1.3 所示.

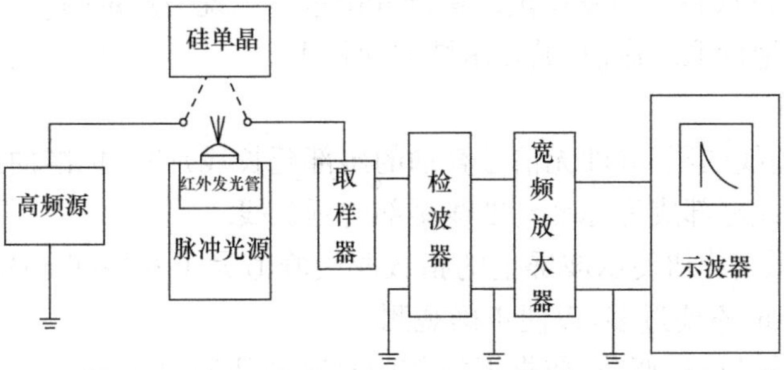

图 3.1.3　测量系统组成

硅单晶样品被光照射时产生新的光生电子-空穴对. 对于 n 型样品而言空穴即为少子载流子，对 p 型样品来说电子则是少数载流子. 光熄灭后，这些光生载流子被体内重金属杂质形成的深能级所捕获，同时也被表面缺陷中心复合，在复合过程中少数载流子的减少是起着最重要的作用. 随着光生载流子的减少，高频源流过样品的电流也在减少，在取样器上得到的光电导电压按指数方式衰减

$$\Delta V(\mathrm{t})=\Delta V_0 \mathrm{e}^{-t/\tau_f} \tag{3.1.3}$$

此信号经检波放大后在示波器上会出现这样的曲线

$$y(\mathrm{t})=y_0 \mathrm{e}^{-t/\tau_f} \tag{3.1.4}$$

y 是示波器 y 轴信号的幅度，t 为示波器的扫描时间（x 轴放大）.

（1）读数方法.

为了准确读出寿命值，按测试标准要求，需要在示波屏上绘一条标准的指数衰减曲线（图 3.1.4）：$\Delta V(t)=\Delta V_0 \mathrm{e}^{-t/\tau}$. 通常在 y 轴上取 ΔV_0 为 6 分格（或 6cm），衰减 1/6 后为 2.2 分格，$\Delta V(t)=6/\mathrm{e}=2.2$，因此寿命值就是衰减曲线通过（0，6）和（$D$，2.2）两个（$X$，$Y$）坐标点之间的扫描时间.

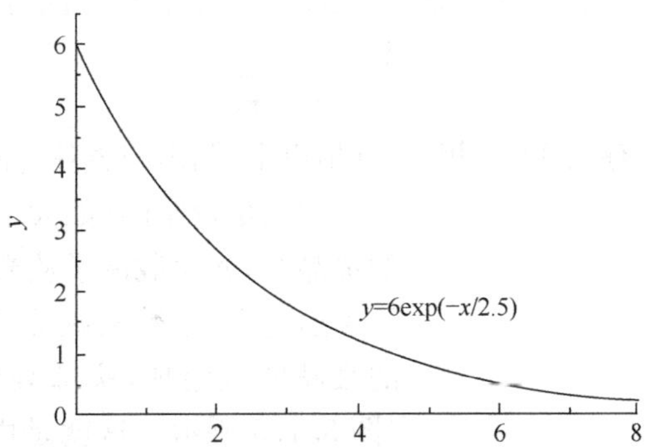

图 3.1.4　示波器面板上的指数曲线

因为从公式中可以看出：

当 $t=0$ 时，$\Delta V_0=6$；

当 $t=T$ 时，$\Delta V=\Delta V_0 e^{-t/\tau}=\Delta V_0/e=6/2.7=2.2$；

当 ΔV_0 衰减 1/e 时所经过的时间恰好等于寿命 τ.

LT-1 寿命测试仪备有一张按国际标准和国家标准统一规定的 $y=6\exp(-x/2.5)$ 透明曲线图，可方便地读取寿命值(贴在示波器面板上).

(2) 实际测量.

将指数衰减曲线的尾部(即无信号叠加的尾部延长线)调至标准曲线的 $y=0$ 水平线上稍高一些，使亮线尾部成为标准刻度线尾部的延长线.

调节 y 增益粗调旋钮使示波屏上的指数曲线峰值大于 6 格(6cm). 再用细调旋钮调节使峰值超过 $y=6$，不要过多，以便正确观测.

用 x 轴左右移动旋钮调节，使靠近峰值的衰减曲线通过 $y=6$，$x=0$ 坐标点，再向右观测衰减曲线与 $y=2.2$ 格水平线的交点(当交点离 y 轴太远或太近时可以调节扫描速度开关，使曲线尽量与标准刻度线相近). 此交点与 $x=0$ 的 y 轴线之间的截距为 D(cm)，则寿命值 $T=DS$，其中 S 为示波器时基扫描速度(μs/cm).

例如某一样品测量寿命时，指数曲线头部已通过(0,6)坐标点，y 下降至 1/e 时(即与 $y=2.2$ 水平线的交点)距离 y 轴为 2.8cm，此时的扫描速度开关在 0.1ms/cm 挡，微调旋钮在校准位置，寿命值 $T=2.8\text{cm}\times0.1\text{ms/cm}=280\mu\text{s}$.

(3) 测量体寿命.

在实际生产中需要知道的是单晶体内寿命，即材料体内到底受金属杂质沾污到什么程度，但脉冲光是从样品表面照入体内(LT-1 寿命仪选用 $\lambda=1.07\pm0.01\mu\text{m}$ 波长的红外光，照射深度约 220μm)，在硅单晶的表面到一定深度的体内都将产生光生非平衡载流子(电子-空穴对)：$\Delta n=\Delta p$. 一旦光照停止，这些非平衡载流子便通过单晶中的复合中心(重金属杂质能级、晶体缺陷能级、表面复合能级)逐渐复合消失. 这个过程既发生在单晶体内也发生在表面. 表面复合能级对少子的复合会起一定的作用，其作用大小完全取决于表面复合速度. 当体内复合率与表面复合率在同一数量级时，在从示波器上观测到的光电导衰减曲线是光生载流子在体内复合中心和表面缺陷形成的复合中心双重作用下发生的现象，所以称为表观寿命 τ_f. 它和体寿命 τ_b、表面复合寿命 τ_S 之间有如下关系：

$$\frac{1}{\tau_f}=\frac{1}{\tau_b}+\frac{1}{\tau_S} \tag{3.1.5}$$

从上式可以看出只有 τ_b 和 τ_S 相差 10 倍以上，测出的表观寿命才会接近 τ_b 或 τ_S.

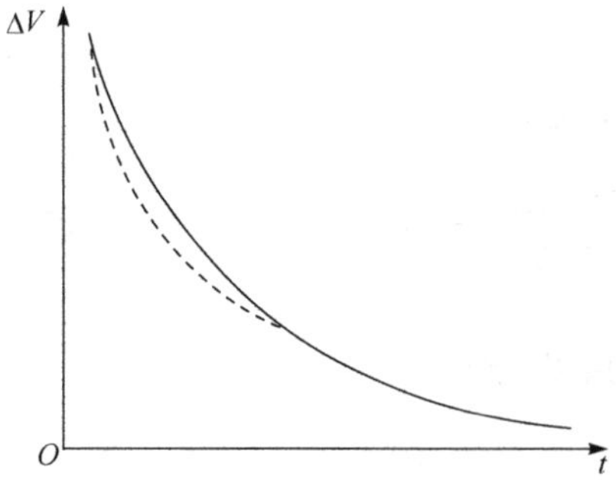

图 3.1.5　表面复合作用下的衰减曲线

在测量较厚的(如大于 10mm)表面为研磨面的单晶时，光生载流子从光照面由表及里扩散，但不到达背面. 指数衰减曲线由两段不同时间常数的衰减曲线组成，头部衰减快，而中后部衰减慢(图 3.1.5 所示). 这就是由于光照面的表面复合很大所引起的高次模，加速头部衰减的直接证明. 为了准确测量体寿命，往往将头部快衰减部分调到 $y=6$ 以上，只看中后部曲线，以避开表面复合对体寿命测量的干扰.

当测量薄样片时，无法通过去掉头部快衰减部分来测准体寿命，因为此时光生载流子受到前后两个研磨面复合的影响，要测准硅片的体寿命必须用化学抛光方法将表面损伤层腐蚀掉，露出像镜面一样的完美表面，此时表观复合速度会降到 0.25～10cm/s. 此时的 τ_S 会远大于 1，因此 $\tau_f \approx \tau_b$.

即便是厚样品，当样品电阻率较低时（如小于 5Ω · cm），多数载流子密度很大，光生载流子的相对数量很小，注入比较低，光照面如果是研磨面，也会由于机械损伤层对光的吸收以及极高的表面复合速度使样品光电导信号变得很微弱，严重影响测量，因此也要对表面进行抛光、钝化处理.

但是要说明的是这种低复合速度的完美表面，在空气中暴露会迅速变坏，因此要在尽量短的时间内测量，还有一个办法就是把样品放到碘酒钝化液中保存.

（4）测量表面复合寿命.

当体寿命较长如 $\tau_b \geqslant 500\mu s$，而表面处于研磨状态，$\tau_S$ 很小时，从（3.1.5）式可以看出，等号后的第一项可以忽略. 此时 $\tau_f \approx \tau_S$，而表面复合寿命可以通过下列近似式计算：

$$\tau_S = \tau_{\text{diff}} + \tau_{\text{sp}} = \frac{L^2}{\pi^2 D} + \frac{L}{2s} \tag{3.1.6}$$

（注：上式引自国际标准 SEMI MF28-02.）

其中，$\tau_{\text{diff}} = \frac{L^2}{\pi^2 D}$ 为少子从光照区扩散到表面所需的时间，$\tau_{\text{sp}} = \frac{L}{2s}$ 为少子扩散到表面后，被表面（复合中心、缺陷能级）复合所需要的时间. L 为样品厚度，D 为少子扩散系数.（硅单晶电子扩散系数 $D_n = 33.5\text{cm}^2/\text{s}$，空穴扩散系数 $D_p = 12.4\text{cm}^2/\text{s}$）. 样片为两面研磨时，$S \approx 1.0 \times 10^7 \text{cm/s}$，因此（3.1.6）式第二项小到可以忽略不计，此时

$$\tau_f \approx \tau_S = \frac{L^2}{\pi^2 D} \tag{3.1.7}$$

因此测量两面均为研磨的样片时，并假设 $\tau_b = \infty$，表观寿命仅与样片厚度有关，表 3.1.1是按上述公式计算出不同厚度研磨片表观寿命（只考虑表面复合）的理论值，国内常用这种研磨片作为检验寿命仪测量是否标准的校核片.

表 3.1.1　n 型研磨硅片厚度与表观寿命值的关系表

厚度/mm	0.2	0.3	0.4	0.5	0.6	0.7	0.8	0.9	1.0
寿命理论值/μs	3.1	7.0	12.5	20	28	38	50	63	80

实验中配置了 0.7mm 或 1.00cm 的 n 型研磨片供校核仪器使用. 通过测量样片厚度，根据常数 D 计算出理论值，并将此样片放在 LT-1 仪器上测量，观测实测值与理论值的差别. 一般差别不会超过寿命测量精度的±20%.

3）不同光强下寿命测量值的变化.

无论是理论上或实际测量方面，少子寿命的测量都是一项比较复杂的事情，硅单晶少子体寿命测量不仅会受到表面复合的影响，还会受到光强的影响. 浙江大学、广州半导体

材料研究所等做过这方面的实验研究，证明多数硅单晶的少子寿命测量值会随着光强的增加而升高. 本实验采用测试样块，将光强从低调到高，数次测量样块的寿命值，并做相应的记录，亦可做成变化曲线.

4）实验现象分析.

（1）衰退曲线的初始部分为快衰退，在测量过程中要剔除. 快衰退常常是由表面复合所引起的，用硅滤光片把非贯穿光去掉，往往可以使之消除. 另外，坐标读数时要将信号头部约前 1/3 的幅度去掉(升高到标准曲线之外)，通过调节示波器的水平位移、垂直放大、时间基准扫描速度，直到观察到的曲线与标准指数曲线尽可能吻合时，才能认为这段曲线是读取寿命值的真实依据. 如果在表面复合作用明显时仍旧采用信号头部曲线读数，会造成读出的寿命值明显偏低. 表面复合引起的衰减曲线变化如图 3. 1. 6(a)所示.

（2）陷阱效应. 在有非平衡载流子出现的情况下，半导体中的某些杂质能级中所具有的电子数也会发生变化，导致载流子的积累，这种积累非平衡载流子的效应称为陷阱效应. 通常，电子数的增加可看作积累了电子，电子数的减少可看作积累了空穴. 一般情况下，落入陷阱的非平衡载流子常常要经过较长时间才能逐渐释放出来，因而造成了衰退曲线的后半部分的衰退速率变慢，即所谓的“拖尾巴”，如图 3. 1. 6(b)所示，这也会影响少子寿命的准确测量.

（3）衰减曲线“平顶”现象，如图 3. 1. 6(c)所示. 造成这种现象的原因有：一是高频振荡电压过大，此时减小高频振荡器的输出功率即可好转；二是光脉冲的光强比较强，减小光脉冲的放电电压，或者加放硅滤光片，减小光栏的孔径等皆能把波形矫正过来.

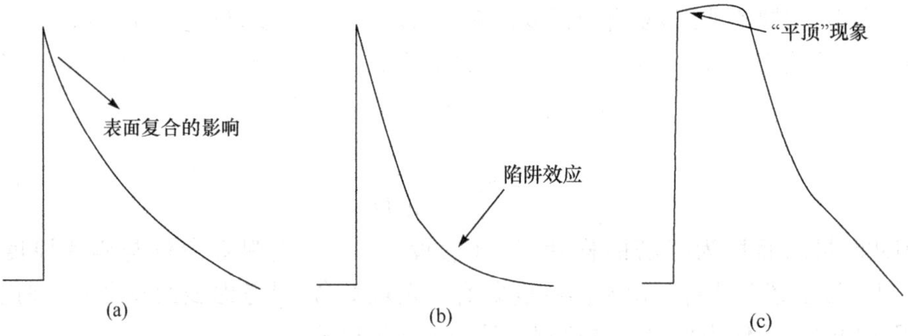

图 3. 1. 6　实验现象

【实验设备和材料】

LT-1B 型高频光电导少数载流子寿命测试仪、示波器、单晶硅

LT-1B 型少子寿命测试仪寿命测试范围：10～6000μs，测试单晶电阻率范围：>2Ω · cm. 仪器电路如图 3. 1. 3 所示，由以下几个部分组成：

1）光脉冲发生装置.

重复频率>20 次/s，脉宽≥60μs，光脉冲关断时间<1μs.

红外光源波长：1. 06～1. 09μm(测量硅单晶)，脉冲电源：5～20A.

2）高频源.

频率：30MHz，低输出阻抗，输出功率>1W.

3）放大器和检波器.

频率响应：2～2MHz.

仪器的使用方法如下：

(1) 开机前检查电源开关、光源开关(图 3.1.7)是否处于关断状态.

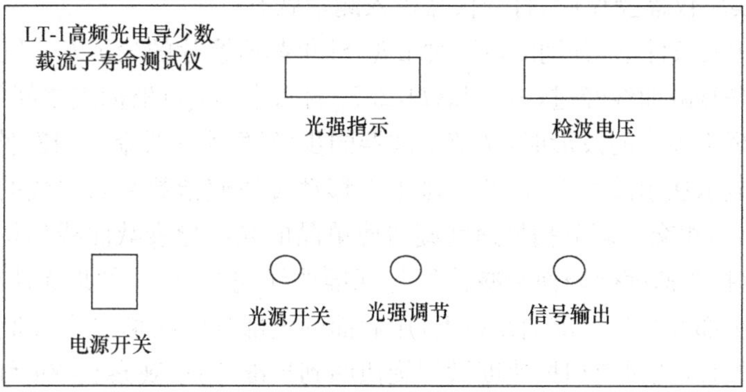

图 3.1.7　仪器面板图

用信号线连接测试仪信号输出端和示波器通道 2(CH2)，插好电源线.

(2) 开启电源开关.

将电源开关"1"按下，此时"1"处于低位，"0"在高位. 开关指示灯亮. 先在铂电极尖端点上两滴自来水，后将单晶放在电极上准备测量.

寿命仪电源开关在开启瞬间，由于机内储能电容、滤波电容均处于充电状态，是一个不稳定的过程，因此示波屏上会出现短时间杂乱不稳的波形，待充电完成后示波屏上出现一条较细的水平线时，寿命仪才进入工作状态. 因此使用前请开机预热 2～3min. 更换单晶测量时无需再开关仪器.

将示波器同步选择在"自动"，稍后示波屏上会出现一条亮线，示波器面板要学会使用同步选择、同步调节、扫描速度、y 轴增益等开关.

(3) 开启脉冲光源开关.

光脉冲发生器为双电源供电，先按下光源开关，寿命仪内脉冲发生器开始工作. 再顺时针方向拧响带开关电位器(光强调节)，此时光强指示数字表在延时 10s 左右(储能电容完成充电)数值上升.

测量数千欧姆·厘米的高阻单晶时，光强电压只要用到 5V 左右；测量数十欧姆·厘米的单晶可将电压加到 10V 左右. 测量几欧姆·厘米的单晶可将电压加到 15V 左右. 光强调节电位器顺时针方向旋转，脉冲光源工作电压升高，光强增强，最高可调到 20V，此时流经发光管的电流高达 20A，因此不能在此条件下长期工作.

警告：特别要注意的是光强调节开关开启后，红外发光管已通入很大的脉冲电流，此时切勿再关或开电源开关，以免损坏昂贵的发光管. 只有光强调节电位器逆时针旋转到关断状态(会听到响声)再关或开电源开关.

光强调节开关打开后，示波屏上会出现指数衰减曲线，如果曲线不移动，可将示波器上的同步选择开关从"自动"改为"正常"，并仔细调节同步旋钮直至波形稳定.

(4) 寿命仪的开关顺序.

开:电源开关→光源开关→光强调节

关:光强调节→光源开关→电源开关

【实验内容与步骤】

(1) 熟悉实验仪器操作后,打开仪器进入测量状态.

(2) 在小注入条件下,分别测量两种 n 型 Si 单晶研磨片的少子寿命值.

寿命值就是衰减曲线经过(0,6)和(D,2.2)的两个(x,y)坐标点之间的扫描时间.如果示波屏上出现不稳定的波形时,调节示波器同步(触发水平控制)旋钮,使寿命仪输出信号能够完整地显示在示波屏上,调节 y 轴上下移动旋钮使指数衰减曲线的尾部与标准曲线的 x 轴相切(不相交).调节扫描速度旋钮使单晶的光电导衰减曲线尽量与标准曲线的曲率相近,开启扫描速度微调使衰减曲线与标准曲线完全重合,如果无法做到,请调高 y 轴增益让曲线头部升高到标准曲线以上,用后面的大部分曲线来重叠标准曲线.一般均可以使两条曲线重合,此时使扫描速度微调旋钮回到校准位置,观察衰减曲线与标准曲线上的 1/eV.(即标准曲线 y=2.2cm)水平线上的交点,读出交点离标准曲线 y 轴的水平距离 D,寿命值 $T=D\times S$.(S-示波器时间基准扫描速度,单位 μs/cm 或 ms/cm)注意每次测量的时间不要过长.

(3) 改变光强,进行上述测量,仔细观察,详细记录于表 3.1.2 中.

表 3.1.2 实验数据记录表

样品编号	标称寿命	光强读数	D(交点离标准曲线 y 轴的水平距离)	S(示波器时间基准扫描速度,μs/cm 或 ms/cm)	测量寿命 $\tau=D\times S$	相对误差 $=(\tau_{测量}-\tau_{标称})/\tau_{标称}$

【实验报告与数据分析】

1. 对比分析实验结果与由样品尺寸得出的少子表观寿命理论值,并作分析;

2. 由室温下载流子迁移率与掺杂浓度关系图、电阻率与掺杂浓度关系图等,估算厚样品的少子扩散长度(以上两个关系图请查阅半导体器件相关教材);

3. 请解释样品两端耦合电极涂水的作用.

【注意事项】

1. 实验所测寿命是光孔上方光照区(直径约 3~4mm)部位的单晶寿命值,整个单晶样品的寿命分布往往是不均匀的.因此本机亦可测单晶横截面上的寿命分布.

2. 批量测试时,如发现信号不佳时,请先考虑补充两个金属电极尖端的水滴,但注意水滴不要流入出光孔. 长期使用后,电极如氧化变黑,此时如加水也不能改变信号波形,请用金相砂纸(或细砂纸)打磨发黑部分,并将擦下的黑灰用酒精棉签擦净.

附录　数字示波器的寿命值读数方法

少子寿命测量系统也可以采用数字示波器进行寿命值的观察和读取,如图 3.1.8 所示. 数字示波器可以取信号的叠加平均值,显著降低噪声,提升波形的质量,但读数和操作方式上与模拟示波器有点不同. 其中

$$V_1 = V_0 e^{-\frac{t_1}{\tau}}, V_2 = V_0 e^{-\frac{t_2}{\tau}}$$

$$\text{In } V_1 = \text{In } V_0 - \frac{t_1}{\tau}, \text{In } V_2 = \text{In } V_0 - \frac{t_2}{\tau}$$

则　$\text{In } V_1 - \text{In } V_2 = -\frac{t_1}{\tau} + \frac{t_2}{\tau}$

$$\text{In } \frac{V_1}{V_2} = \frac{t_2 - t_1}{\tau}$$

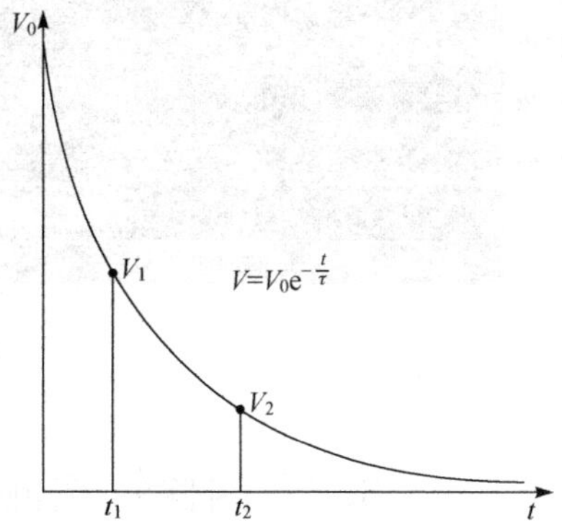

图 3.1.8　数字示波器寿命值读取示意

令 $V_2 = \frac{V_1}{e}$,得出

$$\text{In } \frac{V_1}{V_2} = \text{In } \frac{V_1}{\frac{V_1}{e}} = \frac{t_2 - t_1}{\tau}, \quad \text{In} e = \frac{t_2 - t_1}{\tau}$$

所以 $\tau = t_2 - t_1$.

选择 CURSORS 光标模式手动测量,进入手动测量界面,寿命读数可选以下几种进行测量,测量时将波形大小调为 6 格(请根据垂直系统微调将信号调至 6 格),按照 6 格计算起止光标位置如表 3.1.3 所示.

表 3.1.3　数字示波器读数方法(引自国际标准 SEMI MF1535-0707)

序号 \ 起止值	V_1	V_2	时间间隔所对应的寿命	光标 CurA	光标 CurB
1	$80\%V_0$	$29.4\%V_0$	当存在陷阱效应时,再根据头部表面复合的大小选择此三挡测体寿命	4.8 格	1.8 格
2	$70\%V_0$	$25.8\%V_0$		4.2 格	1.6 格
3	$60\%V_0$	$22.1\%V_0$		3.6 格	1.3 格
4	$50\%V_0$	$18.4\%V_0$	基模寿命	3 格	1.1 格
5	$40\%V_0$	$14.7\%V_0$	体复合寿命	2.4 格	0.9 格
6	$30\%V_0$	$11.0\%V_0$	τ_e^2($1/e^2$ 寿命)	1.8 格	0.7 格

如波形图 3.1.9 所示,其中左上角的 ΔT 为其寿命值读数.

一般建议选择的寿命值是取在光电导电压 V_0 从 $40\%V_0$ 衰减到 $1/e$,即 $14.7\%V_0$ 之

间的时间段.

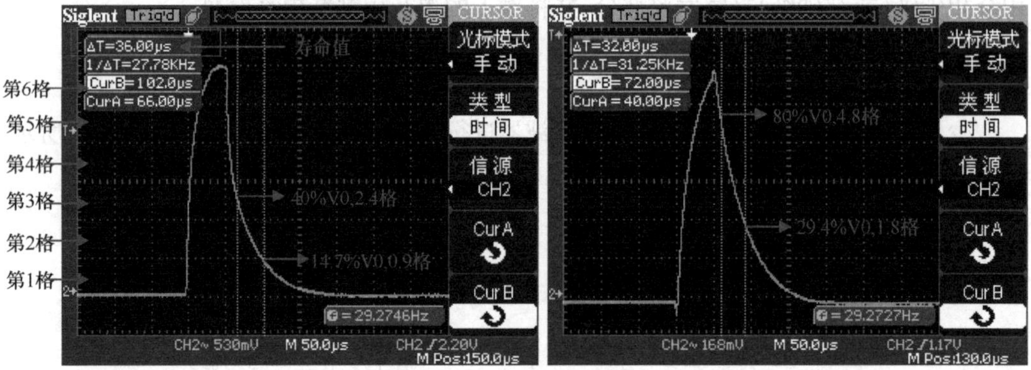

图 3.1.9　读数示意图

3.2　四探针法测量硅片电阻率与杂质浓度实验

【实验目的】

1. 掌握四探针法测量硅片电阻率的原理和方法；
2. 了解四探针法测量杂质扩散层薄层电阻(又称方块电阻)的方法.

【实验原理】

一、概述

电阻率是反映半导体材料导电性能的重要电学参数之一.它与半导体中的载流子浓度有直接的关系，是判断半导体材料掺杂浓度的主要参数之一.要制备各种性能的器件，必须加入各种不同浓度的 n 型或 p 型掺杂杂质，使得硅材料表现为具有不同电阻率的 n 型或 p 型半导体.通常，根据测量的电阻率，可以得到掺杂杂质的浓度.

测量电阻率的方法很多，其中四探针测试法是一种广泛采用的标准方法.四探针法利用点电流源向样品中注入小电流，形成等电位面，通过检测样品不同部位的电位差，并根据理论计算公式，得到半导体材料的电阻率.它的优点是设备简单操作方便，精确度高，对样品的形状无严格要求.

二、基本原理

1) 经典直排四探针法

在一块相对于探针间距可视为半无穷大的均匀电阻率的样品上，有两个点电流源 1 和 4.电流由 1 流入，从 4 流出.2 和 3 是样品上另外两个探针的位置，它们相对于 1、4 两点的距离分别为 r_{12}、r_{42}、r_{13}、r_{43}，如图 3.2.1 所示.在半无穷大的均匀样品上点电流源所产生的电力线具有球面对称性，即等势面为一系列以点电流源为中心的半球面，如图 3.2.2 所示.

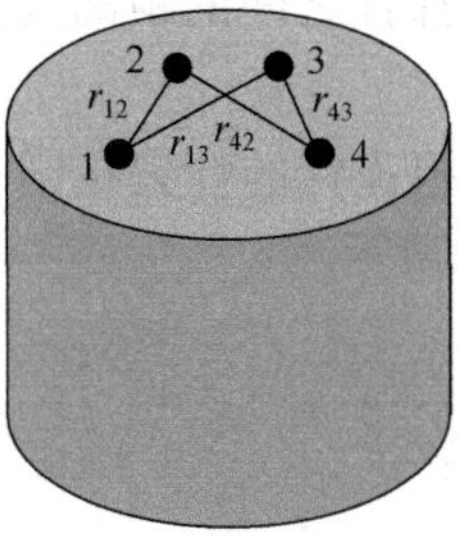

图 3.2.1　位置任意的四探针

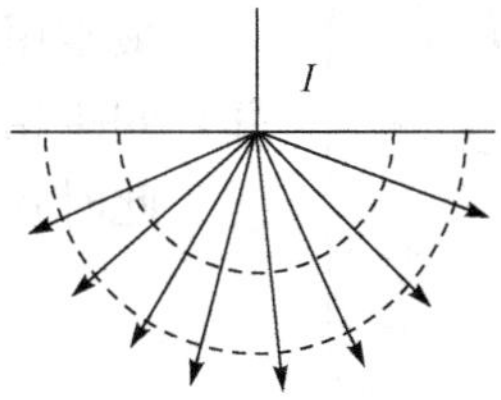

图 3.2.2　半无穷大样品上点电流源的半球等势面

若样品电阻率为 ρ,样品电流为 I,则在离点电流源距离为 r 处的电流密度 J 为

$$J=\frac{I}{2\pi r^2} \tag{3.2.1}$$

又根据

$$J=\frac{\varepsilon}{\rho} \tag{3.2.2}$$

其中,ε 为 r 处的电场强度,由式(3.2.1)、式(3.2.2)得

$$\varepsilon=\frac{I\rho}{2\pi r^2} \tag{3.2.3}$$

由电场强度和电势梯度的关系及球面对称性可得

$$\varepsilon=\frac{\mathrm{d}V}{\mathrm{d}r}$$

取 r 为无穷远处的电势 U 为零,则有

$$\int_0^{V(r)}\mathrm{d}V=\int_\infty^r -\varepsilon\mathrm{d}r$$

$$V(r)=\frac{I\rho}{2\pi}\frac{1}{r} \tag{3.2.4}$$

式(3.2.4)代表一个点电流源对距 r 处点的电势的贡献. 在图 3.2.1 的情况,2、3 两点的电势应为 1、4 两个相反极性的电流源的共同贡献,即

$$V_2=\frac{I\rho}{2\pi}\left(\frac{1}{r_{12}}-\frac{1}{r_{42}}\right) \tag{3.2.5}$$

$$V_3=\frac{I\rho}{2\pi}\left(\frac{1}{r_{13}}-\frac{1}{r_{43}}\right) \tag{3.2.6}$$

2、3 两点的电势差为

$$\frac{I\rho}{2\pi}\left(\frac{1}{r_{12}}-\frac{1}{r_{42}}-\frac{1}{r_{13}}+\frac{1}{r_{43}}\right)$$

由此可以得出样品的电阻率为

$$\rho=\frac{2\pi V_{23}}{1}\left(\frac{1}{r_{12}}-\frac{1}{r_{42}}-\frac{1}{r_{13}}+\frac{1}{r_{43}}\right) \tag{3.2.7}$$

这就是利用四探针法测量电阻率的普遍公式. 只需测出流过 1 和 4 探针的电流 1、2

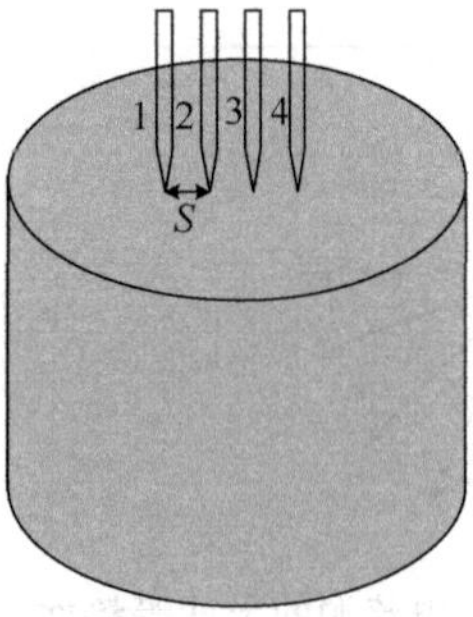

图 3.2.3 直线型四探针

和 3 探针间的电势差 V_{23} 以及四根探针之间的距离，就可求出样品的电阻率.

最常用的是直线型四探针. 四根探针的针尖在同一直线上，并且间距相等，都是 S，如图 3.2.3 所示.

此时式(3.2.7)变为

$$\rho=\frac{2\pi SV_{23}}{I} \tag{3.2.8}$$

以上公式是在半无穷大样品的基础导出的. 实际测量只要样品厚度及边缘与探针之间的最近距离大于四倍探针间距，式(3.2.8)就具有足够的精确度. 若此条件不满足就需进行修正. 修正后的计算公式为

$$\rho=\frac{2\pi S}{B_0}\frac{V_{23}}{I} \tag{3.2.9}$$

式中，B_0 为修正系数，此时样品为片状单晶，四探针针尖所连成的直线与样品一个边界平行，距离为 L，除样品厚度及该边界外，其余周界均为无穷远，样品周围为绝缘介质包围.

另一种情况是极薄样品，极薄样品是指样品厚度 d 比探针间距小很多，而横向尺寸为无穷大的样品，这时从探针 1 流入和从探针 4 流出的电流，其等位面近似为圆柱面，高为 d. 任一等位面的半径设为 r，类似于上面对半无穷大样品的推导，当 $r_{12}=r_{23}=r_{34}=S$ 时，极薄样品的电阻率为

$$\rho=\left(\frac{\pi}{\text{In}2}\right)d\,\frac{V_{23}}{I}=4.5324d\,\frac{V_{23}}{I} \tag{3.2.10}$$

式(3.2.10)说明，对于极薄样品，在等间距探针情况下，探针间距和测量结果无关，电阻率和被测样品的厚度 d 成正比.

通常选择电流 $I=\frac{2\pi S}{B_0}\times10^{-3}$，由式(3.2.9)知，这时 $V_{23}\times10^{3}$ 就是电阻率的数值. 电流 I 要选择适当. 电流太小，检测电压有困难；电流太大会由于非平衡载流子注入或发热引起电阻率降低.

半导体材料的电阻率随温度变化很灵敏. 例如电阻率为 10Ω · cm 的硅单晶，当温度从 23℃上升到 28℃时，其电阻率大约增加 4%. 因此必须在样品达到热平衡的情况下进行测试，并记录测试温度.

对于高阻半导体样品，光电导效应和探针与半导体形成金-半肖特基接触的光生伏特效应可能严重地影响电阻率测试结果，因此对于高阻样品，测试时应该特别注意避免光照.

对于热电材料，为了避免温差电动势对测量的影响，一般采用交流两探针法测量电阻率.

在半导体器件生产中，通常用四探针法来测量杂质扩散层的薄层电阻(又称方块电阻). 在 p 型或 n 型单晶衬底上扩散 n 型杂质或 p 型杂质，形成 pn 结. 由于反向 pn 结的隔离作用，扩散层下面的衬底可视作绝缘层，因而可由四探针法测出扩散层的薄层电阻，当

扩散层厚度(即结深)远小于探针间距(结深 $x_j<0.53S$),且晶片面积相对于探针间距可视作无穷大时,样品的薄层电阻为

$$R_S=\frac{\pi}{\ln 2}\frac{V}{I} \tag{3.2.11}$$

若不能将晶片的面积视作无穷大,也需要对式(3.2.11)进行修正,修正系数请参看相关文献(包括单面扩散和双面扩散的情况).

扩散层的薄层电阻 R_S 不仅和扩散层的厚度 x_j(即扩散结深)有关,而且和扩散层中的杂质浓度分布 $N(x)$有关,其关系如下:

$$R_S=\frac{1}{\int_0^{x_j}N(x)q\mu\,\mathrm{d}x} \tag{3.2.12}$$

其中 q 为电子电荷,μ 为扩散层中多数载流子的迁移率.对于不同的扩散条件,$N(x)$具有不同的分布方式,通常有高斯分布和余误差分布两种.可由测得的扩散层薄层电阻 R_S、扩散结深 x_j 及衬底杂质浓度 N_0,再根据实际的扩散条件确定出的杂质浓度分布公式,便可算出扩散层的表面杂质浓度.**实际工作中,已将薄层电阻、结深、衬底浓度、表面杂质浓度的关系绘制成图表.由测得的扩散层薄层电阻、结深和衬底杂质浓度可以很方便地查出扩散层的表面杂质浓度**.这对半导体器件的生产有重要的指导意义.

2) 双电测组合(亦称双位组合)四探针法

经典直排四探针法测试电阻率,在半导体材料、微电子硅芯片和各类半导体膜、导电膜等的研究与生产中发挥了很大作用,是一个广泛使用的检测手段.但长时间以来经典直排四探针法限于 $I_{14}V_{23}$ 单一方式,要求使用等距离的探针.如果针间距离不等或探针有游移,都会造成测量误差;当被测片较小或在大片边缘附近测量时,要计入电场畸变的影响进行边界修正;不同情况下的修正因子公式各异,也都很复杂,能够直查的修正因子数据量有限,实际中有时难以快速保证最终结果的准确度.

随着科学技术的发展,双电测组合(亦称双位组合)四探针法的出现,为提高薄层电阻 R_S 和体电阻率 ρ 的测量准确度创造了有利条件.其基本原理可见参考文献[16]和[17].文献中对该方法做了全面系统的理论研究和实验论证,并给出了实用公式.

双电测组合四探针法有以下突出优点:

(1) 测试结果与探针间距无关,能消除间距不等及针尖机械游移变化的影响,允许使用不等距探针头;

(2) 具有自动修正边界效应的功能,对小尺寸被测片或探针在较大样片边缘附近时,不需对样品做几何测量,也不必寻找修正因子;

(3) 不移动四探针探头,同时使用三种模式测量,即可得计算到测试部位的电阻均匀性,而在经典方法中不移动探针头位置,这是办不到的.

由于双电测组合法有明显优点,我国已经立足于这种方法研制成了多种型号测试仪并得到了应用.本实验也采用该方法.

三、双电测组合四探针系统测量原理

双电测组合四探针法采用了以下两种组合的测量模式(如图 3.2.4 所示).

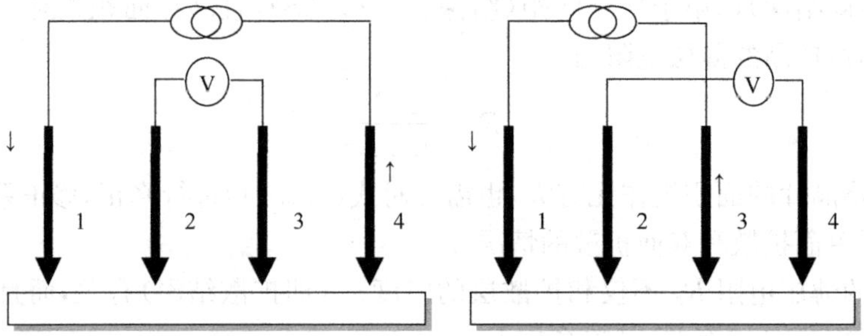

(a)　(b)

图 3.2.4　双电测组合四探针法测量模式

(a) $L_{14}V_{23}$组合;(b) $L_{13}V_{24}$组合

将直线四探针垂直压在被测样品表面上分别进行 $I_{14}V_{23}$ 和 $I_{13}V_{24}$ 组合测量,测量过程如下:

1) 进行 $I_{14}V_{23}$ 组合测量.

电流 I 从 1 针→4 针,从 2、3 针测得电压 V_{23+};

电流换向,I 从 4 针→1 针,从 2、3 针测得电压 V_{23-};

计算正反向测量平均值:$V_{23}=(V_{23+}+V_{23-})/2$.

2) 进行 $I_{13}V_{24}$ 组合测量

电流 I 从 1 针→3 针,从 2、4 针测得电压 V_{24+};

电流换向,I 从 3 针→1 针,从 2、4 针测得电压 V_{24-};

计算正反向测量平均值:$V_{24}=(V_{24+}+V_{24-})/2$.

3) 计算(V_{23}/V_{24})值(以上 V_{23}、V_{24} 均以 mV 为单位).

4) 按以下两公式计算几何修正因子 K.

若 $1.18<(V_{23}/V_{24})\leqslant 1.38$ 时

$$K=-14.696+25.173(V_{23}/V_{24})-7.872(V_{23}/V_{24})^2$$

若 $1.10\leqslant(V_{23}/V_{24})\leqslant 1.18$ 时

$$K=-15.85+26.15(V_{23}/V_{24})-7.872(V_{23}/V_{24})^2$$

5) 计算方块电阻 $R_{\square}$.

$$R_{\square}=K\cdot(V_{23}/I)\quad(\text{单位}:\Omega/\square)$$

其中,I 为测试电流,单位:mA.

V_{23} 为从 2、3 针测得电压 V_{23+} 和 V_{23-} 的平均值,单位:mV.

6) 若已知样品厚度 W,可按下式计算样品体电阻率 ρ.

$\rho=R_{\square}\cdot W\cdot F(W/S)/10$(单位:Ω·cm)

其中:$R_{\square}$ 为方块电阻值,单位:Ω/□.

W 为样片厚度,单位:mm($W\leqslant$3mm).

S 为探针平均间距,单位:mm.

$F(W/S)$为厚度修正系数. 修正系数可以参照图 3.2.5.

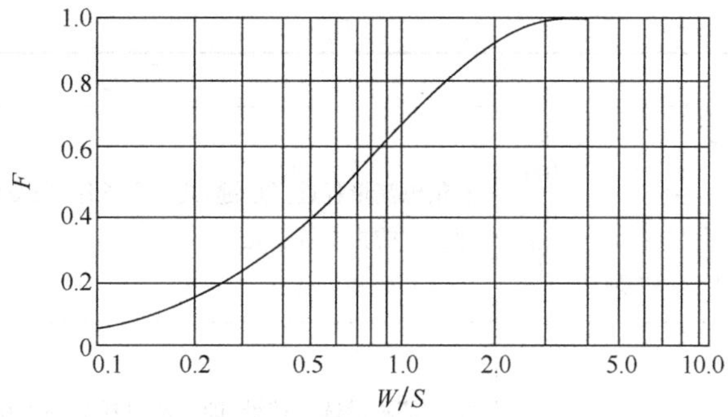

图 3.2.5　样品厚度修正系数

资料来源:半导体测试技术,刘新福等编,冶金工业出版社,2007,p36

7) 计算百分变化率(以测试样品电阻率 ρ 为例).

$$最大百分变化(\%)=\frac{\rho_M-\rho_m}{\rho_m}\times 100\% \tag{3.2.13}$$

$$平均百分变化(\%)=\frac{|\rho_a-\rho_c|}{\rho_c}\times 100\% \tag{3.2.14}$$

$$径向不均匀度\ E(\%)=\frac{2(\rho_M-\rho_m)}{\rho_M+\rho_m}\times 100\% \tag{3.2.15}$$

以上式中:ρ_M、ρ_m 分别为测量的电阻率最大值与最小值,单位:Ω · cm;

ρ_c 为第 1、2 点(即圆片中心测量点)测量平均值,单位:Ω · cm;

ρ_a 为除了第 1、2 点外其余各点的测量平均值,单位:Ω · cm;

(若测量样品的方块电阻值,则将式(3.2.13)、式(3.2.14)、式(3.2.15)中的 ρ_M、ρ_m、ρ_a、ρ_c 分别改成 R_M、R_m、R_a 和 R_c. 其公式意义与 ρ_M、ρ_m、ρ_a、ρ_c 相似).

【实验设备和材料】

RTS-9 型双电测四探针测试仪、计算机、硅片

RTS-9 型双电测四探针测试仪是通过采用四探针双电组合测量技术,将范德堡测量方法推广应用到直线四探针上. 利用电流探针和电压探针的组合变换,进行两次电测量,其最后计算结果能自动消除由样品几何尺寸、边界效应以及探针不等距和机械游移等因素所引起的对测量结果的不利影响. 因而在测试过程中,在满足基本条件下可以不考虑探针间距、样品尺寸及探针在样品表面上的位置等因素. 仪器适用于测量片状半导体材料电阻率以及硅扩散层、离子注入层、异型外延层等半导体器件和液晶玻璃镀膜层、电热膜等导电膜的方块电阻(或称薄层电阻和面电阻).

RTS-9 型双电测四探针测试仪主要由主机、测试台、四探针探头、计算机四部分组成,各部分通过电缆连接. 获得样品的测量结果的操作主要通过对计算机上的 RTS-9 双电测四探针软件测试系统的操作对主机进行测量控制,然后把测量数据反馈回计算机上进行数据运算和数据的统计分析,最后得出样品的测量数据.

一．仪器面板说明

项目	说明
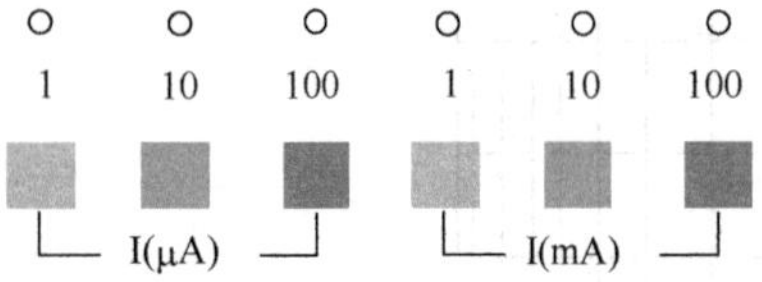 1 10 100 1 10 100 I(μA) I(mA)	测量电流量程选择按键，共 6 个量程，当按相应的量程时，此量程按钮上方的指示灯会亮
 $R_{\square}$ ρ	“$R_{\square}/\rho$”测量选择按键，即是测量样品的方块电阻还是电阻率的选择按键，开机时自动设置在“$R_{\square}$”位. 按下此按键会在这两种测量状态下切换，按键上方的相应指示灯亮表示现处的测量类别
 I $\rho/R_{\square}$	“电流/测量“方式选择按键，开机时自动设置在“I”位；按下此按键会在这两种模式下切换，按键上方的相应指示灯亮表示现处的状态. 即当处在“I”时表示数据显示屏显示的是样品测量电流值，用户可根据测量样品调节量程按键或电位器获得适合样品测量的电流. 当在“$\rho/R_{\square}$”时表示现处于测量模式下，数据显示屏显示的是方块电阻或电阻率的测量值
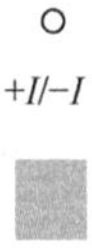 $+I/-I$	电流换向按键，按键上方的灯亮时表示反向. 灭时表示正向
 SPOH	低阻测试扩展按键（只在 100mA 量程挡有效），按键上方的灯指示开、关的状态
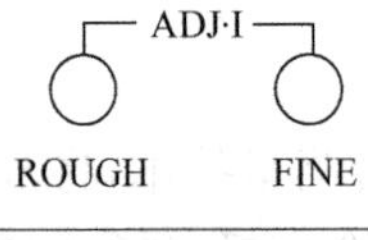 ADJ·I ROUGH FINE	W1-电流粗调电位器；W2-电流细调电位器
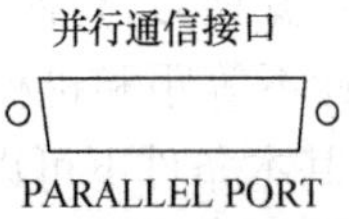 并行通信接口 PARALLEL PORT	与计算机通信的并口接口
	显示测试值的数据显示屏，在不同的测试状态下分别用来显示样品的测试电流值、方块电阻测量值、电阻率测量值
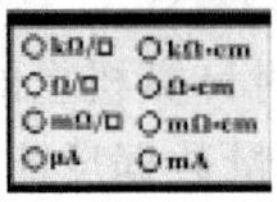 kΩ/□ kΩ·cm Ω/□ Ω·cm mΩ/□ mΩ·cm μA mA	测试值的单位指示灯

二、仪器操作

1）把测试台上的四探针探头与测试仪主机连接好，用“并行通讯电缆”分别连接主机前面板右下角的并行通讯接口和计算机的并行通讯接口，主机接上电源线，开启后面板的主机电源开关，此时“$R_{\square}$”和“I”指示灯亮. 测试仪主机预热约 10min 后进行测试.

2）开启计算机，启动双电测四探针软件测试系统.

软件测试系统的用户界面(图 3.2.6)主要由以下四部分组成：

【测试基本参数】窗口：

此窗口用于选择测试材料的类别、测试材料基本属性数据值(厚度、探针平均间距等)、测试环境数据(温度、湿度).

【实时采集两次组合模式下的电压值】窗口：

获得样品最新测试点两次组合模式下的实时电压正、反向值和平均值.

【统计测试数据】窗口：

记录和显示测试材料的各项属性数据值、测量数据和统计分析后数据.

【操作栏】：

供用户进行测量、重测、自动测量、打开、保存、打印等操作的执行按钮.

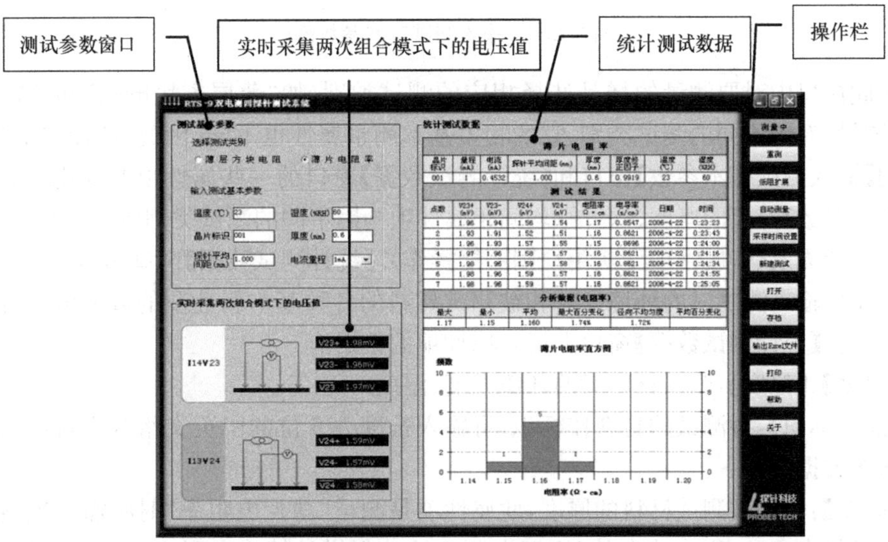

图 3.2.6　软件测试系统的用户界面

【操作栏】共有 12 个类别：【测量】、【重测】、【低阻扩展】、【自动测量】、【采样时间设置】、【新建测试】、【打开】、【存档】、【输出 Excel 文件】、【打印】、【帮助】、【关于】. 软件的使用也是围绕这些按钮功能来实现的.

【测量】功能和【自动测量】功能是四探针软件测试系统最主要的功能. 通过【测量】或【自动测量】采集 RTS-9 型双电测四探针测试仪上被测试材料的测试数据，在【统计测试数据】窗口显示和记录，并统计分析测试数据.【测量】功能相当于手动测量，要求用户自行确定适合测试材料的量程和电流后，再按下此按钮进行测量. 在【自动测量】下，仪器系统则会自动比较各电流量程，然后确定最适合测试材料的量程，取得测试数据.

以下对【选择测试类别】、【输入测试基本参数】两个窗口(图 3.2.7 和图 3.2.8)的操作进行说明.

图 3.2.7　选择测试类别窗口

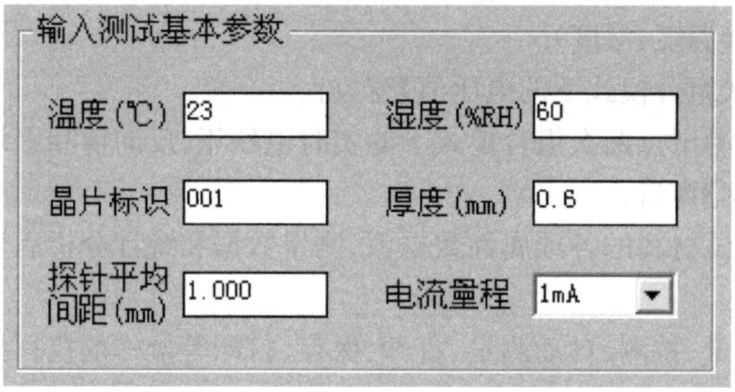

图 3.2.8　输入测试基本参数窗口

在此窗口中对要测量的样品选择相应的测试类别，如“薄层方块电阻”和“薄片电阻率”的测量. 对于不同的测试类别，它的相关基本测量属性也不同. 因此，此窗口的操作会影响到【输入测试基本参数】窗口和【统计测试数据】窗口的一些属性项的变化. 如:【输入测试基本参数】窗口的厚度、探针平均间距属性项会因不同的测试类别所需的测试参数不同而自动变无效(若属性项变灰用户则不能操作).【统计测试数据】窗口亦然.

此窗口输入测试时的环境参数和被测试材料的各种基本属性项的数据值. 对此窗口的操作会在【统计测试数据】窗口上记录属性项的数据值.

【温度】、【湿度】:测试材料时的环境温度、湿度.

【晶片标识】:对测试的材料作标识，可输入长度为 6 位的中英文组合字符串，辅助记录测试的数据.

【厚度】:输入被测试材料的厚度，此属性项是测量“薄片电阻率“时必需参数，输入的厚度值必须在 4mm 以内才有效(用双电测方法获得样品精确电阻率的条件)，测量类别是“薄层方块电阻”时无效.

【电流量程】:在执行【测量】功能时选择适当的电流量程来测量样品的电阻率或方块电阻. ①“薄片电阻率“测量时可参考表 3.2.1 选择量程；②“薄层方块电阻”测量时可参考表 3.2.2 选择量程；

此项操作可直接控制四探针测试仪主机上的电流量程挡的切换. 如无法估计样品方块电阻或电阻率的范围，则暂选“10μA”量程进行测试，再以该测试结果作为估计值按表 3.2.1 和表 3.2.2 选择电流量程.

如果选择【自动测量】，可以忽略电流量程选择，程序会自动比较各量程挡并找出适合此样品的电流量程.

表 3.2.1　电阻率测量时电流量程选择表(推荐)

电阻率(Ω·cm)	电流量程
<0.03	100mA
0.03～0.3	10mA
0.3～30	1mA
30～300	100μA
300～3000	10μA
>3000	1μA

表 3.2.2　方块电阻测量时电流量程选择表(推荐)

方块电阻(Ω/□)	电流量程
<2.5	100mA
2.0～25	10mA
20～250	1mA
200～2500	100μA
2000～25000	10μA
>20000	1μA

【探针平均间距】:RTS-9 型四探针测试仪搭配使用的四探针探头的探针平均间距为 1mm,直接使用此默认值.

三、测试步骤

相关参数设置完毕后,按下【测量】按钮进行测试. 按要求(图 3.2.9)调节 RTS-9 型双电测四探针测试仪上的电位器使其测试电流满足要求(此电流值是根据被测试材料的类别、厚度、量程等要素决定的,所以每一次测量要调节的电流值不一定相同).

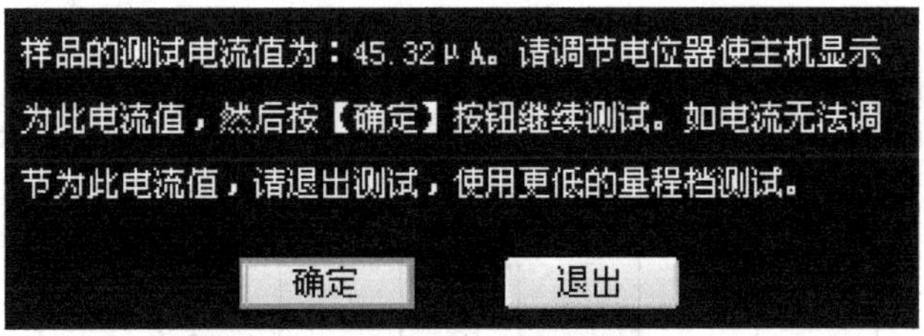

图 3.2.9　调节测试电流

接着,按下【确定】按钮继续测量,同时【实时采集两次组合模式下的电压值】窗口将实时显示样品测量点的两次组合模式下电压正向值、反向值、平均值(图 3.2.10).

当测试数据采集完毕,【统计测试数据】窗口将会记录和显示出此次采集到的测试数据和相关的统计分析结果.【统计测试数据】窗口如图 3.2.11 所示.

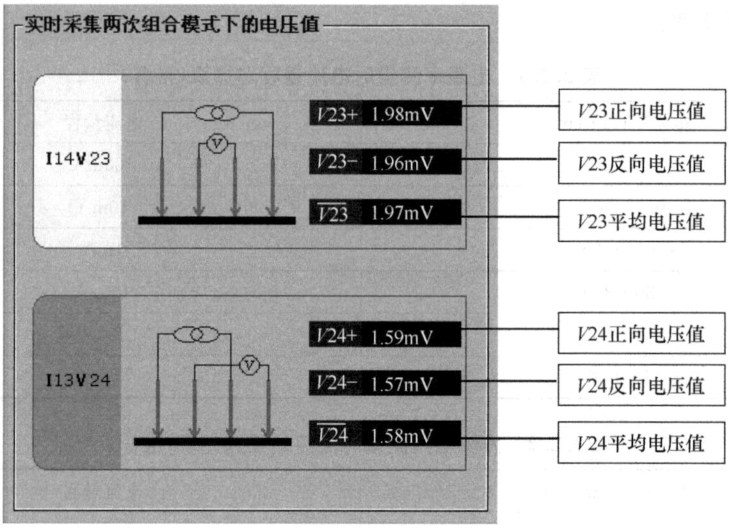

图 3.2.10　实时采集两次组合模式下的电压值窗口

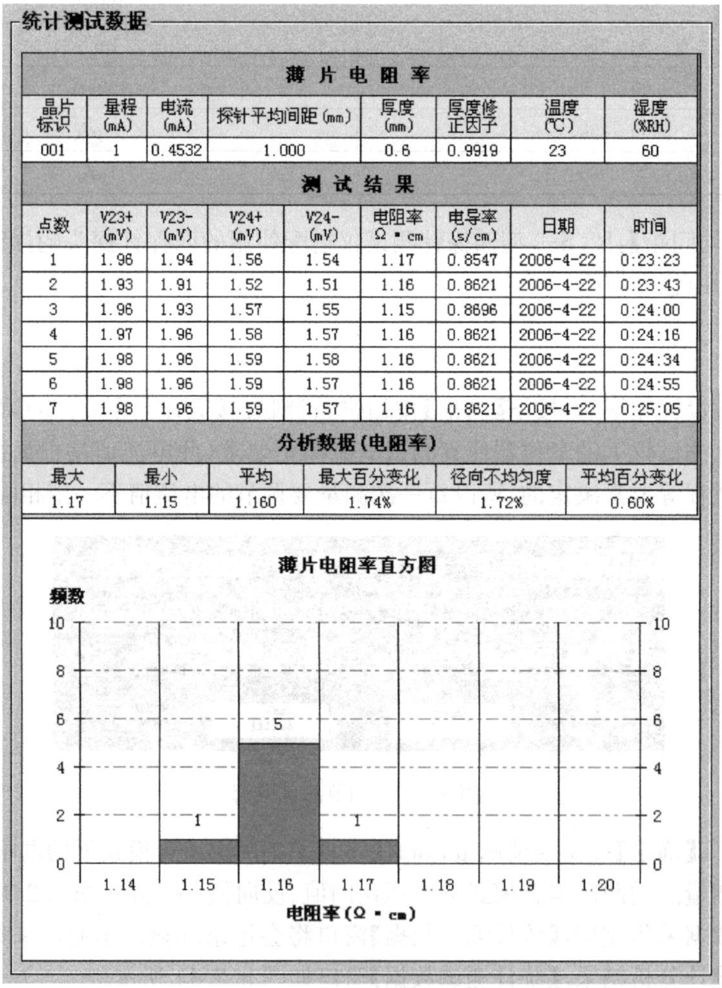
统计测试数据

薄片电阻率							
晶片标识	量程(mA)	电流(mA)	探针平均间距(mm)	厚度(mm)	厚度修正因子	温度(℃)	湿度(%RH)
001	1	0.4532	1.000	0.6	0.9919	23	60

测试结果								
点数	V23+ (mV)	V23- (mV)	V24+ (mV)	V24- (mV)	电阻率 Ω·cm	电导率 (s/cm)	日期	时间
1	1.96	1.94	1.56	1.54	1.17	0.8547	2006-4-22	0:23:23
2	1.93	1.91	1.52	1.51	1.16	0.8621	2006-4-22	0:23:43
3	1.96	1.93	1.57	1.55	1.15	0.8696	2006-4-22	0:24:00
4	1.97	1.96	1.58	1.57	1.16	0.8621	2006-4-22	0:24:16
5	1.98	1.96	1.59	1.58	1.16	0.8621	2006-4-22	0:24:34
6	1.98	1.96	1.59	1.57	1.16	0.8621	2006-4-22	0:24:55
7	1.98	1.96	1.59	1.57	1.16	0.8621	2006-4-22	0:25:05

分析数据(电阻率)					
最大	最小	平均	最大百分变化	径向不均匀度	平均百分变化
1.17	1.15	1.160	1.74%	1.72%	0.60%

图 3.2.11　统计测试数据窗口

以下把【统计测试数据】窗口分成四部分，说明每一部分记录和统计分析的各项数据表示的含义.

(1) 图 3.2.12 记录的是被测试材料各基本属性项的数据值和测试时的环境参数值(如：用户在【输入测试基本参数】窗口选择和输入了被测试材料的各基本属性项的数据值，以及根据用户输入的材料属性计算出来的电流值、厚度修正因子).

薄片电阻率							
晶片标识	量程(mA)	电流(mA)	探针平均间距(mm)	厚度(mm)	厚度修正因子	温度(℃)	湿度(%RH)
001	1	0.4532	1.000	0.6	0.9919	23	60

图 3.2.12　数据记录表格

(2) 图 3.2.13 记录每一次样品测量点的 V_{23}、V_{24} 的正反向电压、电阻率(方块电阻)、电导率，如果测的是方块电阻，则电导率项将无效，还有每次测试采样的日期和时间.

测试结果								
点数	*U*23+(mV)	*U*23−(mV)	*U*24+(mV)	*U*24−(mV)	电阻率 Ω·cm	电导率 (s/cm)	日期	时间
1	1.96	1.94	1.56	1.54	1.17	0.8547	2006-4-22	0:23:23
2	1.93	1.91	1.52	1.51	1.16	0.8621	2006-4-22	0:23:43
3	1.96	1.93	1.57	1.55	1.15	0.8696	2006-4-22	0:24:00
4	1.97	1.96	1.58	1.57	1.16	0.8621	2006-4-22	0:24:16
5	1.98	1.96	1.59	1.58	1.16	0.8621	2006-4-22	0:24:34
6	1.98	1.96	1.59	1.57	1.16	0.8621	2006-4-22	0:24:55
7	1.98	1.96	1.59	1.57	1.16	0.8621	2006-4-22	0:25:05

图 3.2.13　测试结果

(3) 图 3.2.14 分析数据栏会分析所有测量点的电阻率(方块电阻)，然后统计出全部测量点的电阻率(方块电阻)最大、最小、平均值、最大百分变化、平均百分变化、径向不均匀度等.

分析数据(电阻率)					
最大	最小	平均	最大百分变化	径向不均匀度	平均百分变化
1.17	1.15	1.160	1.74%	1.72%	0.60%

图 3.2.14　数据分析

- 最大百分变化：$(\rho_M-\rho_m)/\rho_m\times100\%$；
- 平均百分变化：$|\rho_a-\rho_c|/\rho_c\times100\%$；
- 径向不均匀度：$2(\rho_M-\rho_m)/(\rho_M+\rho_m)\times100\%$；

以上公式中 ρ_M、ρ_m 分别为测量的电阻率(方块电阻)最大值与最小值. ρ_c 为第 1、2 点(即圆片中心测量点)测量平均值. ρ_a 为除 1、2 点外其余各点的测量平均值.

如测量不足 3 点，则不计算“平均百分变化”值，要得到此值的精确值，测量点的第 1

点和第 2 点必须是测量样品的中心点(若测量样品的方块电阻值,ρ_M、ρ_m、ρ_a、ρ_c 分别改成 R_M、R_m、R_a、R_c).

(4) 图 3.2.15 显示的是被测试材料电阻率(或方块电阻)的直方图,x 轴表示电阻率(或方块电阻)各区间的值. y 轴表示各区间值的频数.

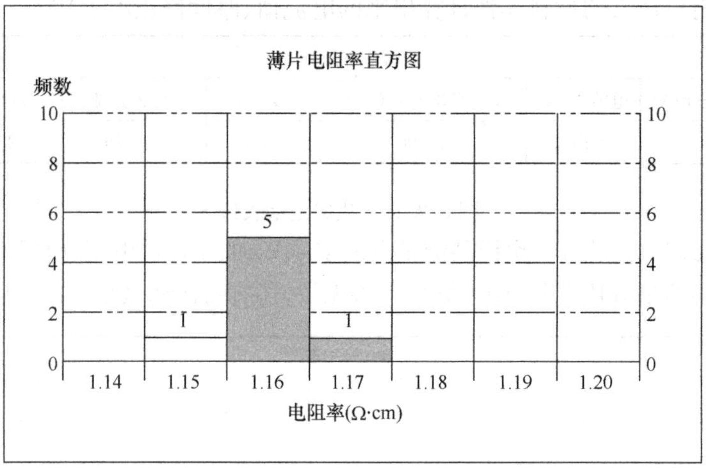

图 3.2.15 数据直方图

至此本次测量已结束. 每按一次【测量】按钮,【统计测试数据】窗口记录的测量结果就会增加一项(即点数增加).

四、其他说明

1) 低阻扩展

当测试材料的电阻率≤0.01Ω·cm 或方块电阻≤0.1Ω/□时,为了提高设备的分辨能力请使用低阻扩展功能. 进行低阻扩展功能必须满足以下条件:电流量程挡选择 100mA 挡. 然后按下【低阻扩展】按钮. 要退出低阻扩展测试状态时,点击电流量程选择框切换到其他任一量程挡即可.

2) 自动测量

【自动测量】功能跟【测量】功能的主要区别在于当不知道被测试材料的合适电流量程,不需逐挡测量就可以自动比较各电流量程挡,找到适合被测试材料的电流量程.

【自动测量】的初始电流量程挡为 10.000μA(图 3.2.16). 自动测量从电流量程挡

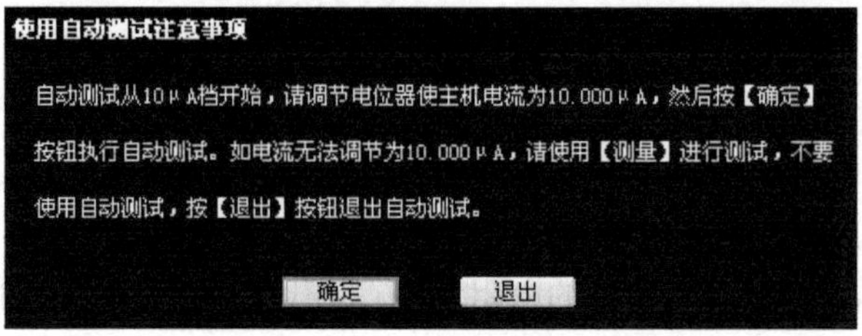

图 3.2.16 自动测量模式下调节测试电流

10μA 开始检测，直至检测到适合此测试材料的电流量程，最后把测试材料的测试数据在【统计测试数据】窗口显示出来. 当第一次自动测量完成后，此时测试材料的电流量程已经确定下来，对于同一样品或者是同类样品的再次测量可直接按【测量】按钮. 退出此次自动测量所确定的电流量程状态，请按【新建测试】按钮.

五、测量样品基本操作流程

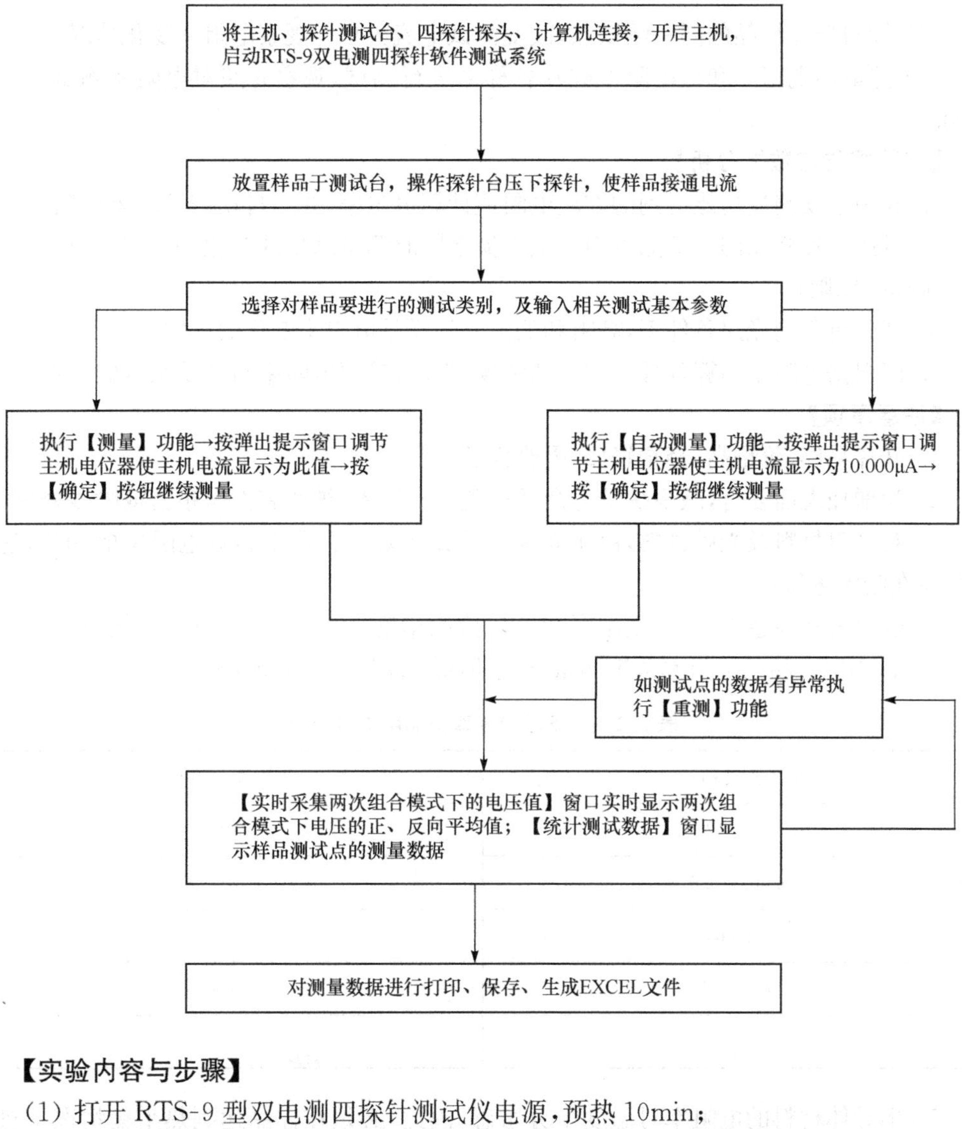

【实验内容与步骤】

(1) 打开 RTS-9 型双电测四探针测试仪电源，预热 10min；

(2) 小心取出硅片样品，采用自动测量功能，分别测试不同厚度、不同掺杂各硅片的方块电阻和电阻率；

(3) 选取同一个硅片样品，分别测试 5 个点，由此算出该硅单晶截面的电阻率的不均匀度.

单晶电阻率不均匀度定义为

$$E=\frac{\Delta\rho}{\rho}\times 100\%\approx\frac{\rho_{max}-\rho_{min}}{(\rho_{max}+\rho_{min})/2}\times 100\%$$

式中，ρ_{max}为所测五个点中电阻率的最大值，ρ_{min}为所测点中电阻率的最小值，ρ为所测量点电阻率的平均值，$\Delta\rho=\rho_{max}-\rho_{min}$，使用上式计算所测样品的断面电阻率不均匀度 E；

(4) 针对硅片样品的同一测试点，改变测试电流大小并观察电阻率变化情况；

(5) 选取高电阻率和低电阻率硅片各样品进行测试，观察光照对电阻率测试结果的影响.

【实验报告与数据分析】

1. 利用手动测量功能得到的方块电阻值计算电阻率，并与自动测试结果作比较；
2. 对比硅片样品同一被测点当测试电流不同时测试结果的变化，并讨论测试时样品电流选择的原则；
3. 试分析不同光照条件下，高阻和低阻硅片样品电阻率变化的异同；
4. 试根据电阻率估算各硅片的掺杂浓度(提示：参照电阻率与杂质浓度的关系图).

【注意事项】

1. 硅片易碎，价格高，轻拿轻放，爱惜样品；
2. 为增加表面复合，减少少子寿命及避免少子注入，被测表面需粗磨或喷砂处理；
3. 对高阻材料及光敏材料，由于光电导及光压效应会严重影响电阻率的测量，这时测量应在暗室进行；
4. 电流要选择适当，电流太小影响电压检测精度，电流太大会引起发热或非平衡载流子注入，不同样品的电阻率范围测量电流的选择如表 3.2.3 所示；

表 3.2.3　不同电阻率样品所需电流值

电阻率(Ω·cm)	电流(mA)
<0.012	100
0.008～0.6	10
0.4～60	1
40～1200	0.1
>800	0.01

5. 半导体材料的电阻率对温度十分敏感，因此，必须在样品达到热平衡情况下进行测量并记录测量温度；
6. 由于正向探针有少子注入及探针移动的存在，所以在测量中总是进行正反两个电流方向测量，然后取其平均以减少误差.

附图：电阻率与杂质浓度的关系图(图 3.2.17).

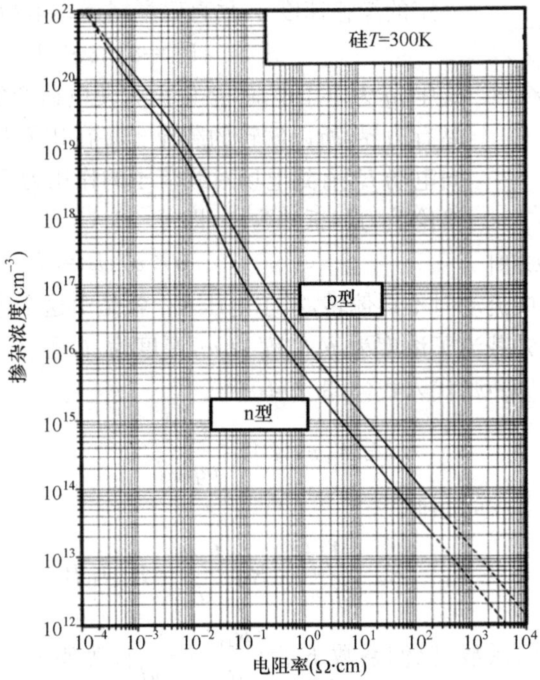

图 3.2.17　电阻率与杂质浓度的关系图

3.3　半导体材料的霍尔效应测量实验

【实验目的】

1. 理解霍尔效应产生的原理；

2. 掌握利用霍尔效应测量半导体材料霍尔系数、电阻率、载流子浓度以及迁移率等主要参数的方法.

【实验原理】

一、概述

霍尔效应是半导体中的载流子在电场和磁场综合作用下产生的效应. 利用霍尔效应来测量霍尔系数是研究半导体性质的重要实验方法，它在半导体测试技术中占有重要地位. 通过测量半导体材料的霍尔系数和电导率，可以得到材料的导电类型、载流子浓度和载流子迁移率等主要参数. 结合变温测试，得到霍尔系数和电导率随温度变化的关系，还可以得出半导体材料的杂质电离能、禁带宽度和杂质补偿度.

二、霍尔效应原理

把通有电流 I_H 的导体置于垂直于电流方向的磁场 B 中，如图 3.3.1，则在导体中垂直于 B 和 I_H 的方向上出现一个横向电势差 V_H，这个现象称为“霍尔效应”. V_H 称为霍尔电压.

霍尔电势差产生的基本原理如下：当电流 I_H 通过霍尔元件(假设为 p 型)时，空穴有

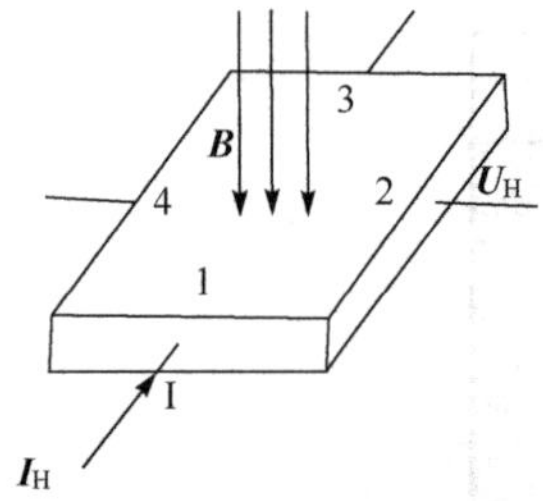

图 3.3.1　霍尔效应原理图

一定的漂移速度 v，垂直磁场对运动电荷产生一个洛伦兹力

$$F_B=q\times(v\times B) \tag{3.3.1}$$

式中，q 为电子电荷，洛伦兹力使电荷产生横向的偏转，由于样品有边界，所以偏转的载流子将在边界积累起来，产生一个横向电场 E，直到电场对载流子的作用力 $F_E=qE$ 与磁场作用的洛伦兹力相抵消为止，即

$$q\times v\times B=qE \tag{3.3.2}$$

这时电荷在样品中流动时不再偏转，霍尔电压 V_H 就是由这个电场建立起来的.

设 p 型样品的空穴载流子浓度为 p，宽度为 w，厚度为 d，通过样品电流 $I_H=pqvwd$，则空穴的速度 $v=I_H/pqwd$ 代入式(3.3.2)有

$$E=|v\times B|=\frac{I_HB}{pqwd} \tag{3.3.3}$$

上式两边各乘以 w，便得到

$$V_H=E_W=\frac{I_HB}{pqd}=R_H\frac{I_HB}{d}=K_HI_HB \tag{3.3.4}$$

其中 $R_H=\frac{1}{pq}$称为霍尔系数，比例系数 $K_H=\frac{R_H}{d}=\frac{1}{pqd}$称为霍尔元件的灵敏度，单位为 mV/(mA · T). 一般要求 K_H 愈大愈好. 灵敏度与载流子浓度 p 成反比，半导体内载流子浓度远比金属载流子浓度小，用半导体材料制成的霍尔元件，霍尔效应明显，灵敏度较高，这也是一般霍尔元件不用金属导体而用半导体制成的原因. K_H 与材料厚度 d 成反比，因此霍尔元件都做得很薄，一般只有 0.2mm 厚.

由式(3.3.4)可以看出，知道了霍尔片的灵敏度 K_H，只要分别测出霍尔电流 I_H 及霍尔电压 V_H 就可以算出磁场 B 的大小，这就是霍尔效应测磁场的原理.

三、霍尔效应在半导体材料测试中的应用

由图 3.3.1 可看出，n 型样品和 p 型样品在磁场中所受的洛伦兹力方向相反，则横向电场也彼此相反. 所以 n 型样品和 p 型样品的霍尔电压 V_H 有不同的符号，据此可以判断半导体的导电类型.

为讨论问题方便，仅考虑杂质完全电离的情况，此时样品中参与导电的主要是多数载流子，霍尔电场强度 E_H 与电流密度 J 和磁感应强度 B 的乘积成正比，即：

$$E_H=R_HJB \tag{3.3.5}$$

以 p 型半导体为例，设空穴浓度为 p，运动速度为 v，则在稳态情况下，有：$qE_H=qvB$，而 $v=I/qp$(其中 J 是电流密度，q 是电子电量)，因此

$$E_H=JB/qp \tag{3.3.6}$$

将式(3.3.6)与式(3.3.5)比较，可得

$$R_H=1/qp \tag{3.3.7}$$

同样的，对于 n 型半导体来说，有

$$R_H=-1/qp \tag{3.3.8}$$

上面得到的关于 n 型和 p 型半导体的霍尔系数，是在基于半导体材料中的载流子都具有相同的速度的假设上推导出的. 如果考虑了载流子速度的统计分布，则需要在式(3.3.7)和式(3.3.8)中引入霍尔因子 γ_H，因此，p 型和 n 型半导体材料的实际霍尔系数应为

$$R_H = \gamma_H / qp \quad (\text{p 型}) \tag{3.3.9}$$

$$R_H = -\gamma_H / qn \quad (\text{n 型}) \tag{3.3.10}$$

需要指出的是，霍尔因子与载流子散射机理及半导体的能带结构有关. 对球形等能面的非简并半导体材料有如下结果：长声学波散射时，$\gamma = 3\pi/8 \approx 1.17$；电离杂质散射时，$\gamma = 1.93$；混合散射的情况比较复杂，一般取实验值：在室温条件下的弱磁场中，n 型硅取 $\gamma = 1.15$；p 型硅取 $\gamma = 0.8$. 而对于简并半导体和强磁场条件下，$\gamma = 1$.

有了霍尔因子值，并测定了霍尔系数后，就可以得到载流子浓度值 n.

电导率 σ 与载流子浓度 n 以及迁移率 μ 之间有如下关系：

$$\sigma = ne\mu \tag{3.3.11}$$

由比例系数 $R_H = \frac{1}{ne}$ 得，$\mu = |R_H|\sigma$，通过实验测出 σ 值即可求出 μ.

根据上述可知，要得到大的霍尔电压，关键是要选择霍尔系数大(即迁移率 μ 高、电阻率 ρ 亦较高)的材料. 因 $|R_H| = \mu\rho$，就金属导体而言，μ 和 ρ 均很低，而不良导体 ρ 虽高，但 μ 极小，因而上述两种材料的霍尔系数都很小，不能用来制造霍尔器件. 半导体 μ 高，ρ 适中是制造霍尔器件较理想的材料，由于电子的迁移率比空穴的迁移率大，所以霍尔器件都采用 n 型材料，其次霍尔电压的大小与材料的厚度成反比，因此薄膜型的霍尔器件的输出电压较片状要高得多.

四、范德堡法测量电阻率和霍尔系数的原理

范德堡法要求被测样品为一厚度均匀、无空洞的薄片，在样品四周制作四个极小的欧姆接触电极 A、B、C、D，如图 3.3.2 所示.

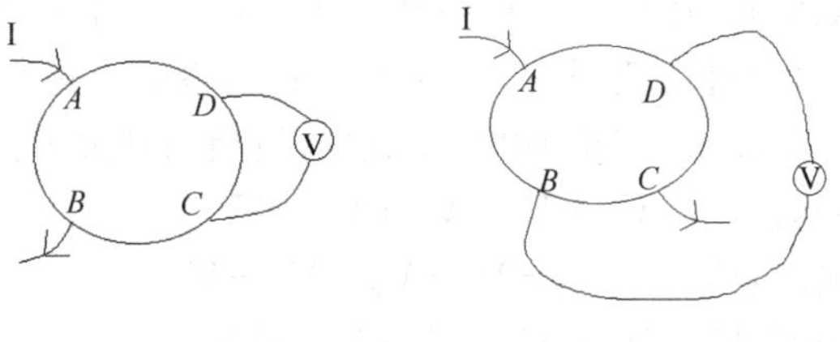

(a) 测量电阻率　　(b) 测量霍尔系数

图 3.3.2　范德堡法测量电阻率和霍尔系数原理图

1) 电阻率的测量

如图 3.3.2(a)所示，从 A 到 B 通以电流 I_{AB}，测量 C、D 间的电势差 V_{CD}，并定义“电阻”：

$$R_{AB,CD} = \frac{|V_{CD}|}{I_{AB}} = R_1 \tag{3.3.12}$$

同样，从 B 到 C 通以电流 I_{BC}，测量 D、A 间的电势差 V_{DA}，并定义另一个“电阻”

$$R_{BC,DA} = \frac{|V_{DA}|}{I_{BC}} = R_2 \tag{3.3.13}$$

可以证明，样品的电阻率与 R_1、R_2 的关系为

$$\rho=\frac{\pi d}{\ln 2}\frac{R_1+R_2}{2}f \tag{3.3.14}$$

式中，f 为与 R_1/R_2（或 R_2/R_1）有关的因子，称范德堡因子，它满足如下关系：

$$\cosh\left[\frac{(R_1/R_2)-1}{(R_1/R_2)+1}\frac{In2}{f}\right]=\frac{1}{2}e^{In2/f} \tag{3.3.15}$$

f 与 R_1/R_2 的对应关系值列于表 3.3.1 中.

表 3.3.1 范德堡因子 f 与 R_1/R_2 的关系

R_1/R_2	1.0	1.1	1.2	1.3	1.4	1.5	1.6	1.7	1.8	2.0
f	1.0000	0.9993	0.9972	0.9941	0.9904	0.9860	0.9813	0.9763	0.9711	0.9603

2）霍尔系数的测量

在加有磁场的情况下，如图 3.3.2(b)所示，从 A 到 C 通以电流 I，测量 B、D 间的电势差 V_{BD}，(若电极制作理想，在零磁场下，有电流 $I_{AC}\neq 0$ 时，$V_{BD}=0$)，则 V_{BD} 即为霍尔电压 V_{H}，因此霍尔系数为

$$|R_{\mathrm{H}}|=\frac{V_{\mathrm{H}}d}{IB} \tag{3.3.16}$$

五、消除霍尔元件副效应的影响

在实际测量过程中，还会伴随一些热磁副效应，它使所测得的电压不只是 V_{H} 还会附加另外一些电压，给测量带来误差.

这些热磁效应有埃廷斯豪森效应，是由于霍尔片两端有温度差，从而产生温差电动势 V_{E}，它与霍尔电流 I_{H}、磁场 B 方向有关；能斯特效应，是由于当热流通过霍尔片在其两侧会有电动势 V_{N} 产生，只以磁场 B 和热流有关；里吉－勒迪克效应，是当热流通过霍尔片时，两侧会有温度差产生，从而又产生温差电动势 V_{R}，它同样与磁场 B 及热流有关.

除了这些热磁副效应外，还有不等位电势差 V_0，它是由于两侧的电极不在同一等势面上引起的，当霍尔电流通过电流段时，即使不加磁场也会有电势差 V_0 产生，其方向随电流 I_{H} 的方向和 B 的方向，记下四组电势差数据(设换向开关 K_1、K_2 向上为正)

当 I_{H} 正向、B 正向时：$V_1=V_{\mathrm{H}}+V_0+V_{\mathrm{E}}+V_{\mathrm{N}}+V_{\mathrm{R}}$

当 I_{H} 负向、B 正向时：$V_2=-V_{\mathrm{H}}-V_0-V_{\mathrm{E}}+V_{\mathrm{N}}+V_{\mathrm{R}}$

当 I_{H} 负向、B 负向时：$V_3=V_{\mathrm{H}}-V_0+V_{\mathrm{E}}-V_{\mathrm{N}}-V_{\mathrm{R}}$

当 I_{H} 正向、B 负向时：$V_4=-V_{\mathrm{H}}+V_0-V_{\mathrm{E}}-V_{\mathrm{N}}-V_{\mathrm{R}}$

$V_1-V_2+V_3-V_4$，并取平均值，得

$$\frac{1}{4}(V_1-V_2+V_3-V_4)=V_{\mathrm{H}}+V_{\mathrm{E}} \tag{3.3.17}$$

由于 V_{E} 和 V_{H} 始终方向相同，所以换向法不能消除它，但 $V_{\mathrm{E}}\ll V_{\mathrm{H}}$，故可以忽略不计，于是

$$V_{\mathrm{H}}=\frac{1}{4}(V_1-V_2+V_3-V_4) \tag{3.3.18}$$

温度差的建立需要较长时间，因此，如果采用交流电使它来不及建立就可以减小测量

误差.

【实验设备和材料】

SH500-A 霍尔效应实验仪,恒流电源

SH500-A 霍尔效应实验仪由双路恒流电源和霍尔效应实验装置组成. 如图 3.3.3、图 3.3.4 和图 3.3.5. 左右两路恒流电源分别提供电磁铁励磁电流 I_M 和霍尔工作电流 I_H,中间的电压表显示霍尔电压的大小. 此外,仪器配备国产霍尔元件和进口霍尔元件各 1 个. 其中国产霍尔元件为硅,额定工作电流为 10mA,透明环氧封装,元件直观性好;进口霍尔元件为砷化镓(GaAs),n 型半导体材料,额定工作电流为 2.5mA,塑料封装,外形如塑封三极管. 电磁铁气隙 4mm,最大磁铁感应强度接近 500MT.

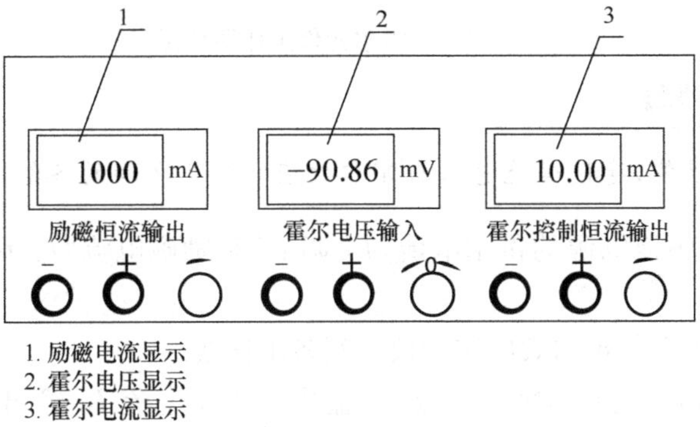

图 3.3.3　双路恒流电源

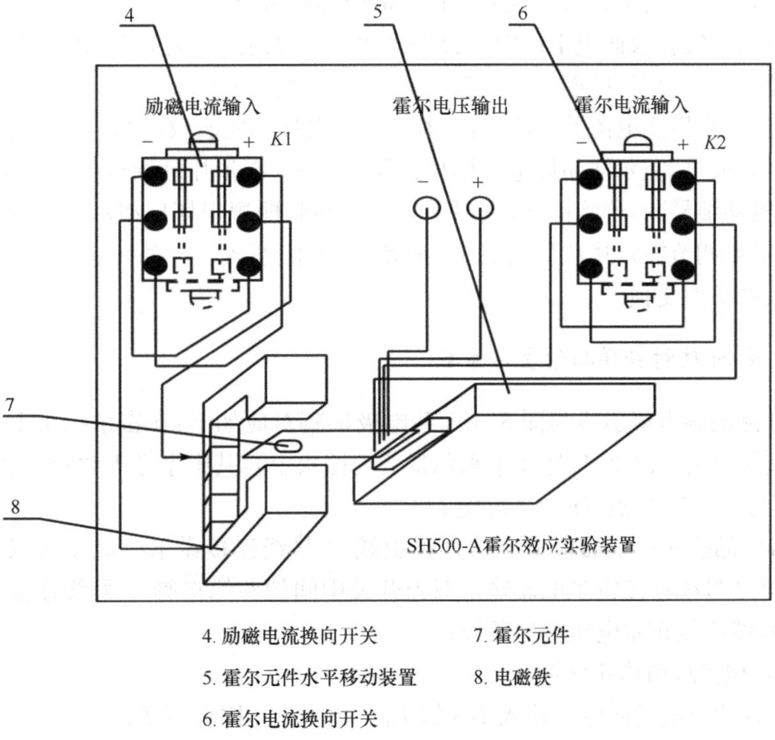

图 3.3.4　霍尔效应实验装置

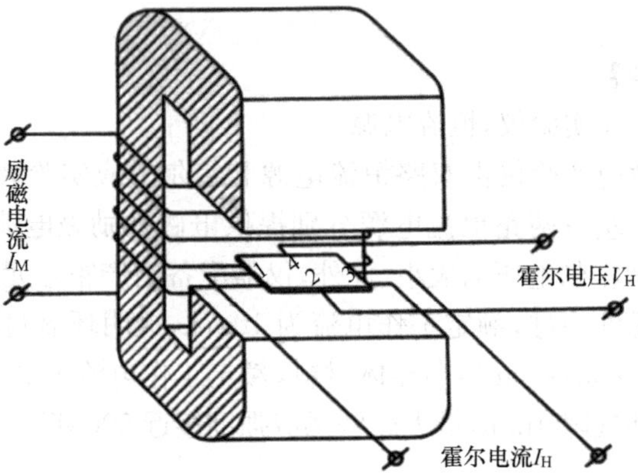

图 3.3.5　霍尔元件工作原理图

【实验内容与步骤】

一、掌握仪器性能，连接恒流电源与霍尔效应实验仪之间的各组连线

（1）开机前，将恒流电源的霍尔电流“I_H 调节”和励磁电流“I_M 调节”旋钮均置零位（逆时针旋到底）；

（2）连接恒流电源与霍尔效应实验仪之间各组连线.

用红黑导线将恒流电源的励磁电流 I_M 输出和霍尔电流 I_H 输出分别与实验仪的励磁电流输入和霍尔电流输入对应连接. 霍尔效应实验仪使用双刀换向开关 K_1、K_2 上方两个接脚连接，并注意与实验仪面板上的正负电极标注对应.

按霍尔效应实验仪面板上的图示分别将两个双刀换向开关上方的两个接脚与下方的两个接脚分别连接，用于后面切换霍尔电流 I_H 和磁场 B 的方向.

注意：严禁将恒流电源的励磁电源“I_M 输出”误接到实验仪的“I_H 输入”或“V_H 输出”处，否则，一旦通电，霍尔样品即遭损坏！仪器出厂前，霍尔片已调至中心位置. 霍尔片性脆易碎，电极甚细易断，严防撞击，或用手去摸，否则，即遭损坏！霍尔片放置在电磁铁空隙中间，在需要调节霍尔片位置时，必须谨慎，切勿随意改变 y 轴方向的高度，以免霍尔片与磁极面摩擦而受损.

二、测量 Si 硅材料样品的霍尔系数

霍尔样品的各电极引线与图 3.3.2 各电极接脚对应如下：在霍尔探头上四根导线从上到下分别标号为 1、2、3、4（标注于霍尔探头电路板上），其中序号 1 对应 A 点、序号 2 对应 B 点、序号 3 对应 C 点、序号 4 对应 D 点.

（1）将样品按实验仪面板上说明连接引线：1 号线连接霍尔电流输入双刀开关中间的右侧接脚、3 号线连接霍尔电流输入双刀开关中间的左侧接脚；2 号线连接霍尔电压输出正极、4 号线连接霍尔电压输出负极；

（2）接通电源，预热几分钟；

（3）选择适当的励磁电流输入 I_M（如 I_M=400mA），固定不变；

（4）将两组双刀开关打向上面的挡，测量某一霍尔电流输入 I_H 下的霍尔电压 V_1 大小，记录在表格中；

(5) 依次改变双刀开关的挡位组合，分别测量 V_2、V_3、V_4，利用换向法消除霍尔元件副效应的影响，计算出霍尔电压 V_H；

(6) 改变霍尔电流的大小，测量霍尔电压与霍尔电流的 $V_H \sim I_H$ 关系曲线. 从 5mA 开始，每隔 1mA 测量一次 V_H，一直取到 $I_H=15$mA. 通过线性回归方程拟合，计算出曲线斜率；

(7) 用高斯计测量当前励磁电流 I_M 下的磁感应强度 B(或参考表 3.3.3)，结合曲线斜率和元件的厚度 d，求出元件的灵敏度 K_H 和霍尔系数 R_H(注：霍尔元件厚度 $d=0.2$mm).

三、判断样品的导电类型

由霍尔电压的极性判断样品的导电类型.

四、测量样品的电阻率

(1) 实验时，关闭励磁电流输入. 霍尔电流输入和霍尔电压输出的连线跟测量霍尔系数时一样.

(2) 样品引线接法情况如下：

在霍尔探头上四根导线从上到下分别标号为 1、2、3、4(标注于霍尔探头电路板上)，其中序号 1 对应 A 点、序号 2 对应 B 点、序号 3 对应 C 点、序号 4 对应 D 点.

① A、B 间通电流 I_1，测量 C、D 间电势差 V_1，即 1 号线与 2 号线连接到霍尔电流输入双刀开关中间的两个接脚，3 号线与 4 号线分别连接霍尔电压输出的正负极.

② B、C 间通电流 I_2，测量 D、A 间电势差 V_2.

③ C、D 间通电流 I_3，测量 A、B 间电势差 V_3.

④ D、A 间通电流 I_4，测量 B、C 间电势差 V_4.

将 V_1 和 V_2 分别除以对应电流 I_1 和 I_2，得到式(3.3.15)中的 R_1 和 R_2，从而计算出电阻率 ρ_1；同理，利用 V_3 和 V_4 也可求得另一值 ρ_2，两者求平均即为样品电阻率 ρ.

注：I_1、I_2、I_3、I_4 可以取不同的值，亦可以取相同的值，取值范围建议为 10～15mA.

五、计算样品的多数载流子浓度 p 或者 n；计算样品的霍尔迁移率.

表 3.3.2　数据记录表：霍尔电流 I_H 与霍尔电压 V_H 的关系，$I_M=400$mA

I_H(mA) (霍尔电流)	$V_1+B,+I$	$V_2-B,+I$	$V_3+B,-I$	$V_4-B,-I$	$V_H=\frac{1}{4}(V_1-V_2-V_3+V_4)$(mV)

【实验报告与数据分析】

1. 测量 Si 硅材料样品的霍尔系数；
2. 判断样品的导电类型；
3. 测量样品的电阻率.
4. 计算样品的多数载流子浓度 p 或者 n；计算样品的霍尔迁移率.

【注意事项】

1. 霍尔片又薄又脆，切勿受意外机械损伤，不宜用手抚弄；
2. 实验仪器中已加了霍尔元件保护电路，但也不宜把霍尔电流和励磁电流接错；
3. 电磁铁通电时间太长，线圈发热会影响测量结果.

【思考题】

1. 分析本实验的主要误差来源.
2. 在测量 $B \sim I_M$ 曲线时，$I_M=0$ 时仍有较小的霍尔电压，这是为什么？
3. 以简图示意，用霍尔效应法判断霍尔片上磁场方向？
4. 霍尔元件都用半导体材料制成而不用金属材料，为什么？

表 3.3.3 磁感应强度 B 和励磁电流 I_M 的关系表

I_M(mA)	B(mT)	I_M(mA)	B(mT)
300	134.7	650	291.6
350	156.9	700	314.9
400	179.7	750	336.9
450	202.2	800	359.1
500	225.3	850	381.3
550	247.2	900	401.5
600	269.2	950	423.4

注：本附表是在先将励磁电流旋转至最大值 1078mA，再旋转至零时剩磁为 1.01MT 的条件下测量得到. 由于实验仪中的电磁铁为软磁性材料，考虑到测量误差的存在，近似认为该电磁线圈的磁滞回线面积为 0

3.4 pn 结的电容-电压(C-V)特性测试实验

【实验目的】

1. 理解 C-V 测试技术原理；
2. 掌握 pn 结的 C-V 特性测试方法；
3. 了解用 C-V 测试法测量半导体材料杂质分布的基本原理.

【实验原理】

一、概述

自从 1960 年 J. Hillibrand 等首先提出利用 C-V 法测量半导体中多数载流子浓度后，这项技术在半导体测试领域发展迅速，成为测量半导体材料和器件性质的重要方法之一.

从根本上说，C-V 测试是利用半导体中形成的各种结的电容效应作为测试基础，这些结包括 pn 结、肖特基结(MS)和金属-绝缘体-半导体(MIS)结，它们 C-V 测量的基本原理是相同的，但又各有不同特性.

C-V 测试广泛用于测量半导体参数，对半导体器件和工艺进行特征分析，如：平均掺杂浓度、掺杂分布和载流子寿命等参数. 在圆片工艺实验中，C-V 测量可用于分析栅氧厚度、栅氧电荷、游离子(杂质)和界面态密度. 在可靠性和基本器件测试过程中可以利用 C-V 测量对阈值电压和其他一些参数进行特征分析，对器件性能进行建模.

二、C-V 测试技术

C-V 测试原理如图 3.4.1 所示，在交流频率下在电容的两极加载直流偏压进行测量. 基本的 C-V 测量系统的配置框图如图 3.4.2 所示. 待测器件(DUT)的电容可以根据下列公式计算得到：

$$C_{\mathrm{DUT}} = I_{\mathrm{DUT}} / 2\pi f V_{\mathrm{AC}}$$

其中，I_{DUT}是流过 DUT 的交流电流幅值，f 是测试频率，V_{AC}是测得的交流电压的幅值和相角.

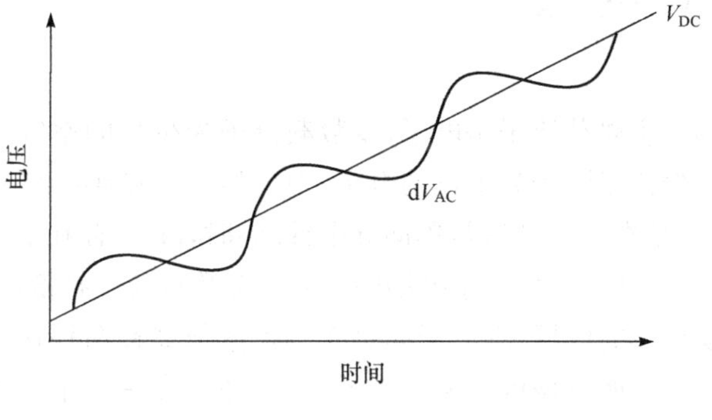

图 3.4.1　加载 AC 和 DC 偏压的 C-V 扫描测量

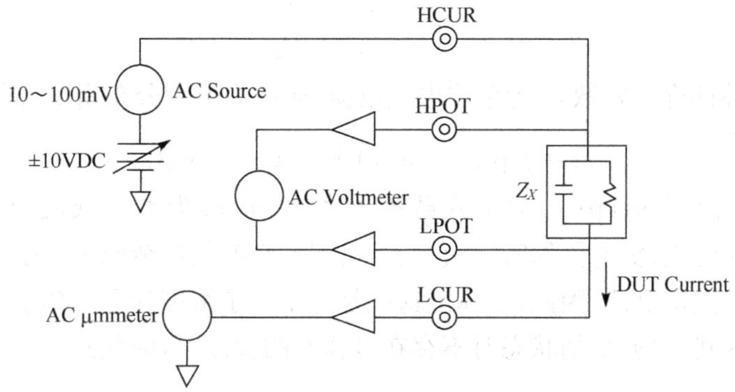

图 3.4.2　C-V 测试系统基本配置

换而言之，这种测试通过加载交流电压后测量产生的交流电流、交流电压和它们之间的阻抗相角，最终测出 DUT 的交流阻抗，经计算后得到电容值(图 3.4.3).

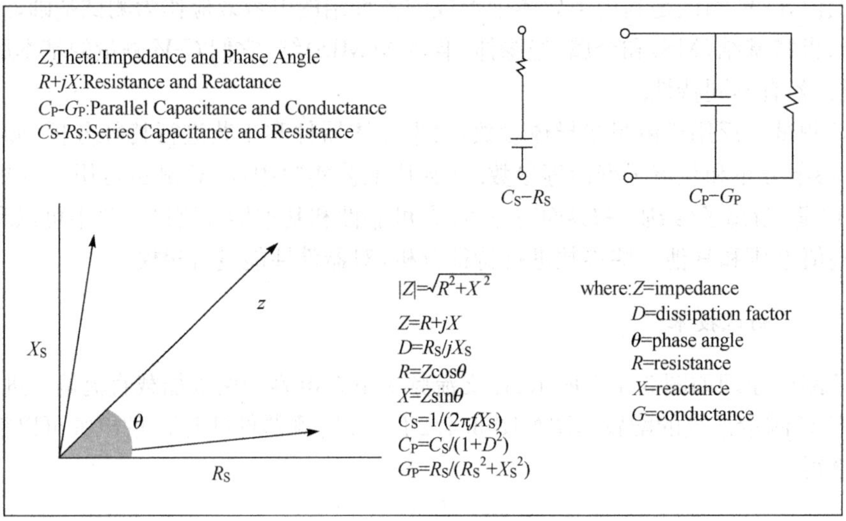

图 3.4.3　*C-V* 测量的主要电气参数与计算公式

三、pn 结的 *C-V* 测试原理

1）pn 结特性

对于 n 型半导体，主要载流子是电子，少数载流子为少量的空穴. 而 p 型半导体的主要载流子则是空穴，少数载流子为少量的电子. 当 p 型和 n 型半导体材料结合在一起时，就形成了 pn 结，其最基本的特性就是单向导电性. 同时，pn 结存在能级的变化，形成了内建电场（电压即为势垒高度 V_D），内建电场的方向和多数载流子扩散的方向相反.

因此，在内电场存在的区域，载流子同时受到扩散与漂移两种作用，达到平衡时势垒区没有电子或空穴流动，所以该区域又称为耗尽区. 考虑在一维情况下，在耗尽区内电荷分布和电场的关系满足泊松方程

$$-\frac{d^2V}{dx^2}=\frac{dE}{dx}=\frac{\rho(x)}{\varepsilon} \tag{3.4.1}$$

其中，ε 为半导体的介电常数，q 为单位电量电荷，$\rho(x)$ 为电荷分布密度. 而 $\rho(x)$ 可写为

$$\rho(x)=q[p(x)-n(x)+N_D(x)-N_A(x)] \tag{3.4.2}$$

式中，q 为单位电量电荷，$p(x)$ 为空穴载流子密度，$n(x)$ 为电子载流子密度，$N_D(x)$ 和 $N_A(x)$ 分别为固定正、负电荷的密度，它们的物理意义就是掺杂原子贡献一个移动的载流子后残余下来的固定电荷. 因此，实际上这就是施主离子浓度和受主离子浓度. 这样，由于在势垒区存在内建电场，平衡状态时不存在可移动的载流子，因此式(3.4.1)可简写为

$$-\frac{d^2V}{dx^2}=q\frac{N_D(x)}{\varepsilon}\quad(\text{n 型掺杂区}) \tag{3.4.3}$$

$$-\frac{d^2V}{dx^2}=q\frac{N_A(x)}{\varepsilon}\quad(\text{p 型掺杂区}) \tag{3.4.4}$$

解上述二次微分方程，可得到电势与位置(x)的关系如下：

$$V_n(x)=V_D-qN_D\left(\frac{(x^2+x_n^2)}{2\varepsilon}-\frac{xx_n}{\varepsilon}\right)\quad \text{(n 型掺杂区)} \tag{3.4.5a}$$

$$V_p(x)=qN_A\left(\frac{(x^2+x_p^2)}{2\varepsilon}-\frac{xx_p}{\varepsilon}\right)\quad \text{(p 型掺杂区)} \tag{3.4.5b}$$

由上两式可以看出，电势分布为抛物线形式.

根据边界条件，在 n,p 结合点($x=0$)电势连续，因此，利用公式(3.4.5)可以求得势垒高度 V_D

$$V_D=q\,\frac{(N_A x_p^2+N_D x_n^2)}{2\varepsilon} \tag{3.4.6}$$

又因为 $L=x_n+x_p$，$N_A x_p=N_D x_n$，可得

$$x_n=\frac{N_A L}{N_D+N_A} \tag{3.4.7a}$$

$$x_p=\frac{N_D L}{N_D+N_A} \tag{3.4.7b}$$

将上式代入式(3.4.6)，可得

$$V_D=q\,\frac{(N_A N_D)}{2\varepsilon(N_A+N_D)}L^2 \tag{3.4.8}$$

因此，可求的耗尽区宽度 L

$$L=\left(V_D\,\frac{2\varepsilon(N_A+N_D)}{q(N_A N_D)}\right)^{1/2} \tag{3.4.9}$$

上式说明了耗尽区宽度和掺杂浓度以及势垒高度之间的关系，可以看出，耗尽区宽度随势垒高度增加而增大，随掺杂浓度增加而减小.

2）单边突变 pn 结特性

如果 pn 结是单边突变结，即 pn 结的某一边的掺杂浓度远高于另一边，如对 p^+n 结，则有 $N_A \gg N_D$，$x_p \ll x_n$，可以认为 $L \approx x_p$，式(3.4.6)和式(3.4.9)变为

$$V_D=q\,\frac{N_A}{2\varepsilon}L^2 \tag{3.4.10}$$

$$L=\left(V_D\,\frac{2\varepsilon}{qN_A}\right)^{1/2} \tag{3.4.11}$$

而对于 pn^+ 结，则有：$N_A \ll N_D$，$x_p \gg x_n$，可以认为 $L \approx x_p$，可得

$$V_D=q\,\frac{N_A}{2\varepsilon}L^2 \tag{3.4.12}$$

$$L=\left(V_D\,\frac{2\varepsilon}{qN_A}\right)^{1/2} \tag{3.4.13}$$

3）pn 结的 C-V 特性和载流子浓度测量原理

在外加电场存在的情况下，pn 结上的外加电压 V_{bia} 主要落在耗尽区，此时耗尽区的总电压为 V_D-V_{bia}. 公式(3.4.9)将变为

$$L=\left((V_D-V_{bia})\frac{2\varepsilon(N_A+N_D)}{q(N_AN_D)}\right)^{1/2} \tag{3.4.14}$$

由电中性条件可知 $N_Ax_p=N_Dx_n$，耗尽区电荷 Q 为

$$Q=qN_Ax_p=qN_Dx_n=\frac{qN_AN_DL}{N_A+N_D} \tag{3.4.15}$$

将(3.4.14)代入上式，可得

$$Q=qN_Ax_P=qN_Dx_n=\left((V_D-V_{bia})\frac{2q\varepsilon(N_AN_D)}{(N_A+N_D)}\right)^{1/2} \tag{3.4.16}$$

根据微分电容的定义，将上式对电势求微分，得到电容

$$C=\left|\frac{dQ}{dV}\right|=\left(\frac{q\varepsilon(N_AN_D)}{2(N_A+N_D)(V_D-V_{bia})}\right)^{1/2} \tag{3.4.17}$$

上式为 pn 结单位面积上的等效电容表达式，也就是 C-V 曲线关系式.

进一步地，根据式(3.4.14)和式(3.4.17)，还可以得到电容与势垒宽度的关系式：

$$C=\left|\frac{dQ}{dV}\right|=\frac{\varepsilon}{L} \tag{3.4.18}$$

如果 pn 结的平面面积为 A，则整个 pn 结的电容可表示为

$$C=A\frac{\varepsilon}{L} \tag{3.4.19}$$

这就是 pn 结的等效的平板电容的公式. pn 结势垒区可以看做是两平行极板组成的一个电容器，势垒区宽度就是平板间距. 根据式(3.4.14)和式(3.4.19)可知，势垒宽度 L 随外加反向偏压的增加而增宽，因此等效电容则随外加反向偏压增加而减小.

在单边突变结的情况下，式(3.4.17)的 C-V 曲线可成为

$$C=A\left(\frac{dQ}{dV}\right)=A\left(\frac{q\varepsilon N_l}{2(V_D-V_{bia})}\right)^{1/2} \tag{3.4.20}$$

式中，N_L 为轻掺一边的掺杂浓度. 从式(3.4.20)可以看出，电容与轻掺一边的掺杂浓度的平方根成正比，和势垒电压加反向偏压和的平方根成反比.

从实验角度看，电容的测试可以提供器件的有用信息. 电容—电压特性可以用来测量结的内建电压. 把式(3.4.17)两边平方，然后取倒数，得

$$\frac{1}{C^2}=\frac{2(N_D+N_A)(V_D-V_{bia})}{A^2q\varepsilon N_DN_A} \tag{3.4.21}$$

式(3.4.21)中，除了电容 C 和电压 V_D，其他都是常数. $1/C^2$ 和外加电压是线性函数关系，将该直线外推到$(1/C^2)=0$ 处，就得到 $V_D=V_{bia(外加偏压)}$. 所以，内建电压可以直接从实验曲线得到. 另外，C-V 曲线的斜率为

$$\frac{d\frac{1}{C^2}}{dV_D}=\frac{-2(N_D+N_A)}{A^2q\varepsilon N_DN_A} \tag{3.4.22}$$

如果结的面积已知，就可以从式(3.4.22)得到$\frac{(N_D+N_A)}{N_DN_A}$值. 如果再已知 $N_D\gg N_A$，由曲线的斜率就可以确定 N_A. 如果 $N_A\gg N_D$，就可以得到 N_D.

在结轻掺杂一侧，考虑到掺杂可能不是均匀的，而是有一定的梯度分布. 这时式(3.4.20)中的 N_L 不是常数，而是位置的函数 $N(x)$，此时将式(3.4.20)微分求解，可得 pn 结单边的载流子浓度为

$$N(x)=\frac{2}{A^2\varepsilon q}\frac{\mathrm{d}V}{\mathrm{d}\frac{1}{C^2}}=-\frac{C^3}{A^2\varepsilon q}\frac{\mathrm{d}V}{\mathrm{d}C} \tag{3.4.23}$$

式(3.4.23)就是 C-V 测试法测量半导体材料载流子浓度(杂质分布)的原理公式. 但是，在此公式中隐含着一个近似条件—耗尽层近似，也就是认为在整个势垒区中不存在载流子，而在势垒区外是电中性的(整个半导体材料保持电中性). 在实际情况中，势垒区与电中性之间常常会有一层过渡层，这对测量会造成一定影响.

图 3.4.4 给出外加正、负偏压时 pn 结空间电荷区变化的情形. 当 pn 结外加正偏压时，空间电荷区宽度 x_m 变窄；当外加反偏压时，空间电荷区宽度 x_m 变宽. 势垒电容随反向偏压增大而减少.

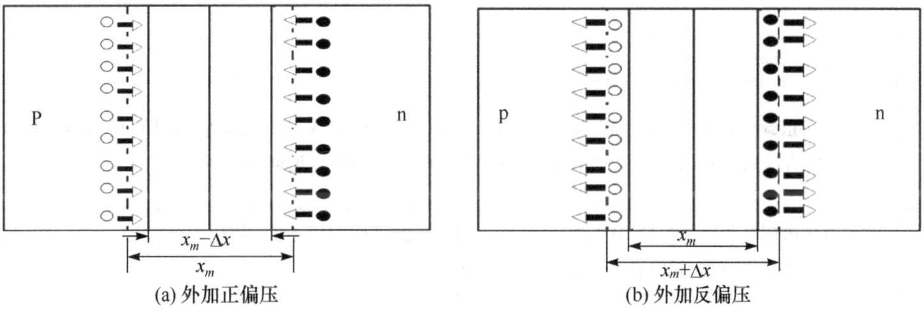

图 3.4.4　外加不同电压时 pn 结空间电荷的变化

【实验设备和材料】

CV-2000 型电容电压测试仪、计算机、二极管、三极管

CV-2000 型电容电压特性测试仪是测试频率为 1MHz 的智能化数字的电容测试仪器，专用于测试半导体器件 pn 结的势垒电容在不同偏压下的电容量，也可测试其他电容.

该仪器采用电流电压测量方法，它用微处理器通过 8 次电压测量来计算每次测量后要求的参数值. 用一个相敏检波器和模数转换器顺序快速完成电压测量. 正交测量通过交换测量信号的相位来进行，而不是参考相位检测. 因而不需要精密的模拟相位转换成电压矩形波电路. 通过从同一个高频信号源形成测试信号和参考信号，来保证正确的相位关系. 由微处理器根据已知的频率和测试信号相位，用 ROM 存储器内的程序和所存储的键盘选择来控制测量顺序，以及存储在 RAM 中的校准数据来计算被测元件数值.

1) 仪器结构

仪器内部由主板、电容显示板、偏置电压显示板、漏电流显示板、前置板、电源板和接口板七部分组成. 在面板(图 3.4.5)左上方是电容值显示窗，左下方是电源开关和测试端，后板上装有保险座，三线插座和接地端子，保证安全可靠.

表 3.4.1　仪器面板(图 3.4.5)各部分说明

标号	说明
K	电源开关,按下为开电源,按起为关电源
K1	偏置电压加载按钮,刚开机时“去偏压”指示灯亮,表示 CV-2000 夹具上并无偏置电压,按下 K1 时“加偏压”指示灯亮,表示偏压已加至夹具上.再按一下 K1,又可去除夹具上偏压
K2	测量键,刚开机时即处于测量状态.当进行开路校准及短路校准后需按下 K2 键,1 秒后可见测量指示灯亮即可测量
K3	短路校准按钮.在夹具插入短路块后按下 K3,L1 上显示一个 5 同时校准及通过指示灯亮,然后按下 K5 一会,直到通过指示灯重新亮,拿出短路块,则短路校准完成
K4	开路校准按钮,按下后 L1 上显示一个 0,同时校准及通过指示灯亮,按下 K5 一会,直到通过灯亮,表示开路校准完成
K5	校准触发按键.K5 键结合 K3、K4 键一齐使用请见 K3、K4 说明
L1	电容值显示屏
L2	偏置电压显示屏
L3	漏电流显示屏
W1	偏置电压粗调是多圈电位器.W1 调节范围大,幅度(0～95V)作为 W2 辅助调节,当 W2 向右旋尽后,就需要 W1 配合使用,当测试不要求精确至 0.1V,单独使用 W1 也可(见使用说明)
W2	偏置电压微调是多圈电位器.W2 调节幅度 0～10V,如元件偏压不高,使用 W2 即可(此时 W1 左旋到底),如元件偏压较高,需结合 W1 使用(见使用说明)
P	测试端接口

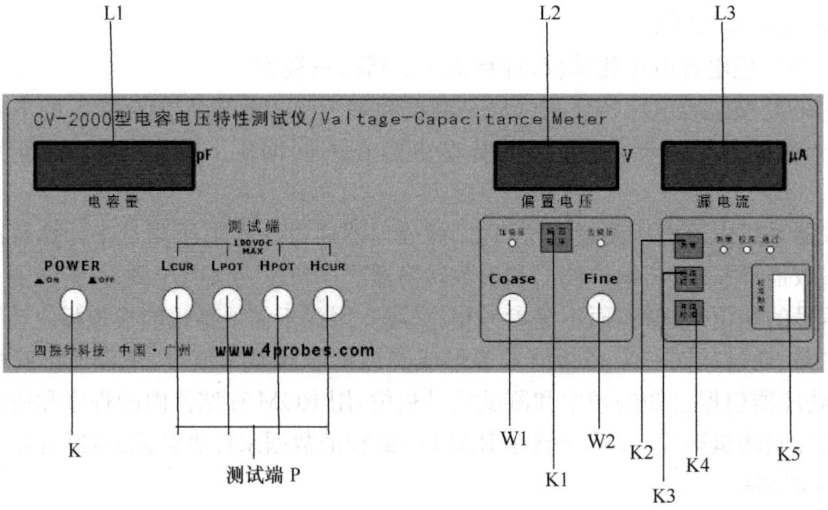

图 3.4.5　仪器面板图

2) 测量步骤

开机

仪器安装连接好后，把电源开关按到 ON 位置，电源接通，仪器执行自检程序. 如果没有故障，测量指示灯点亮. 偏置电压指示状态为“去偏压”，表示虽然偏置电压有显示，但该电压尚未加到夹具上去.

连接被测件

被测件引线应相当清洁且笔直，将它插入 CV-2000 测试座具即可.

零校准

由于温度变化或改变夹具，都会引起寄生电感变化，因此，在每天开机 30min 后，改变夹具或温度变化大于 3℃时，都要完成零校准. 分两步完成.

开路零校准

(1) 开机.

(2) 在自检功能完成之后，应按[开路校准]按钮. 在电容显示屏内出现一个零，并且通过灯点亮，让人体远离仪器. 按[校准触发]键并等一会，直到通过灯重新点亮，开路校准完成.

短路零校准

把随机附带的短路铜片插入测试槽按[短路校准]按钮，电容显示屏内出现一个 5，并且通过灯点亮，按[校准触发]键后等待片刻，直到通过灯重新点亮，短路零校准完成. 完成后请将短路铜片拿开.

按测量键

在零校准后按测量键，当测量指示灯点亮即进入测量状态.

偏置电压下测量电容

(1) 完成上面几个步骤后，把元件插入 CV-2000 夹具，夹具的插槽电压极性如图 3.4.6所示，左边插槽为(＋)极右边插槽为(－)极. 如测试三极管集电极、基极反向电压特性，如系 pnp 型三极管基极插入(＋)插槽，集电极插入(－)插槽，如系 npn 型三极管基极插入(－)插槽，集电极插入(＋)插槽然后加不同偏压即可得出不同偏压下的电容值.

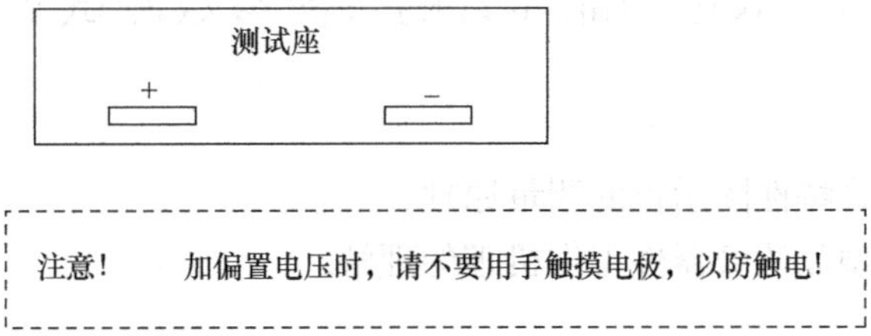

图 3.4.6　偏置电压下测电容示意图

如测试二极管，则二极管的“＋”极插入(－)插槽，“－”极插入(＋)插槽，即可得出不同偏压下的电容值.

(2) 粗调电位器“W1”及微调电位器“W2”的使用：

W2 的调节范围是 0～V_0(V_0 在 10V 以下)，可精确调节到每 0.1V. 当测试元件反向耐压在 V_0 以下，可将 W1 左旋至尽，单独调节 W2 即可.

当测试元件反向耐压在 100V 以下，则需 W1、W2 配合使用，请按以下步骤进行操作：

① 首先测量 10V 以下电容值：将 W1 左旋至尽，单独调节 W2 同时记录电容值，当 W2 右旋到头时记下电压 $V1$.

② 完成后再将 W2 左旋至尽，然后慢慢右旋 W1 使偏压电压值显示为 $V1$，然后慢慢调节 W2，并记录电容值，当 W2 右旋至尽时记下电压 $V2$.

③ 完成后再将 W2 左旋至尽，然后右旋 W1 使偏置电压显示为 $V2$，然后慢慢调节 W2，重复步骤 2 即可得出 100V 以内的偏置电压下的电容值.

关机

为保护下次测量的器件关机前请分别将 W1、W2 左旋至尽，使偏置电压显示为 0V.

【实验内容与步骤】

(1) 熟悉电容电压测试仪器的操作；

(2) 开机预热 10min，分别开路、短路校准 C-V 测试仪，放置样品；

(3) 测量变容二极管的电容-电压(C-V)值. 转动"偏压调节"电位器，使偏压从同一方向逐渐改变，记录每一个偏压位置对应的电容值. 在 0～30V 内至少测 30 个数据点；

(4) 分别测量样品二极管的 pn 结、三极管(npn 和 pnp 管)基极-集电极、基极-发射极之间的反向偏压与势垒电容的关系. 在 0～30V 内，每个样品至少测 30 个数据点. 分析各样品管的 pn 结特性；

【实验报告与数据分析】

1. 采用 Origin 软件进行数据处理、创建图形，画出高频 C-V 特性曲线；
2. 分析各样品管(二极管、三极管)的 pn 结特性；
3. 变容二极管属于突变结二极管，请验证该结的突变性质.

【注意事项】

1. 被测件引线应相当清洁且笔直，以保证接触良好.
2. 加偏置电压时，请不要用手触摸电极，以防触电！

3.5　双极型晶体管的直流参数测试实验

【实验目的】

1. 掌握半导体管特性图示仪的测量原理；
2. 加深对双极型晶体管器件工作机理的理解.

【实验原理】

一、概述

双极型晶体管(BJT)是重要的半导体分立器件. 要了解器件的性能，就要分析器件的特性曲线. 例如，通过测量晶体管的电流-电压特性曲线，可求得电流增益、反向击穿电压、输入阻抗、饱和压降等各种直流参数，从而分析晶体管质量，作为进一步改进器件性能的依据.

半导体管特性图示仪是能直接显示半导体各种特性曲线和直接读出被测管各项参数的测试仪器.

二、BJT器件工作机理的DC模型

图3.5.1是纵向npn(发射区—基区—集电区)BJT的器件的截面图. 该结构是20世纪70年代中期BJT的代表,因此被用来研究双极晶体管的基本工作原理. 晶体管做在p型衬底上的n型阱中. p型衬底连接到电路中最负的电位,这样,n阱和p型衬底之间的结永远都不会处于正偏. 采用这种方法,一个芯片上不同的晶体管就被彼此隔离. 双极晶体管的工作过程,包括电子从发射极注入基区,最后在集电极终止,发生在图中虚线所示的区域. n^+埋层提供了从发射区下面的集电区到右边的集电极接触的低阻通道.

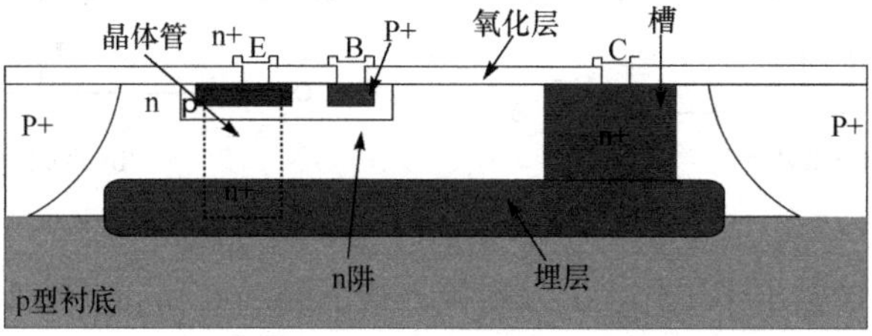

图3.5.1 纵向npn双极晶体管的截面示意图

在双极型晶体管中,发射载流子(n型区电子)的一侧称为发射极E(emitter),载流子到达的一侧称为基极B(base). 此时,基极为p型,注入的电子为少数载流子. 收集电子的区域称为集电极C(collector). 每个区域(发射区、基区和集电区)都是均匀掺杂.

在正偏pn结中,少数载流子穿过结区注入,注入载流子的数目由外加电压决定. 在一个工作在有源模式下的npn BJT中,E-B结正偏电压控制从发射区注入基区的电子流大小. E-B结正偏,允许电子从发射区注入基区,空穴从基区注入发射区. B-C结反偏,浓度为n_E的电子从发射区注入到基区,一小部分在基区复合,形成基极电流I_B. 大部分从发射区注入的电子到达C-B结成为集电极电流I_C. 大多数电路采用共发射极方式,输入电流为I_B,输出电流为I_C. 电流增益是$\beta = I_C/I_B$,典型值在100的量级.

npn和pnp双极晶体管的电路符号如图3.5.2所示,图中标出了各个电压差和电流.

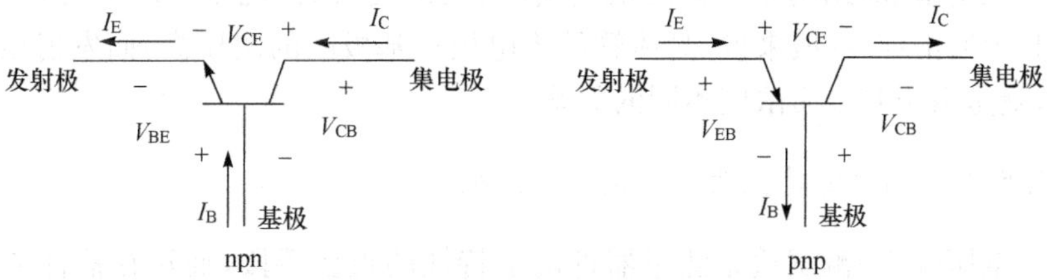

图3.5.2 npn和pnp双极晶体管的电路符号

由基尔霍夫(Kirchhoff)电压定律

$$V_{CE} = V_{CB} + V_{BE} \tag{3.5.1}$$

由Kirchhoff电流定律

$$I_E = I_C + I_B \tag{3.5.2}$$

电路符号中,发射极的箭头代表在有源模式下电流的方向,因而可以指示出是 npn 管还是 pnp 管. 发射极的箭头指示了电流方向. 电压的极性是有源模式时的偏置情况.

图 3.5.3 是 npn BJT 的两种常用的电路连接方式. 图(a)是共基极方式. 图(b)为共发射极方式.

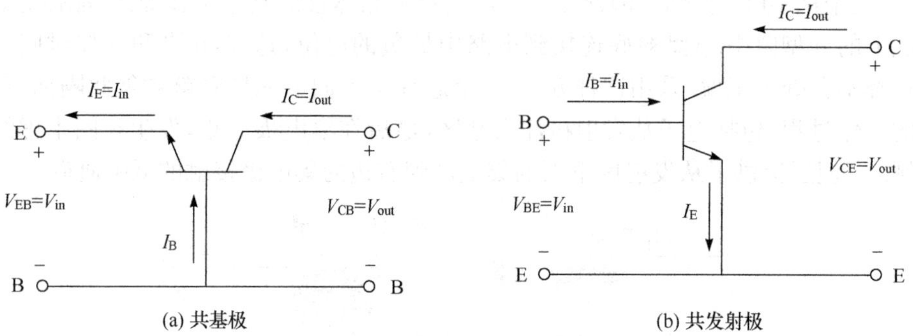

图 3.5.3　npn BJT 的偏置方式

图 3.5.4(a)和(b)给出了工作在共发射极方式下的 npn 和 pnp 晶体管的 $I_C - V_{CE}$ 特性.

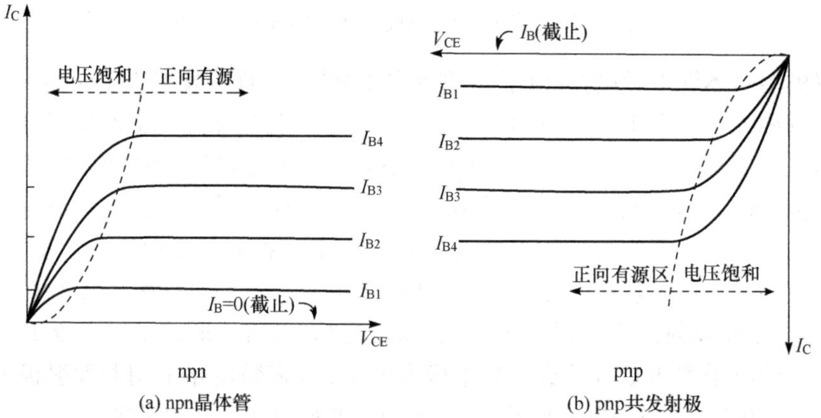

图 3.5.4　共发射极模式下典型的 $I_C - V_{CE}$ 特性曲线

击穿电压是由 pn 结的杂质浓度决定的. 杂质浓度大时,耗尽层厚度薄,较小的反向偏压可引起雪崩击穿. 一般来说,晶体管的集电极—基极间的耐压高,而发射极—基极间的耐压低,就是由于其杂质浓度不同的关系.

三、共发射极晶体管特性曲线测试电路系统

电流—电压(I-V)测试法是测量器件电学特性的重要手段,通过在器件的两端施加不同的电压,测量器件的电流特性,可以得到关于材料和器件输运性质的参数,如电阻率、载流子浓度等. 在外加偏置电压模式下,通过研究器件中的电流和载流子运动,给出器件的工作机理.

晶体管特性图示仪的工作原理正是基于 I-V 测试技术,其电路原理如图 3.5.5 所示.

图中 T 代表被测的晶体管，R_B、E_B 构成基极偏置电路. 取 $E_B \gg V_{BE}$，可使 $I_B = (E_B - V_{BE})/R_B$ 基本保持恒定. 在晶体管 C-E 之间加入一锯齿波扫描电压 V，并引入一个小的取样电阻 R_C，且当 R_C 很小时，这样加到示波器上 x 轴和 y 轴的电压分别为 $V_X = V_{CE} = V_{CA} - I_C \cdot R_C \approx V_{CA}$、$V_y = -I_C R_C$.

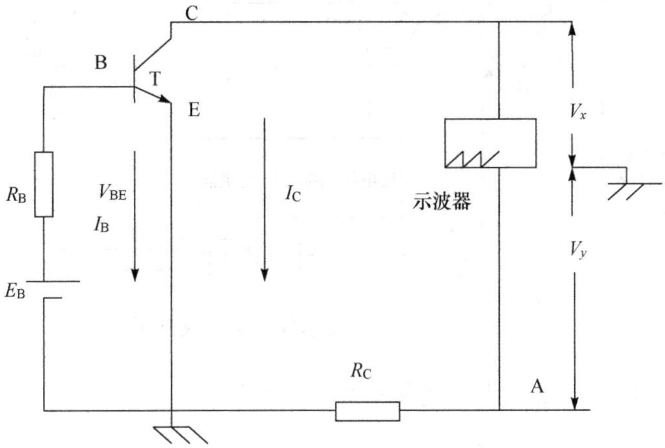

图 3.5.5　共发射极晶体管特性测试电路原理图

当 I_B 恒定时，在示波器的屏幕上可以看到一根 I_C-V_{CE}的特性曲线，即晶体管共发射极输出特性曲线. 为了显示一组在不同 I_B 下的特性曲线簇 $I\text{ci} = \Phi(I_B\text{i}, V_{CE})$，应该在 x 轴的锯齿波扫描电压每变化一个周期时，使 I_B 也有一个相应的变化，所以应将图 3.5.5 中的 E_B 改为能随 x 轴的锯齿波扫描电压变化的阶梯电压.

每一个阶梯电压能为被测管的基极提供一定的基极电流，这样不同的阶梯电压 V_{B1}，V_{B2}，V_{B3}…，就可对应地提供不同的恒定基极注入电流 I_{B1}，I_{B2}，I_{B3}，…. 只要能使每一阶梯电压所维持的时间等于集电极回路的锯齿波扫描电压周期，如图 3.5.6 所示，就可以在 T_0 时刻扫描出 $I_{C0} = \Phi(I_{B0}, V_{CE})$曲线，在 T_1 时刻扫描出 $I_{C1} = \Phi(I_{B1}, V_{CE})$曲线. 通常阶梯电压有多少级，就可以相应地扫描出有多少根 $I_C = \Phi(I_B, V_{CE})$输出曲线.

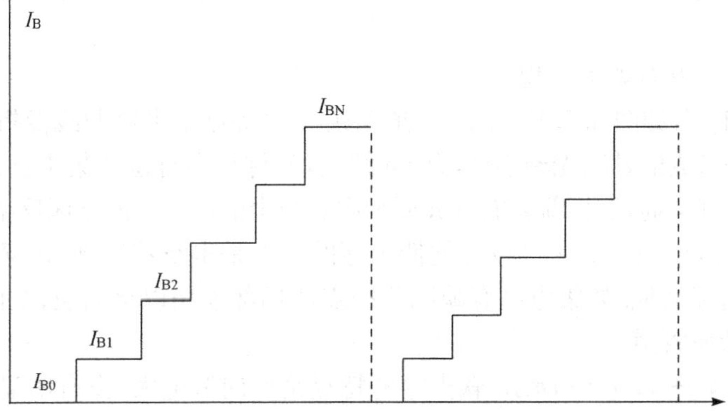

图 3.5.6　周期性阶梯电压

晶体管特性图示仪是根据上述的基本工作原理而设计的. 它由基极正负阶梯信号发

生器,集电极正负扫描电压发生器,x 轴、y 轴放大器和示波器等部分构成,其组成框图如 3.5.7 所示.

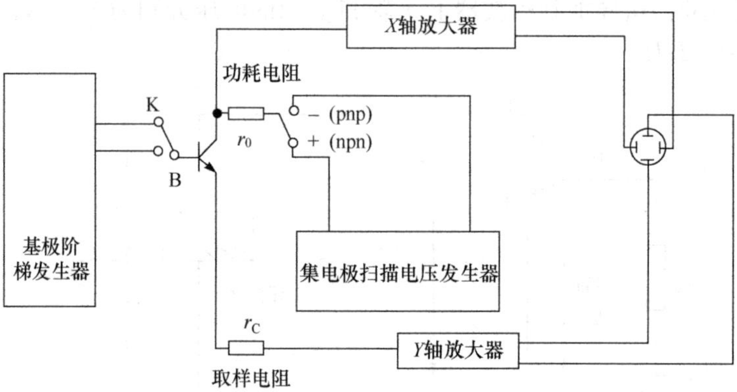

图 3.5.7 晶体管图示仪系统组成框图

四、晶体管 *I-V* 特性曲线常见现象及其原因分析

(1) β 线性不好,原因有以下几方面:

① 小注入时 β 过小,如图 3.5.8 所示.此时的特点是小注入时特性曲线密集.它的产生原因是基区表面复合严重、发射结势垒复合较强、发射结表面漏电大.

② 大注入时 β 过小,如图 3.5.9 所示.此时的特点是大注入时特性曲线密集.它的产生原因是基区电导调制效应和有效基区扩展效应.

(2) 特性曲线分散倾斜,如图 3.5.10 所示.此时的特点是零线较平坦,其他曲线分散倾斜.产生原因是基区掺杂浓度过低,宽度过窄,导致基区宽(调)变效应严重.

(3) 反向漏电流大,原因有以下两方面:

① 沟道漏电,如图 3.5.11 所示.沟通漏电的特点是起始电流大,零注入曲线升高.它产生的原因是二氧化硅中正电荷密度过大,导致晶体管 p 区表面反型,出现 n 型沟道.

② 反向漏电大,如图 3.5.12 所示.反向漏电大的特点是特性曲线全部倾斜.产生的原因是表面吸附有大量杂质离子、原材料缺陷多、势垒区附近有大量杂质沉积和大量重金属杂质沾污.

(4) 击穿特性差有如下表现:

① 管道型击穿,如图 3.5.13 所示.管道型击穿的特点是击穿曲线像折线或近似折线.它产生的原因是形成的基区光刻小岛,有 pn 结尖峰、材料中有位错集中点或表面有破坏点等形成的基区局部穿通,硼扩前表面有 n 型杂质和灰尘沾污形成的基区反型杂质管道等.

② 硬低击穿,如图 3.5.14 所示.硬低击穿的特点是击空特性硬,击穿电压低.产生的原因与管道型击穿类似.如集电结有缺陷集中点或局部损伤以至断裂;基区大面积穿通或存在大的反型杂质管道.

③ 软击穿,如图 3.5.15 所示.软击穿的特点是反向漏电大,没有明显的击穿点.产生原因与反向漏电大相同.

(5) 饱和压降大,如图 3.5.16 所示.饱和压降大分两图说明.

图 3.5.16(a)特点:曲线上升部分不陡或浅饱和区宽.原因:ρ_c、W_c 过大,导致 r_{cs} 过大

或在低压下集电结势垒区载流子达不到极限散射速度；基区掺杂浓度很低时也会导致 V_{CES}增大.

图 3.5.16(b)特点：低电压下曲线上升很缓慢，其他部分较正常，俗称“有小尾巴”. 原因：烧结条件掌握不好，管芯与管座接触电阻 r_{cbn}过大.

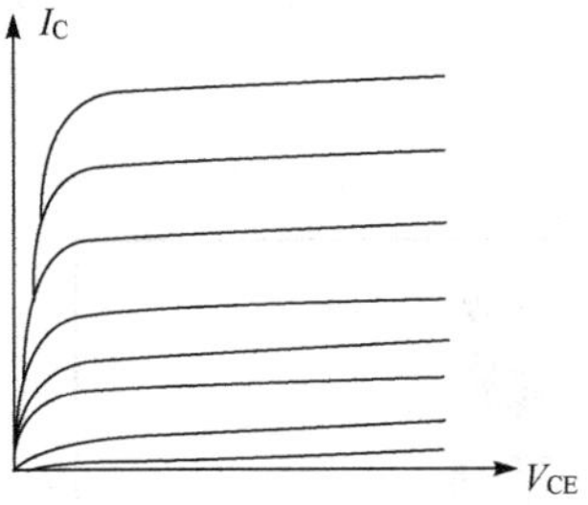

图 3.5.8　小注入时特性曲线密集

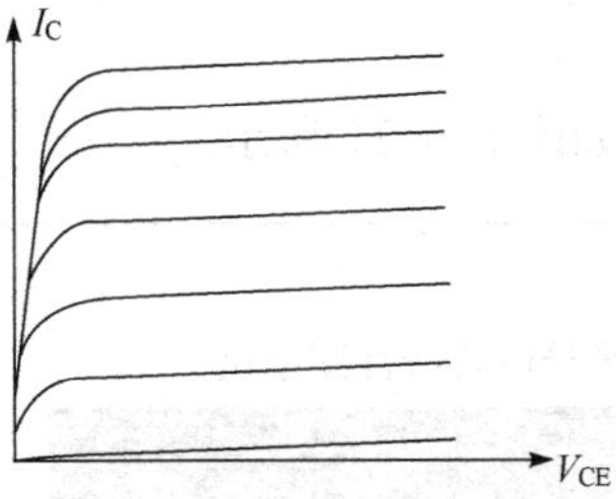

图 3.5.9　大注入时 β 过小

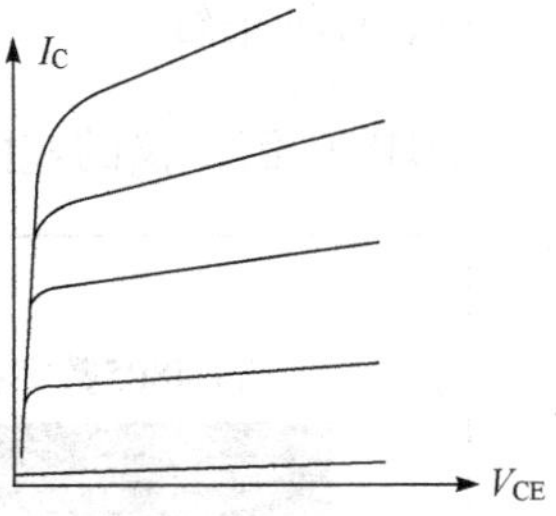

图 3.5.10　基区宽(调)变效应

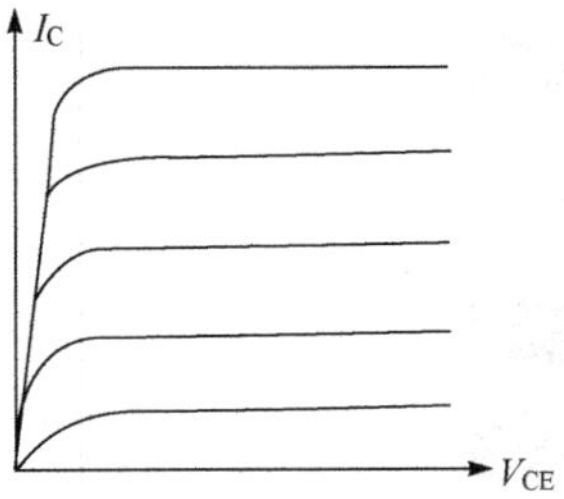

图 3.5.11　沟道漏电

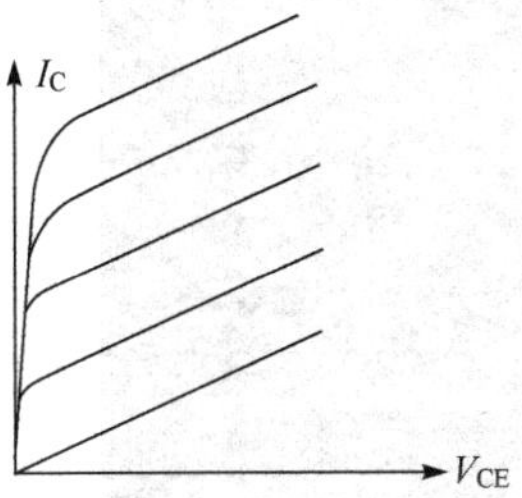

图 3.5.12　反向漏电大

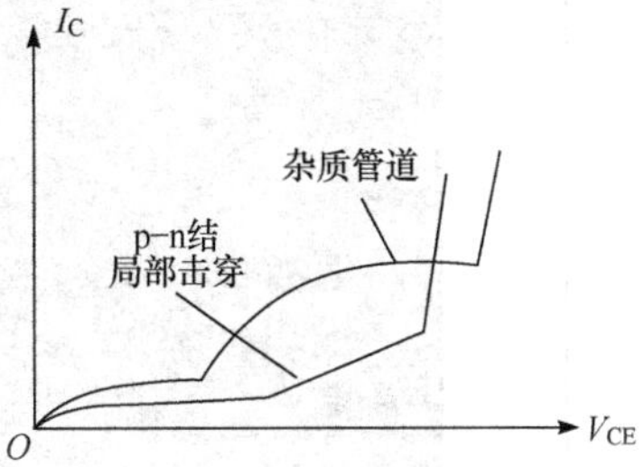

图 3.5.13　管道型击穿

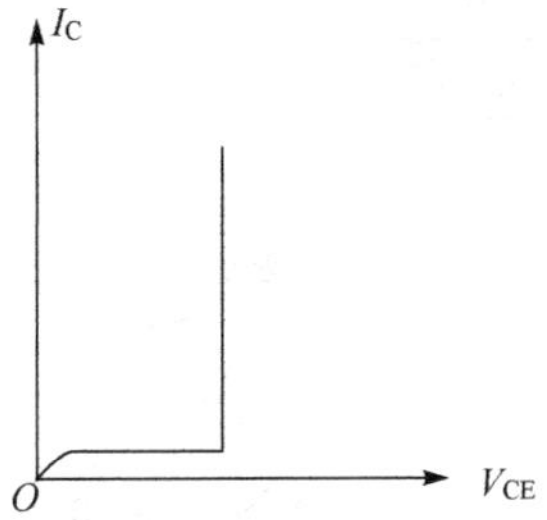

图 3.5.14　硬低击穿图

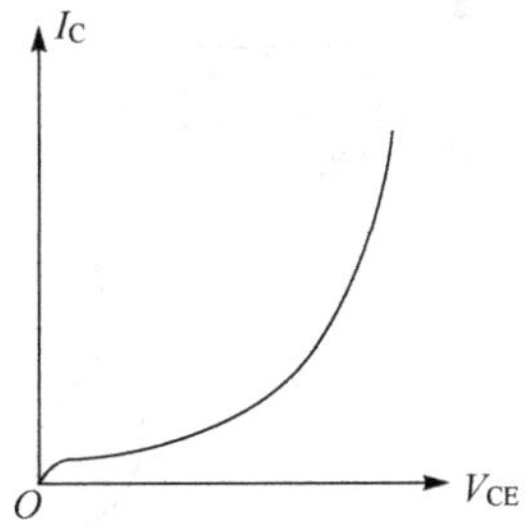

图 3.5.15　软击穿

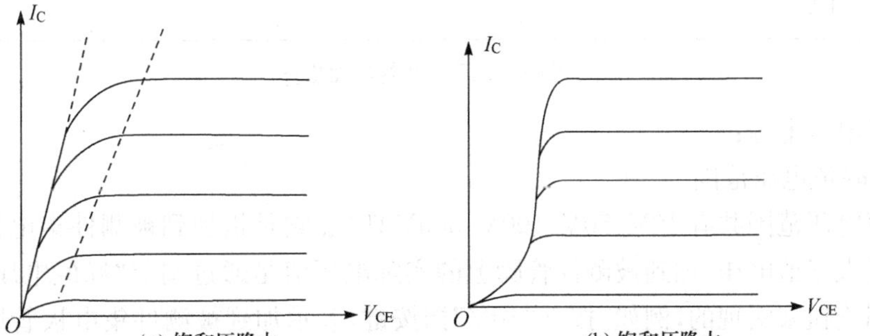

(a) 饱和压降大　　(b) 饱和压降大

图 3.5.16

【实验设备和材料】

YB4805 型数字存储半导体管特性图示仪、计算机、测试样品：二极管、npn 管、pnp 管.

YB4805 型数字储存半导体管特性曲线图示仪是一种采用大屏幕液晶显示器显示半导体器件的各种特性曲线，并可用游标测量半导体管各项静态参数的智能测试仪器.

一、面板介绍

YB4805 测试仪的左面板如图 3.5.17 所示.

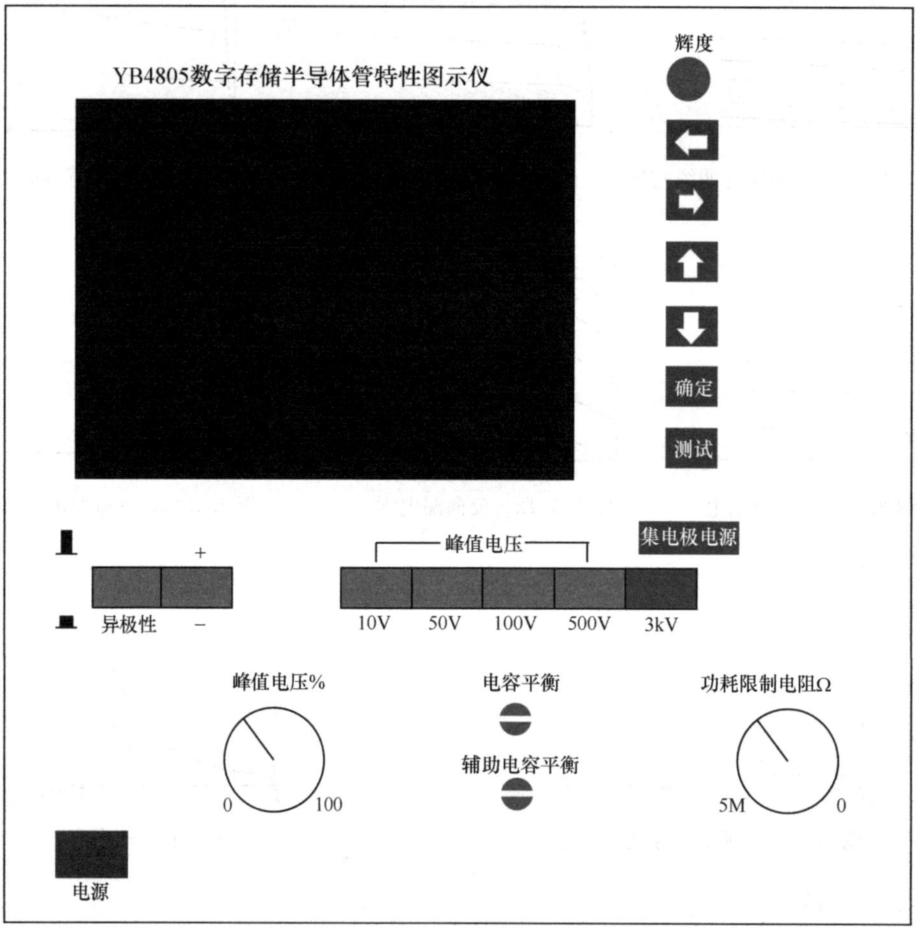

图 3.5.17 仪器左面板图

· 集电极电源：

(1) 峰值电压范围

峰值电压范围共有 10V、50V、100V、500V 四挡. 它是指加到被测件集电极管脚上的电压的最大峰值电压. 加到被测件管脚上的实际电压值是通过调节“峰值电压%”波段开关的控制旋钮来实现的，例如，按下“10V”挡按键，表示加到被测件集电极管脚上的最大峰值电压为 10V. 此时调节“峰值电压%”旋钮，则在集电极上可以获得 0～10V 连续可变的电压.

(2) “功耗限制电阻”波段开关

功耗限制电阻是指串联在被测件集电极电路上用于限制被测件功耗的电阻. 它也可作为被测件集电极的负载电阻. 测试时，通过调节“功耗限制电阻”波段开关的旋钮来改变功耗限制电阻的大小. 改变功耗限制电阻的大小，可改变被测件特性曲线簇的斜率.

(3) “电容平衡”和“辅助电容平衡”

由于集电极电源的输出端对“地”存在着各种杂散电容，包括各种开关、功耗限制电阻、被测件的输出电容等. 这些杂散的电容，都将形成容性电流. 在测试时就会在取样电阻上产生电压降，造成测量误差. 为了减小容性电流，在测试前通过调节“电容平衡”电位器，将容性电流减少到最小状态.

“辅助电容平衡”是针对集电极变压器的次级绕组对“地”电容的不对称所造成的容性电流，需再次进行电容平衡调节.

(4) “异极性”按键开关

当进行异极性管配对交替测试时，应按下此键开关.

(5) “极性”按键开关

“极性”按键开关用于转换正、负集电极电压极性. 例如测试 npn 型管子时，此按键开关弹起，测试 pnp 型管子时，应按下此按键开关.

(6) “3kV”按键开关

按下此按键开关，面板上二极管测试适配器插座上输出最大 3000V 高压. 实际电压值通过调节“峰值电压%”旋钮进行调节.

注意：当按下按键开关时，请用户注意安全，切勿用手接触面板上二极管测试适配器的 $Q9$ 锁紧插座. 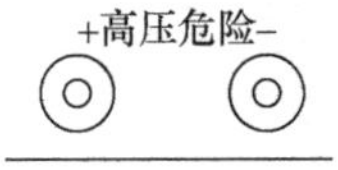

· x 轴放大器和 y 轴放大器，如图 3.5.18 所示：

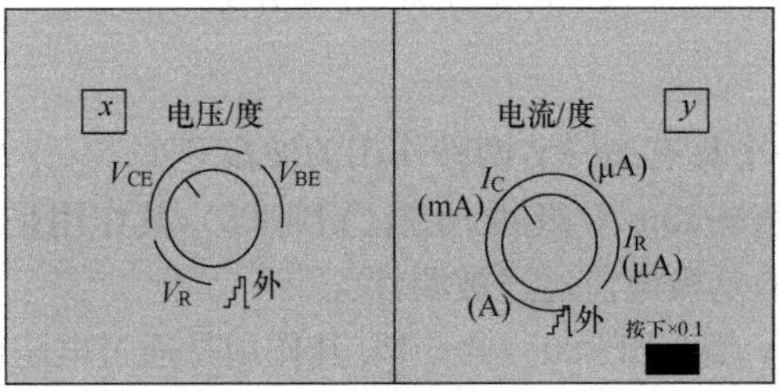

图 3.5.18　x 轴放大器和 y 轴放大器

x 轴放大器具有 20 挡，分为 4 种偏转功能的开关.

(1) 集电极电压 V_{CE}：0.05～50V/度. 共 10 挡，其作用是通过 x 轴的分压电阻，测得相应的集电极电压；

(2) 基极电压 V_{BE}：0.05～1V/度，共 5 挡，其作用是通过 x 轴的分压电阻，以达到不同灵敏度的偏转目的；

(3) 基极电流或基极源电压：由阶梯取样电阻分压，经 x 轴放大器而取得基极

电流偏转值;

(4) x 轴外接:输入灵敏度为 0.05V/度,是为了扩展测试范围而设置的.

y 轴放大器具有 23 挡,分为 4 种偏转功能的开关.

(1) 集电极电流 Ic:10uA/度~0.5A/度,共 15 挡.其作用是通过相应的集电极电流取样电阻,将电流转换成电压之后,经 y 轴放大器取样得到相应的电流值;

(2) 二极管漏电流 I_R:0.1~5μA/度,共 6 挡.其作用是通过相应的二极管漏电流取样电阻,将电流转换成电压之后,得出相应得漏电流大小;

(3) 基极电流或基极源电压⎍:由阶梯取样电阻分压,经 y 轴放大器而得到基极电流偏转值;

(4) 辅助作用开关(×0.1),使放大器的增益扩展 10 倍,以达到提高 y 轴放大器的倍数的作用;

(5) y 轴外接:输入灵敏度为 0.1V/度,是为了扩展测试范围而设置的.

注:外接高压 3kV 测试二极管时,y 轴挡应置于 I_c,不应置于 I_R.

· 阶梯信号,如图 3.5.19 所示:

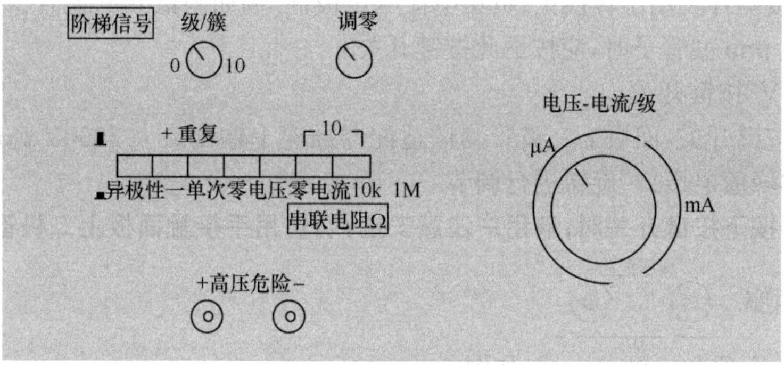

图 3.5.19 阶梯信号

(1) 阶梯选择开关

阶梯选择开关是一个具有 23 挡,两种作用的波段开关.

阶梯电流 0.1μA/级~50mA/级共 18 挡〈YB4805〉,其作用是通过改变开关的各挡级的电阻值,使对应不同的基极电流通过被测件.

阶梯电压 0.05~1V/级(YB4805)共 5 挡.其作用是通过电阻的不同反馈分压相应输出不同的阶梯电压.

(2) "异极性"按键开关

当进行异极性管配对交替测试时,应按下此按键开关.它与集电极电源单元的"异极性"按键开关配合使用,用于异极性管子配对交替测试(单次交替或重复交替).例如配对 npn 型和 pnp 型管子时,左边插 pnp 型,右边插 npn 型.此按键开关与集电极电压源单元的"异极性"按键开关同时按下,即可进行交替测试.

(3) "极性"按键开关

"极性"按键开关用于转换正、负阶梯信号的极性.例如测试 npn 型管子时,此键与集电极电压源单元的“极性”按键开关同时弹起；测试 pnp 型管子时，此按键开关与集电极电压源单元的“极性”按键开关同时按下.

(4) “重复/单次”按键开关

此按键开关按下，则表示按一次“测试”键，只进行一次测试. 此按键开关弹起，按一次“测试”键则进行重复测试.

(5) 零电压开关按下，被测管的基极和发射极成短路状态，可测量半导体管的 I_{CBS} 与 I_{CES} 特性.

(6) 阶梯选择开关置于电压/级位置时，串联电阻将置于被测件的输入电路中. 串联电阻有 10KΩ、1MK、10K 三挡.

(7) “级/族”：级/族电位器是用来调节阶梯信号的级数.

(8) “调零”：未测试前，应先按下“零电流”按键开关，调节“调零”电位器，使得零阶梯信号测试线显示在零电平位置上.

方法是：当显示器上已观察到零阶梯起始测试水平线后，按下“零电流”按键开关，调节“调零”电位器，使零阶梯信号的起始级扫描线显示在零电流位置上. 这样阶梯信号的“零电平”即被准确地校正了.

(9) 二极管测试适配器：在进行二极管测试时，应将二极管测试适配器正确插入，并锁紧. 当集电极电压源单元的“3kV”按键开关按下时，此插座有 3000V 高压输出，所以在进行二极管测试时，务必注意此插座上的高压！ 集电极电压源单元的“压输出，按键开关弹起时，此插座上没有高压输出.

· 测试头，如图 3.5.20 所示：

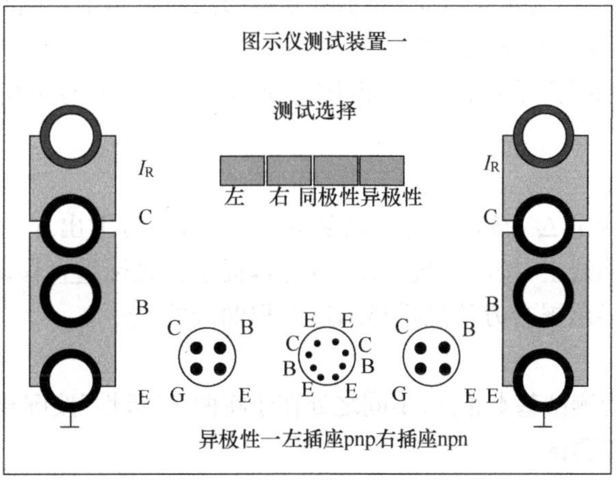

图 3.5.20　测试头

测试头上共有 4 个按键开关. “左”、“右”、“同极性”、“异极性”.

“左”、“右”按键开关：用于在进行单次测试时，选择被测件是插在左插座还是插在右插座，当被测件插在左插座的时候，按下“左”按键开关；当被测件插在右插座的时候，按下“右”按键开关.

“同极性”、“异极性”按键开关：用于在进行对管交替测试时，选择被测件的极性.

如：两个 pnp 型管子进行配对测试时，应按下测试头上“同极性”按键开关，同时按下“集电极电压源”单元的“极性(＋/－)”按键开关和“阶梯信号”单元的“极性(＋/－)”按键开关，弹起“集电极电压”单元“异极性”按键开关和“阶梯信号”单元的“异极性”按键开关.

当两个被测件的极性相反时，应按下“异极性”按键开关，同时还应按下“集电极电压源”单元的“异极性”按键开关和“阶梯信号”单元的“异极性”按键开关，并且 pnp 型被测件插在左插座，npn 型被测件插在右插座.

测试头插座上的 E、B、C 分别对应被测件的发射极、基极和集电极，被测件管脚切勿插错.

二、测量操作步骤

1) 通电前，面板按键均处于抬起状态，x 选择开关置 1v/div，y 选择开关置 1mA/div，基极选择开关置 0.1mA/div.“峰值电压%值旋扭逆时针调节到零，“级/族”调节旋钮顺时针调到最大，功耗电阻置 1kΩ(在测试过程中可适当调整).

2) 接通电源，调节辉度进入正常界面显示.

(1) npn 管测试

① 将被测管插入左(或右)边插座，注意 E、B、C 管脚不要插错，按下测试台测试选择“左”(或“右”)键.

② 峰值电压控制开关置 10V(或更高)挡.

③ 按一次测试键，界面显示“按任意键进行测试”，再按测试键进入测试状态.

④ **顺时针缓慢地增大峰值电压，界面应显示被测管的被测曲线**，调节面板 x，y 和基极控制开关，使曲线显示为最佳状态. 显示屏幕右边及时显示了控制开关的状态信息 .

⑤ 显示屏顶部显示被测件的平均 β.

⑥ 按下“重复/单次”开关置单次，再按测试键，面板显示的曲线就被保留下来不再刷新.

⑦ $\Delta\beta$ 的测量.

如果需要光标测量 $\Delta\beta$，按确定键切换到光标模式，屏幕上出现“x”光标，按上下左右键移动光标到一根曲线上，按测试键一次，按屏幕提示将光标垂直移动到相邻的一根曲线上，再按测试键，在显示屏右方信息栏显示这两根曲线的 $\Delta\beta$.

(2) pnp 管测试

操作方法 npn 管测试基本相同，不同之处在于将两个“极性”按键开关同时按下置“－”.

(3) 同极性交替测试

同极性交替测试是同时交替测试两只极性相同的晶体管，将两个管子分别插入左右两个插座，按下测试台测试选择“同极性”开关，如果是 npn 管，“极性”按键开关置“＋”，如果是 pnp 管，“极性”按键开关置“－”. 单次重复开关置重复，按测试键启动测试，屏幕显示两个器件的特性曲线. 左边曲线对应与左管，右边曲线对应与右管，也可移动左右光标将曲线重合在一起.

(4) 异极性交替测试

异极性交替测试是同时测量极性不同的两个器件，左插座插入 pnp 管，右插座插入

npn 管，按下测试选择“异极性”，主机面板两个“异极性”按键也同时按下置异极性，其他操作与上面同极性交替测试一样. 需要注意的是 pnp 管特性曲线的显示方向与 npn 的一样，都在第一象限.

(5) 场效应管测试

n 沟道场效应管的测量方法与测 npn 管操作基本相同，p 沟道场效应管的测量方法与测 pnp 管操作基本相同，不同的地方在于基极阶梯旋钮旋到阶梯电压挡.

(6) 二极管击穿电压的测量

关闭主机电源，将二极管测试头插入主机面板插座，如下：

将二极管按测试头上的极性符号规定插入插座，x 轴开关置 V_R100V/div，y 轴开关置 Ic 0.1mA/dir，开机进入测试状态. 右手按住 3kV 红色开关，左手顺时针调节峰值电压旋钮，直到集电极电流突变为止，突变点处的电压即为反向击穿电压.

如果基线到满刻度还没有出现电流突变现象，可将 x 轴开关置 V_R200V/div 或 V_R500V/div，重复上面的操作，直到集电极电流突变为止.

注意：当按下“3kV”按键开关时，请注意安全，人体切勿接触面板上二极管测试适配器引脚.

(7) I_R 的测量

I_R 测量是用直流电压测量被测件的漏电流，因此漏电流在屏幕上显示的是一个点. 以二极管为例说明 I_R 的测量方法.

先将 x 轴开关置 Vce 10V/div、y 轴开关置 I_R 0.1uA/dir、将被测件的正端接左边的左边(或右边)I_R 插座，负端接集电极 C 端插座. 峰值电压控制开关置 100V 范围，按下测试头上测试选择左边(或右边)的按键.

按测试键启动测试，顺时针调节峰值电压控制旋钮，观察屏上显示点的位置，该点对应的 y 轴值即为相应电压下的漏电流.

注意：插座上的电压最大为 500V，请注意安全，人体切勿接触插座或引线.

【实验内容与步骤】

(1) 熟悉 YB4805 数字存储半导体管特性图示仪的测量原理和使用操作(见仪器介绍部分).

(2) 将被测管(如 A1015 晶体管)插入测试台左边的元件插座，A1015 的三个管脚正对铭牌方向从左到右分别是 E，C，B. 正确插入图示仪测试装置一的左端并按下“左”键，因为 A1015 是 pnp 管，所以按下集电极电源单元的“－”极性和阶梯信号的“－”极性. 仪器面板各旋钮调到合适的位置，顺时针缓慢地增大峰值电压，显示屏上即显示被测管的被测曲线，调节面板 x 轴，y 轴和基极阶梯信号的旋钮，使曲线显示为最佳状态.

① 输入特性曲线.

在共射晶体管电路中(图 3.5.21)，输出交流短路时，输入电压和输入电流之比为 R_i，即

$$R_i = \left.\frac{\partial V_{BE}}{\partial I_B}\right|_{V_{CE}=\text{常数}}$$

它是共射晶体管输入特性曲线斜率的倒数. 例如测试 A1015 在 $V_{CE}=10V$ 时某一工作点 Q 的 R_i 值,各旋钮位置如下:

峰值电压范围	0～10V
极性(集电极电源)	负(－)
极性(阶梯)	负(－)
功耗限制电阻	250 欧(适当选择)
x 轴作用	电压 0.1V/度(V_{BE})
y 轴作用	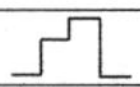
阶梯作用	重复
阶梯选择	0.1mA/级(Ib)

输入特性曲线如图 3.5.22 所示.

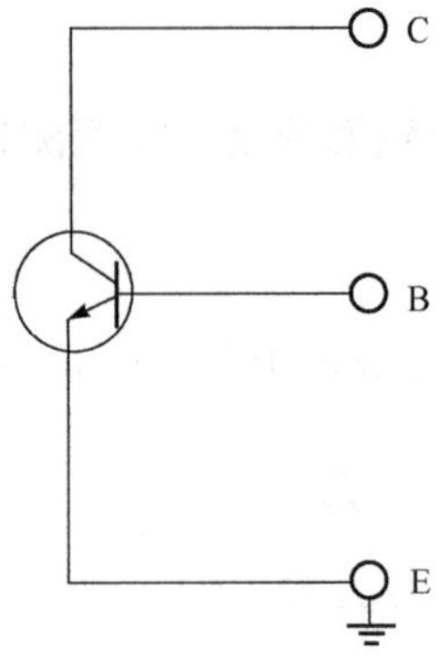

图 3.5.21　共射晶体管引脚

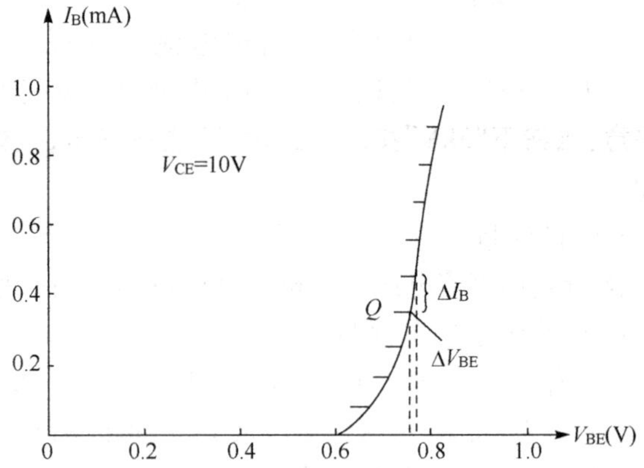

图 3.5.22　输入特性曲线

② 输出特性曲线、转移特性曲线和 β、h_{FE}、α.

在共射电路中,输出交流短路时,输出电流和输入电流增量之比为共射晶体管交流电流放大系数 β. 在共射电路中,输出端短路时,输出电流和输入电流之比为共射晶体管直流电流放大系数 h_{FE}. 各旋钮位置如下:

峰值电压范围	0～10V
极性(集电极电源)	负(－)
极性(阶梯)	负(－)
功耗限制电阻	250 欧(适当选择)
x 轴作用	集电极电压 0.5V/度(V_{CE})
y 轴作用	集电极电流 1mA/度(I_C)
阶梯作用	重复
阶梯选择	10μA/级(Ib)

输出特性曲线如图 3.5.23 所示，只要将上述的 x 轴作用开关拨至_┌┐_，即得到共射晶体管的转移特性(图 3.5.24).

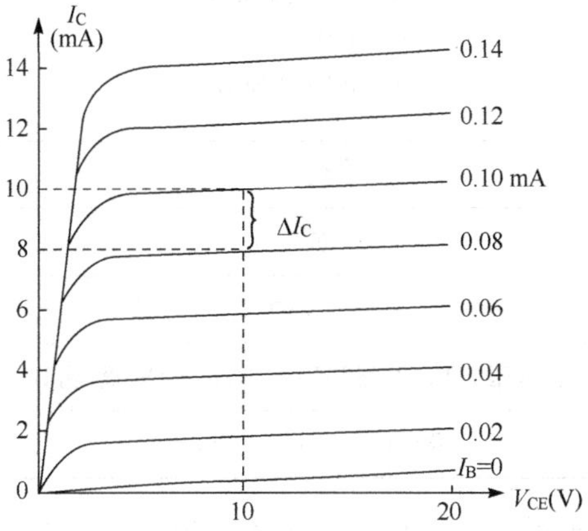

图 3.5.23　输出特性曲线

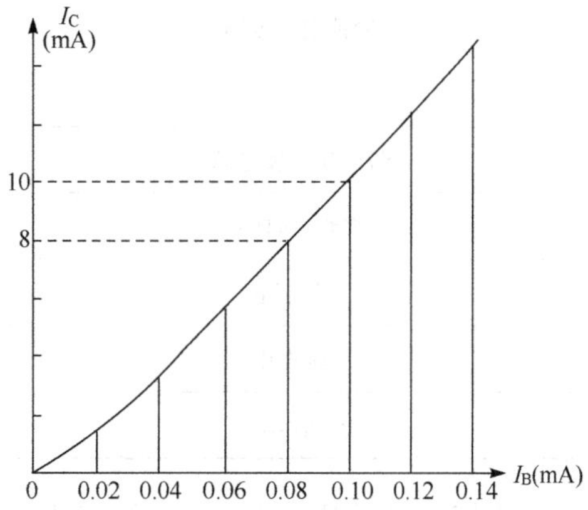

图 3.5.24　转移特性曲线

交流电流放大系数 β 和直流电流放大系数 h_{FE} 用以下公式计算：

$$h_{FE}\begin{pmatrix} I_C = 10\text{mA} \\ V_{CE} = 10\text{V} \end{pmatrix} = \frac{I_C}{I_B}$$

$$\beta\begin{pmatrix} I_C = 10\text{mA} \\ V_{CE} = 10\text{V} \end{pmatrix} = \frac{\Delta I_C}{\Delta I_B}$$

③ 反向击穿电压 BV_{CBO}、BV_{CEO} 和 BV_{EBO}.

外延片制作的双极晶体管的反向击穿电压 V_B(一般指 BV_{CEO} 或 BV_{CBO})与外延层电阻率 ρ_c 有关，也与结的曲率半径和表面状况等因素有关. 当高阻集电区厚度 Wc 小于 BV_{CBO} 所对应的势垒宽度 x_{mB} 时，V_B 还与 W_C 有关. 所以提高晶体管反向耐压可采取提高 ρ_c、W_C，减小二氧化硅中表面电荷密度，采用圆角基区图形，深结扩散、甚至采用台面结构、扩展电极或加电场限制环等措施.

BV_{CBO} 是共基晶体管在发射极开路时输出端 C-B 间的反向击穿电压. BV_{CEO} 是共射晶体管在基极开路时输出端 C-E 间的反向击穿电压. 晶体管手册中(或实际测试中)的规定为：

BV_{CBO}——发射极开路，集电极电流为规定值时，C-B 间的反向电压值.

BV_{CEO}——基极开路，集电极电流为规定值时，C-E 间的反向电压值.

BV_{EBO}——集电极开路，发射极电流为规定值时，E-B 间的反向电压值.

理论上可推导出 $BV_{CEO} = BV_{CBO}/\sqrt[n]{1+\beta_o}$，对硅 npn 管，n=4. 硅双扩散管的基区平均杂质浓度 $\overline{N}_B \gg Nc$，所以，一般 $BV_{CBO} > BV_{CEO} > BV_{EBO}$，而锗合金管 $\overline{N}_B \ll N_C$，所以，一般 $BV_{CBO} \approx BV_{EBO} > BV_{CEO}$.

A1015 的 BV_{CBO} 和 BV_{CEO} 的测试条件为 $I_C = -100\mu A$，BV_{EBO} 的测试条件为 $I_E = -100\mu A$

(y 轴). 晶体管的接法如图 3.5.25 所示. 各旋钮位置为:

峰值电压范围	0～100V(测 BV_{CEO}) 0～500V(测 BV_{CBO}) 0～10V(测 BV_{EBO})
极性(集电极电源)	负(－)
极性(阶梯)	负(－)
功耗限制电阻	1kΩ
x 轴作用	集电极电压 10V/度(测 BV_{CBO},BV_{CEO}),1V/度(测 BV_{EBO})
y 轴作用	集电极电流 I_C=0.1mA/度

将峰值电压缓慢增大到合适的值,即可得到图 3.5.26 所示的击穿电压特性曲线.

注意:管脚不要接错,图 3.5.25 中从上到下分别是 C,B,E;峰值电压一开始不要加得很大,逐渐升高峰值电压,见到有突变就可以,不要再增加,然后改变 y 轴,显示图形,而且不要长时间保持过高电压,否则会烧坏仪器和三极管.

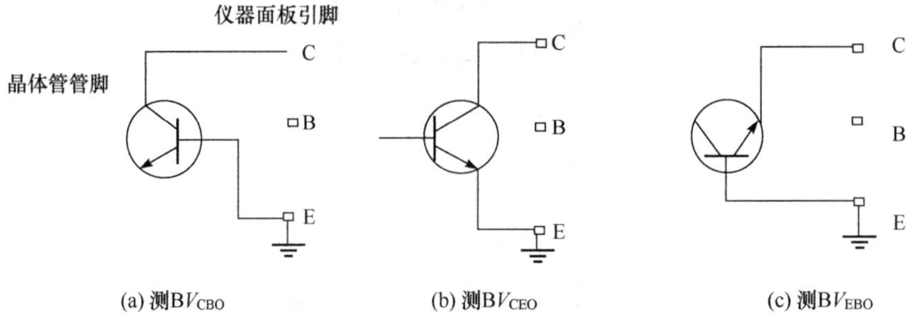

图 3.5.25　测量击穿电压时晶体管管脚与图示仪的连接图

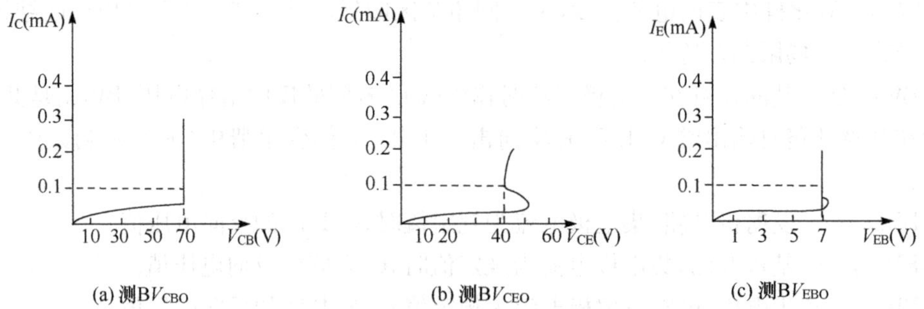

图 3.5.26　晶体管击穿电压示意图

(3) 记录数据和曲线. 测量内容:输入特性曲线、输入阻抗、转移特性曲线、输出特性曲线、输出阻抗、电流增益 h_{FE}(直流)和 β(交流)、反向击穿电压 V_{CEO},V_{EBO},V_{CBO}.

附表 1:数据记录表

晶体管型号:__________

待测参数	测试条件	测试值
BV_{EBO}	$I_E=$	
BV_{CBO}	$I_C=$	
BV_{CEO}	$I_C=$	
R_i	$I_B=$　　$V_{CE}=$	
h_{FE}	$I_C=$　　$V_{CE}=$	
V_{CES}	$I_B=$　　$I_C=$	

附表 2:三极管 A1015 参数

PARAMETER	SYMBOL	TEST CONDITIONS	MIN	TYP	MAX	UNIT
Collector-base breakdown voltage	BV_{CBO}	$I_C=-100\mu A, I_E=0$	−50			V
Collector-emitter breakdown voltage	BV_{CEO}	$I_C=-10mA, I_B=0$	−50			V
Emitter-base breakdown voltage	BV_{EBO}	$IE=-10\mu A, Ic=0$	−5			V
Collector cut-off current	I_{CBO}	$V_{CB}=-50V, I_E=0$			−100	nA
Emitter cut-off current	I_{EBO}	$V_{CB}=-5V, I_C=0$			−100	nA
DC current gain(note)	$h_{FE}1$ $h_{FE}2$	$V_{CE}=-6V, Ic=-2mA$ $V_{CE}=-6V, Ic=-150mA$	70 25		400	
Collector-emitter saturtion voltage	$V_{CE}(sat)$	$Ic=-100mA, IB=-10mA$		−0.1	−0.3	V
Base-emitter saturation voltage	$V_{BE}(sat)$	$Ic=-100mA, IB=-10mA$			−1.1	V
Current gain bandwidth product	fT	$V_{CE}=-10V, Ic=-1mA$	80			MHz
Output capacitance	Cob	$V_{CB}=-10V, IE=0, f=1MHz$		4.0	7.0	pF

【实验报告与数据分析】

1. 根据实验中观察到的波形及记录的数据,拟成图表求出各个参数,并作分析.
2. 根据实验现象和结果,请对被测元件的性能给予评价.

【注意事项】

为保证仪器的合理使用,既不损坏被测晶体管,也不损坏仪器内部线路,使用仪器前应注意下列事项:

1. 对被测管的主要直流参数应有一个大概的了解和估计,特别要了解被测管的集电极最大允许耗散功率 P_{CM}、最大允许电流 I_{CM}和击穿电压 BV_{EBO}、BV_{CBO};
2. 针对不同管型和测试项目的需要,选择好扫描和阶梯信号的极性;
3. 根据所测参数或被测管允许的集电极电压,选择合适的扫描电压范围. 一般情况下,测量前应先将峰值电压旋钮调至零. 更改扫描电压范围(10V、100V、500V)时,也应先将峰值电压调至零. 选择一定的功耗电阻,测试反向击穿特性时,功耗电阻要选大一些(1k 以上),同时将 x、y 偏转开关置于合适挡位. 测试时峰值电压应从零逐步调节到需要值;
4. 进行高压测试时,应特别注意安全,峰值电压应从零逐步调节到需要值. 观察完毕,及时将峰值电压调回零.

3.6　薄膜晶体管器件电学特性测试实验

【实验目的】

1. 理解薄膜半导体器件的基本结构和工作原理；
2. 掌握 TFT 器件特性参数的测量原理与测试方法.

【实验原理】

薄膜晶体管 TFT 是液晶显示器的关键器件，对显示器件的工作性能具有十分重要的作用. 在有源矩阵液晶显示器(AMLCD)中作为像素电子开关元件得到了广泛的应用.

图 3.6.1 是氢化非晶硅薄膜晶体管 a-Si：H TFT 的结构图，首先在衬底上淀积栅极金属层，然后依次沉积栅绝缘层、a-Si：H 层、n^+ a-Si：H 和源漏电极金属层，最后是保护层. 栅极和源漏极也是在半导体层的两侧. 这种结构也称为底栅(Bottom Gate)TFT.

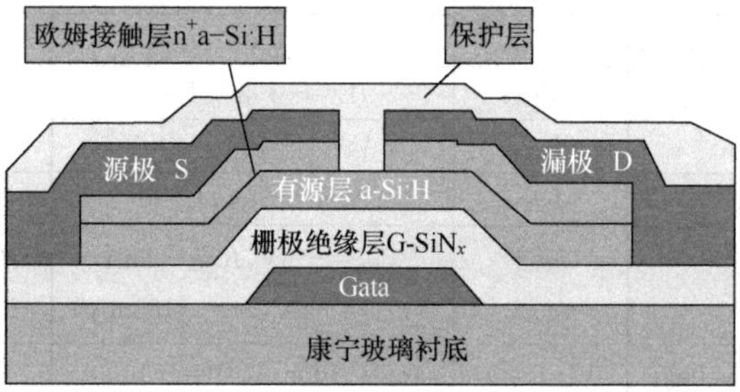

图 3.6.1　a-Si：H TFT 结构图

TFT 是一种薄膜化的沟道增强型绝缘栅场效应管，它利用改变栅源电压的大小来控制半导体表面感生电荷的大小，从而控制漏极电流的大小. 这种控制作用可以通过 n 沟道型和 p 沟道型两种方式实现，与 MOSFET 相似. 图 3.6.2 是 TFT 结构的沟道区剖面示意图，工作原理如下：

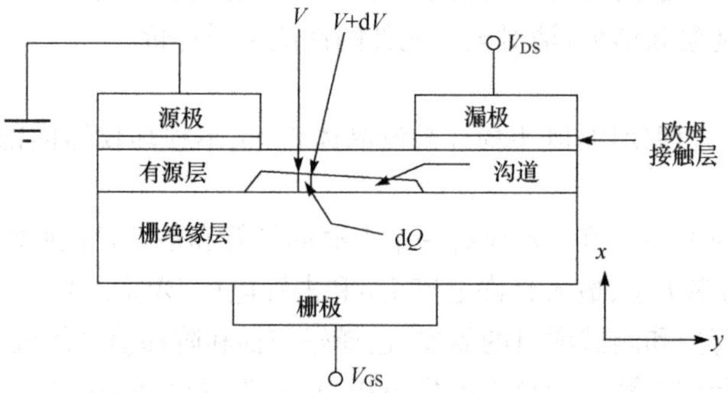

图 3.6.2　用于逐次沟道近似分析的 TFT 结构的沟道区剖面示意图

一．线性区

当对栅极施加正电压时，栅压在栅绝缘层中产生电场，电力线由栅电极指向半导体表面，并在表面处产生感应电荷. 随着栅极电压的增大，半导体表面将由耗尽层转变为电子积累层，形成反型层. 当大于开启电压时，达到强反型，漏、源间加上电压就会有载流子通过沟道. 当漏源电压很小时，导电沟道可近似看做一个恒定电阻，此时漏极电流随着漏源电压的增大而线性增大.

二、饱和区

当漏极电压进一步增加，栅电场诱导产生的载流子密度在漏极区减小到零. 最终，当 $V_{DS}=V_{GS}-V_{TH}$ 时，电子沟道被完全夹断(Pinched Off)，漏极电流达到饱和. 当 $V_{DS}>V_{GS}-V_{TH}$，饱和漏电流：

$$I_D=\frac{W}{2L}\mu_n C_{SiN_x}(V_{GS}-V_{TH})^2 \tag{3.6.1}$$

通过式(3.6.1)，可以得到饱和区的场效应迁移率. 由简单的逐次沟道近似引起的结果偏差，常常与接触电阻影响及依赖栅电压的迁移率有关. 一般来说，从 a-Si∶H TFT 的饱和区提取的场效应迁移率比线性区提取的要更高，特别是在短沟道 TFT 的情况下.

图 3.6.3 和图 3.6.4 分别显示了 a-Si∶H TFT 的转移和输出特性曲线. TFT 开态电流与关态电流比值(开关比)是评价 TFT 电学性能的重要参数，因为 TFT 组成了 AMLCD 阵列中的有源开关，其中，开态电流决定了像素的充电速率，关态电流与像素电压的保持率有关. 如图 3.6.3 所示，在 $V_{DS}=10V$ 时，开关比大于 10^7. 图 3.6.4 显示了在低漏电压时，具有好的接触性能. 如果源漏极接触区电阻高，则在接触区会有一个较大的电压降，因此接近输出特性曲线的起始端就会表现出“电流拥挤”(Current Crowding)现象. 图 3.6.4 的曲线中没有反映出该现象，说明 TFT 的漏源接触特性好.

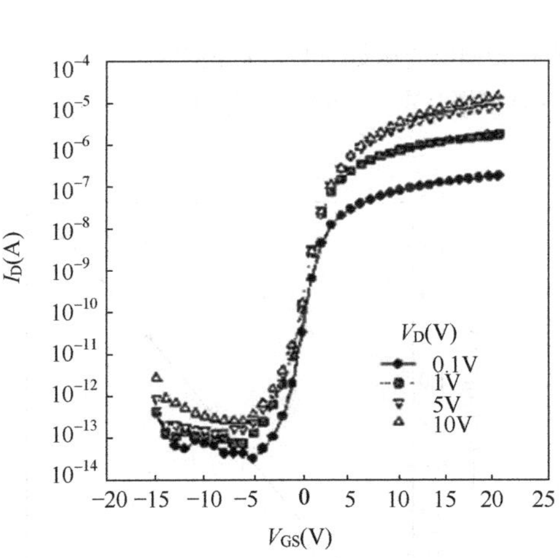

图 3.6.3　a Si∶H TFT 的转移特性曲线
($W=39\mu m, L=5\mu m$)

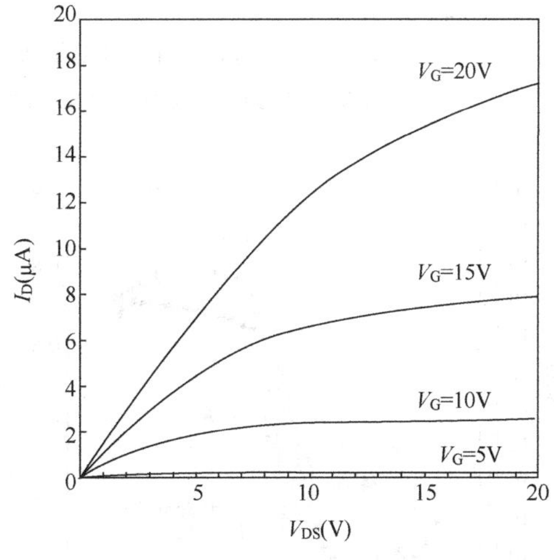

图 3.6.4　a Si∶H TFT 的输出特性曲线
($W=39\mu m, L=5\mu m$)

有几种方法可以从 a-Si∶H TFT 的特性曲线中得到场效应迁移率和阈值电压. 从图 3.6.5到图 3.6.7 显示了同一个 a-Si∶H TFT 的场效应迁移率和阈值电压，其转移和输出特性曲线分别如图 3.6.3 和图 3.6.4 所示. 图 3.6.5 显示了 $V_{DS}=0.1V$ 从漏电流平方根作为栅电压函数的变化关系曲线中提取的饱和迁移率. 图 3.6.6 显示了从线性区跨导曲线中提取的线性迁移率. 图 3.6.7 显示了 $V_{DS}=0.1V$ 时,从沟道跨导中提取的线性区迁移率. 前面三种情况的场效应迁移率和阈值电压分别为 $1.15cm^2/V\cdot s$ 和 2.5V, $0.8cm^2/V\cdot s$ 和 2.5V 及 $0.78cm^2/V\cdot s$ 和 2.5V. 其中,三种情况中的阈值电压都相同(2.5V),但是,场效应迁移率在线性区是 $0.8cm^2/V\cdot s$,在饱和区是 $1.15cm^2/V\cdot s$. 因此,饱和区的迁移率比线性区高出 $0.35cm^2/V\cdot s$. 值得注意的是,应用于 TFT LCD 中的 a-Si:H TFT 的典型场效应迁移率值是 $0.5\sim0.6cm^2/V\cdot s$,典型阈值电压值大约是 2~4V. 而且,在 AMLCD 中,TFT 在像素充电的工作过程中总是处于线性区.

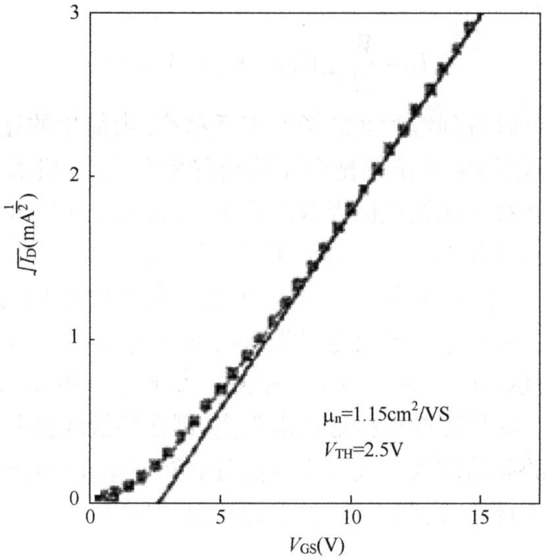

图 3.6.5 a-Si:H TFT 的漏电流平方根作为栅电压函数的变化关系曲线
(从该曲线中可以得到饱和区的场效应迁移率)($W=39\mu m, L=5\mu m$)

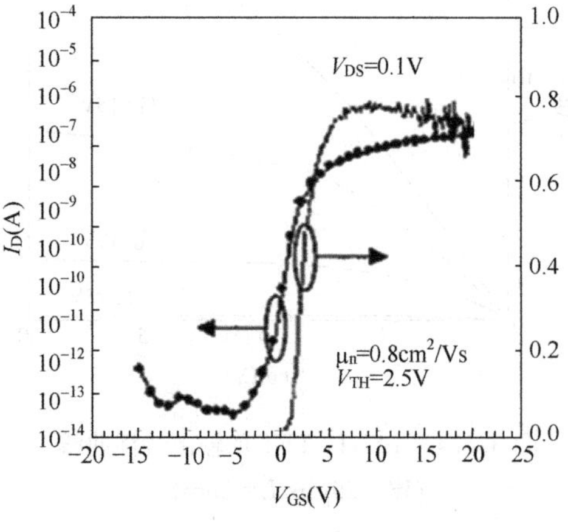

图 3.6.6 $V_{DS}=0.1V$ 时,a-Si:H TFT 的转移特性曲线及从跨导中提取的场效应迁移率曲线
($W=39\mu m, L=5\mu m$)

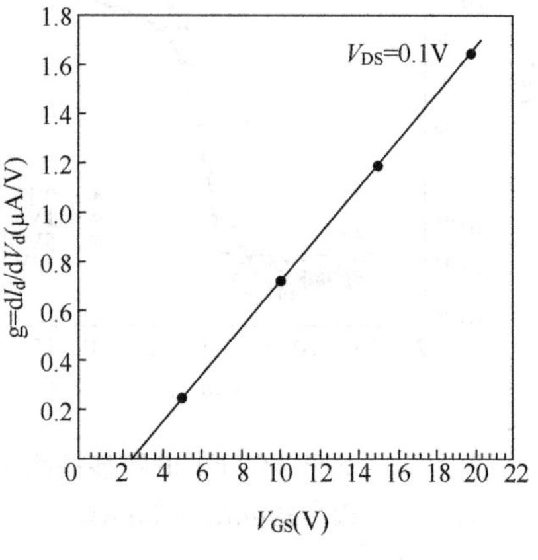

图 3.6.7 从线性区的沟道跨导中提取的场效应迁移率曲线($W=39\mu m, L=5\mu m$)

场效应迁移率和阈值电压源自于跨导 g_m（如同 MOSFET 和 p-Si TFT 中的情况一样）的表达式，即

$$g_m = \frac{\partial I_D}{\partial V_{GS}} \Big| V_{DS=const} = \frac{W}{L} C_{i\mu_n} V_{DS} (V_{DS} < V_{DSsat}) \tag{3.6.2}$$

V_{DS} = 0.1V，转移特性曲线及由它得到的场效应迁移率如图 3.6.7 所示.

【实验设备和材料】

显微镜、吉时利 2450 数字源表、手动探针测试台、精密直流电源

吉时利 2450 交互式 SourceMeter®仪器是一款精密型低噪声仪器，组合了直流电源、电流源、电子负载和高阻抗万用表等功能.

一、仪器面板介绍（图 3.6.8）

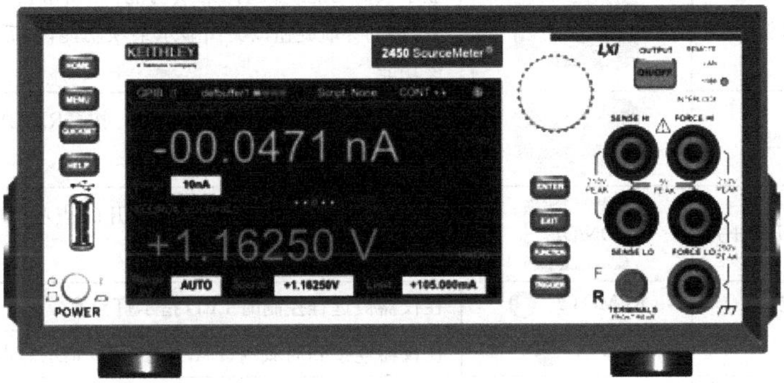

图 3.6.8　2450 面板

POWER 开关		电源开关
HOME 键		显示屏返回到主（默认）屏幕
MENU 键		打开主菜单. 可选择源、测量、视图、触发器、脚本和系统设置屏幕等功能
QUICK SET 键		打开预配置的一键式设置菜单，其中包括电压表、电流表、欧姆表和电源设置. 此外还允许选择测试功能和快速调整性能，以获得更好的分辨率或速度
HELP 键		打开显示屏焦点区域的上下文相关帮助
USB 端口		支持符合 USB2.0 标准以及 USB1.0 和 1.1 标准的 U 盘. 可通过前面板将数据保存到 U 盘，也可以创建脚本，通过远程接口将数据保存到 U 盘. U 盘必须格式为 FAT 驱动器

续表

触摸屏		高分辨率触摸显示屏以及附加的滑动屏. 可以通过按前面板上的 MENU，QUICKSET，和 FUNCTION 键进入附加的交互式屏幕
导航旋钮	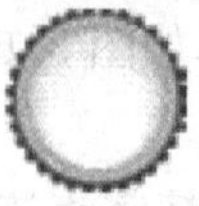	**转动导航旋钮**：向左或向右移动指针以突出显示某个列表值或菜单项，使您可以将其选中. 在指针位于数值输入字段时转动该控件可增大或减小字段中的数值. **按下导航旋钮**：打开菜单和子菜单，以及选择输入的值
ENTER 键		选择突出显示的选项，或者编辑当前获得焦点的字段
EXIT 键		返回到前一屏幕或关闭对话框
FUNCTION 键		显示仪器功能. 若选择某项功能，点击触摸屏中的功能框. 或者，转动导航旋钮以突出显示某项功能，然后按下该控件选择该功能
TRIGGER 键		进入与触发器相关的设置和操作. 按 TRIGGER 键会产生不同的反应，具体取决于仪器状态
OUTPUT ON/OFF 开关		打开源输出；按键在源输出打开时点亮. 再次按 OUTPUT ON/OFF 开关可关闭源输出
REMOTE	REMOTE	在仪器被远程控制时 LED 指示灯点亮
LAN	LAN	在仪器连接到局域网(LAN)时 LED 指示灯点亮
1588	1588	在仪器连接到符合 IEEE1588 标准的设备时 LED 指示灯点亮
INTER LOCK	INTERLOCK	在启用互锁时 LED 灯点亮
SENSE 端子		使用 SENSE HI 和 SENSE LO 端子可测量被测设备(DUT)的电压. 使用传感引线可提供更准确的电压源和 DUT 测量值，因为这样可以消除 Force 引线之间的电压降值
FORCE 端子		使用 FORCE HI 和 FORCE LO 端子可对被测设备(DUT)进行拉/灌电压或电流的操作
FRONT/REAR TERMINALS 开关		选择前面板或后面板上的端子. 当前面板端子有源时，FRONT/REAR 开关的左侧可以看到绿色“F”. 当后面板端子有源时，FRONT/REAR 开关的左侧可以看到黄色“F”
机壳连接	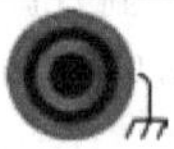	用于提供机壳连接的香蕉插头座连接器

二、仪器操作

1) 打开和关闭 Model 2450

· 在打开 Model 2450 之前，从仪器上断开所有被测设备(DUT).

· 按前面板上的 POWER 开关将其置于 ON 位置. 仪器开机过程中会显示状态条. 开机完成后将显示主屏幕.

· 要关闭仪器，按前面板上的 POWER 开关将其置于 OFF(O)位置.

2) 打开 Model 2450 源输出

按 OUTPUT ON/OFF 开关. 开关点亮时，仪器处于输出打开状态. 开关熄灭时，仪器处于输出关断状态.

在仪器的源关闭时，外部电路与仪器间可能没有完全隔离. 在仪器不被使用时，例如：在更换被测设备(DUT)时，通过设置输出关断将 Model 2450 置于已知的非交互状态. 可选择的输出关断状态包括：普通、高阻抗、零位或保护.

3) 使用触摸屏接口

通过触摸前面板显示屏可快速进入源一测量设置、系统配置、仪器和测试状态、读数缓冲器信息，以及其他仪器功能. 该显示屏具有多个滑动屏，可以通过按前面板上的 MENU、QUICKSET 和 FUNCTION 键进入附加的交互式屏幕.

· 交互式滑动屏

SETTINGS(设置)滑动屏(图 3.6.9)

图 3.6.9　SETTINGS(设置)滑动屏

通过 SETTINGS(设置)屏幕从前面板进入一些仪器设置，以便快速更改、启用或禁用设置. 它还显示了仪器的当前设置.

要禁用或启用某项设置，请选择该设置旁边的复选框，使其显示 X(禁用)或勾号(启用).

BUFFER STATISTICS(缓冲器统计数据)滑动屏(图 3.6.10)

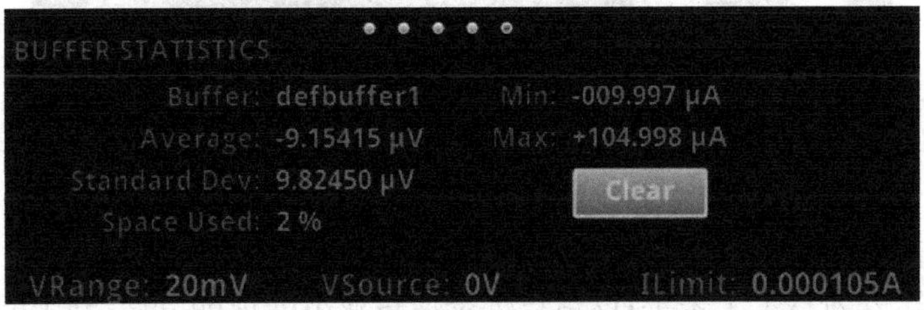

图 3.6.10　BUFFER STATISTICS(缓冲器统计数据)滑动屏

BUFFER STATISTICS（缓冲器统计数据）滑动屏包含关于作用中的缓冲器状态及其中的读数的信息. 也可以通过选择 Clear（清除）来清除作用中的缓冲器.

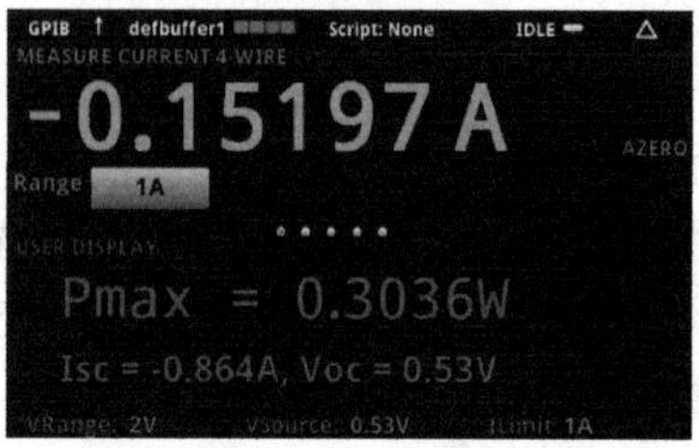

图 3.6.11　USER DISPLAY（用户显示）屏幕中的用户定义文本示例

USER DISPLAY（用户显示）滑动屏（图 3.6.11）

可以设定将出现在 USER DISPLAY（用户显示）滑动屏中的自定义文本. 例如，可以设定 Model 2450 显示来自源-测量测试的统计数据.

DATA TREND（数据趋势）滑动屏（图 3.6.12）

DATA TREND（数据趋势）滑动屏显示当前选定缓冲器中的数据的图表显示.

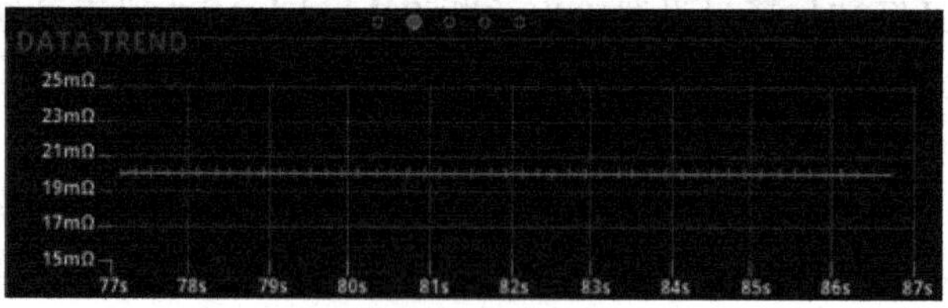

图 3.6.12　DATA TREND（数据趋势）滑动屏

要获得更大的图表视图以及进入图表设置，请使用向上手势轻扫 DATA TREND（数据趋势）屏幕. 这时将打开 Graph（图表）选项卡（也可通过按 MENU 键并选择 Views（视图）下面的 Graph（图表）来进入）.

4）主菜单

要进入主菜单，请按 Model2450 前面板上的 MENU 键. 图 3.6.13 显示了主菜单的组织结构.

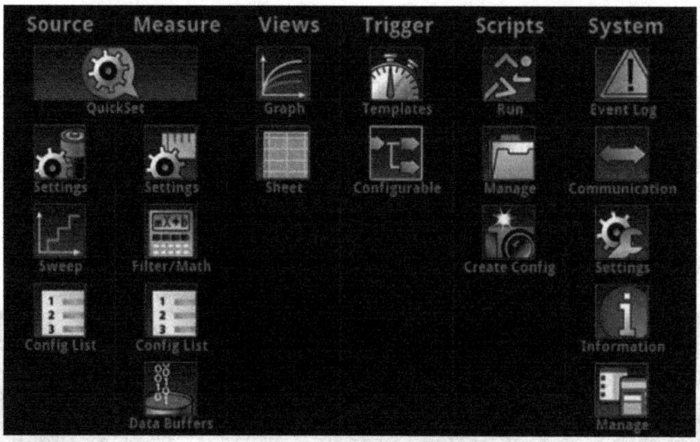

图 3.6.13　Model2450 主菜单

主菜单组织分为六个子菜单，以绿色标签横跨显示屏顶部. 每一列中的图标均可打开交互式屏幕. 有关这些菜单的详细信息，请参见《Model2450 参考手册》.

· 设置扫描测试

按 menu 进入主菜单，然后按 source 下方的 sweep 按钮设置扫描模式，start 和 stop 确定扫描的起始电压和终止电压，step 确定步长，source limit 确定测量电流上限，generate 生成扫描模式. 仪器面板右方 TRIGGER 按钮启动扫描模式，开始扫描.

· 图形显示

Menu 主菜单，然后按 Views 下方 graph 可以观看测试曲线.

· 将测量值存储到 U 盘：

可以将 Model 2450 的测量数据导出到 U 盘. 信息将以 . csv 文件格式保存.

操作步骤：

① 将 U 盘插入前面板的 USB 端口.

② 按 MENU 键.

③ 在 Measure 列中，选择 Data Buffers.

④ 选择要保存的缓冲器.

⑤ 选择 Save to USB.

⑥ 输入新文件的名称，然后选择屏幕的键盘中的 ENTER 键.

⑦ 选择 Yes，确认保存文件.

【实验内容与步骤】

(1) 熟悉精密测试仪器的使用方法，如数字源表、手动探针测试台等；

(2) 搭建测试平台，给出测试方案；

要求：测量非晶硅 TFT 器件样品的转移特性曲线、输出特性曲线.

测试条件：*I-V* 测量：栅电压−5V～30V，漏源电压 0～10V，适当选择步进电压.

(3) 在显微镜下观察 TFT 晶体管样品，并读测沟道长宽比(W/L)；

(4) 小心移动并调整探针测试台的探针臂位置，使探针头刚好落在样品的栅、源、漏极的电极 pad 上；

(5) 测量并绘制 TFT 器件的转移特性曲线、输出特性曲线；

(6) 改变光照强度进行 *I-V* 测量，观察 TFT 器件的光照特性.

注：氮化硅薄膜厚度是 200nm，相对介电常数约为 7.

【实验报告与数据分析】

1. 计算器件的主要电学参数：线性区电子迁移率、饱和区电子迁移率、阈值电压、开关比、亚阈值摆幅、线性区的跨导等；

2. 根据实验结果，以及参考文献，你能否对该器件的性能作一个评价，并提出工艺或结构上的改进方案？

3.7 MOS 结构的 Si-SiO_2 界面态密度分布测量实验

【实验目的】

1. 理解硅—二氧化硅(Si-SiO_2)界面态密度的物理意义.

2. 掌握测量 Si-SiO_2 界面态密度分布的测试原理和主要测试方法.

3. 测量和分析MOS结构中 Si-SiO_2 界面态密度及其分布.

【实验原理】

一、概述

界面态密度是表征硅—二氧化硅界面性质的一个重要的物理参量. 硅—二氧化硅界面问题是硅平面器件及集成电路工艺和器件物理中的一个基本问题,也是半导体研究的一个重要组成部分. 界面态可以起产生、复合中心作用,使pn结反向漏电流增加、双极性晶体管小电流时电流增益下降、产生 $1/f$ 噪声等. 界面态还可以起到散射中心作用,使MOS晶体管跨导降低、频率特性和开关特性变差、阈值电压不稳定. 界面态密度与器件制造工艺密切相关,例如电离辐射损伤使界面态密度增加,适当的退火工艺能降低界面态密度. 因此,界面态密度的测量对于研究器件特性、监控工艺质量、提高器件性能尤为重要.

二、界面态密度与电压的关系

界面态是存在于硅—二氧化硅界面处的一些能级,这些能级可以是施主型,也可以是受主型,在能量上可以连续分布于半导体的整个禁带之中,如图 3.7.1 所示.

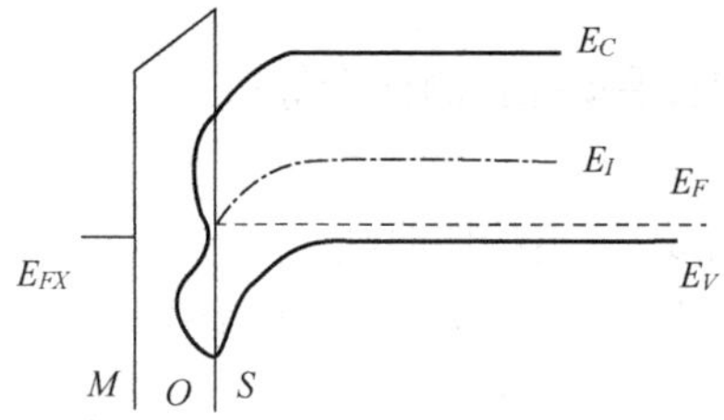

图 3.7.1　硅—二氧化硅界面态示意图

电子在界面态中的填充情况取决于这些能级相对于费米能级的位置. 如果是受主型界面态,则接受电子后带负电,不接受电子时为电中性. 如果是施主型界面态,则有电子时保持电中性,施放电子后就呈正电性. 当半导体表面势发生变化时,费米能级和表面能级相对位置发生变化,界面态中电子的填充情况也发生变化,引起界面态和半导体体内交换电子,并且以某个特征时间常数与体内达到平衡. 因而界面态可以随表面势的变化而发生充放电,因此可以用一个与此相关的电容即界面态电容来等效,它与界面态密度成正比. 界面态又称界面陷阱电荷.

以金属—二氧化硅—硅的MOS结构作为实验样品,在高频信号作用下的等效电路如图 3.7.2(a)所示. 图中 C_{OX} 是氧化层电容、C_{SC} 是半导体空间电荷区电容. 因为界面态的充放电跟不上高频信号的变化,在等效电路中就不出现与界面态有关的电容. 如果测量的信号频率及直流偏压的变化都足够慢,使界面态的充放电始终跟得上电压的变化,则必须考虑界面态电容的影响,图 3.7.2(b)即MOS结构的低频等效电路,图中 C_{SS} 是界面态电容.

图 3.7.3 是p型衬底MOS结构在高频和低频信号下测量的 C-V 特性曲线. 在积累区高频和低频电容都等于氧化层电容 C_{OX}. 在耗尽和弱反型区域,由于界面态电容只对低频电容有贡献,因而低频电容的值比高频电容大,因此在耗尽和弱反型区域内可以根据高频和低频电容的差别计算出界面态密度. 到了反型区,由于反型层中的少数载流子浓度只能跟得上低频信号的变化,使低频电容的值上升很快,在强反型区低频电容恢复到氧化层

电容 C_{OX} 的值，而高频电容达到了最小值. 图中 C_{LF} 即低频电容，C_{HF} 即高频电容.

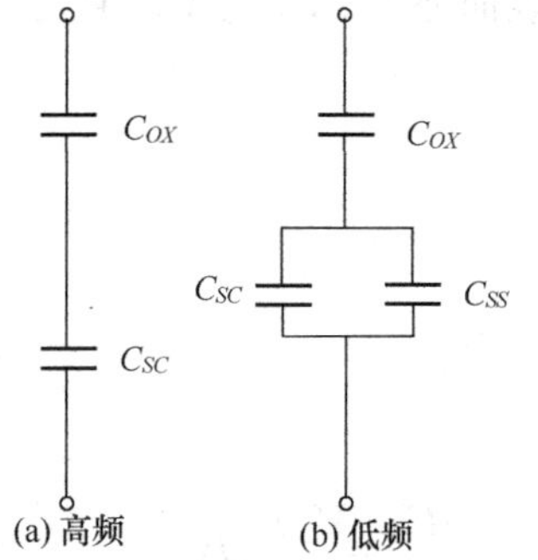

图 3.7.2　MOS 结构等效电路

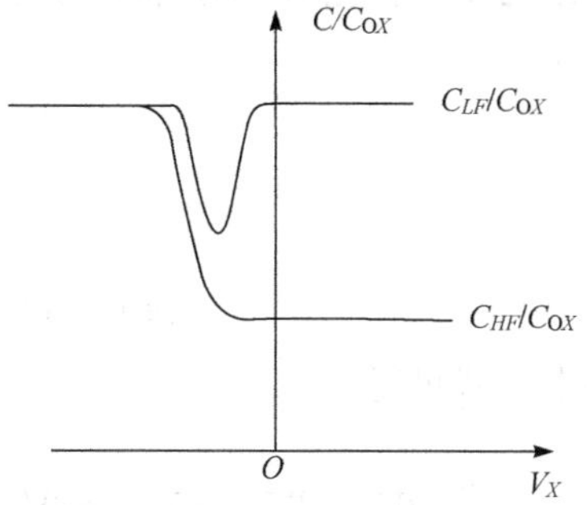

图 3.7.3　PMOS 结构在高频和低频下归一化 C-V 曲线

由图 3.7.2MOS 结构在高频和低频时的等效电路可以得到，

$$\frac{1}{C_{LF}}=\frac{1}{C_{ox}}+\frac{1}{C_{sc}+C_{ss}} \tag{3.7.1}$$

$$\frac{1}{C_{HF}}=\frac{1}{C_{ox}}+\frac{1}{C_{sc}} \tag{3.7.2}$$

将以上二式消去 C_{sc}，可以求得界面态电容的表达式为

$$C_{ss}=\frac{C_{LF}C_{ox}}{C_{ox}-C_{LF}}-\frac{C_{HF}C_{ox}}{C_{ox}C_{HF}}$$

$$=C_{ox}\left[\frac{C_{LF}/C_{ox}}{1-(C_{LF}/C_{ox})}-\frac{C_{HF}/C_{ox}}{1-(C_{HF}/C_{ox})}\right] \tag{3.7.3}$$

式中，C_{LF}/C_{ox} 和 C_{HF}/C_{ox} 分别为以氧化层电容归一化的低频和高频电容.

因为界面态密度定义为单位面积、单位能量间隔内的界面态能级数，因此，当表面势变化 $\mathrm{d}V_s$ 时，界面态中电荷的变化量为

$$\mathrm{d}Q_{ss}=A_m q N_{ss}\mathrm{d}V_s \tag{3.7.4}$$

式中，Am 为 MOS 结构金属电极面积. 则界面态密度

$$N_{ss}=\frac{1}{A_m}\cdot\frac{1}{q}\cdot\frac{\mathrm{d}Q_{gs}}{\mathrm{d}V_g}=\frac{1}{A_m}\cdot\frac{C_{ss}}{q} \tag{3.7.5}$$

将式(3.7.3)代入式(3.7.5)得

$$N_{ss}=\frac{1}{A_m}\cdot\frac{1}{q}\cdot C_{ox}\left[\frac{C_{LF}/C_{ox}}{1-(C_{LF}/C_{ox})}-\frac{C_{HF}/C_{ox}}{1-(C_{HF}/C_{ox})}\right] \tag{3.7.6}$$

为了求得 N_{ss} 随禁带中能量的变化，也即求 N_{ss} 表面势的变化，首先求实验的外加电压 V_g 和表面势 V_S 的关系.

假设栅上的偏压为 V_g，所对应的金属板上的电荷量为 Q_M，电压 V_g 降落在氧化层两端的电压为 V_{ox}，降落在半导体空间电荷区的电压即为表面势 V_s. V_g 与 V_{ox}、V_s 三者的关系为

$$V_g = V_{ox} + V_s \tag{3.7.7}$$

又因为

$$dQ_M = C_{ox}\,dV_{ox} = C_{LF}(V_g)\cdot dV_g \tag{3.7.8}$$

根据以上二式可得

$$dV_s = dV_g - dV_{ox} = dV_g - \frac{C_{LF}(V_g)}{C_{ox}}dV_g = \left[1 - \frac{C_{LF}(V_g)}{C_{ox}}\right]dV_g \tag{3.7.9}$$

将上式从表面积累对应的栅压 $V_g = V_A$ 到某一栅压 $V_g = V$ 积分，就可得到表面势与外加栅压的关系

$$V_s(V_g) = \int_{VA}^{V}\left[1 - \frac{C_{LF}(V_g)}{C_{ox}}\right]dV_g + \Delta \tag{3.7.10}$$

式中，Δ 为积分常数，

由于在平带时表面势 $V_s = 0$，则

$$V_s(V_{FB}) = \int_{V_A}^{V_{FB}}\left[1 - \frac{C_{LF}(V_g)}{C_{ox}}\right]dV_g + \Delta = 0 \tag{3.7.11}$$

V_{FB} 为平带电压，由(3.7.11)式即可求得积分常数

$$\Delta = -\int_{V_A}^{V_{FB}}\left[1 - \frac{C_{LF}(V_g)}{C_{ox}}\right]dV_g \tag{3.7.12}$$

将式(3.7.12)代入式(3.7.10)得

$$V_s(V_g) = \int_{V_A}^{V}\left[1 - \frac{C_{LF}(V_g)}{C_{ox}}\right]dV_g - \int_{V_A}^{V_{FB}}\left[1 - \frac{C_{LF}(V_g)}{C_{ox}}\right]dV_g \tag{3.7.13}$$

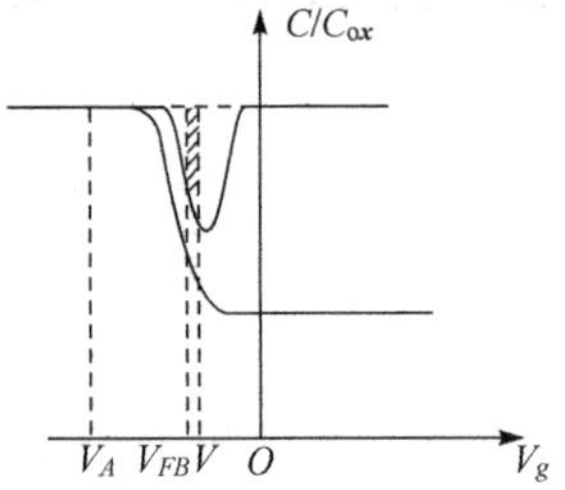

图 3.7.4　$V_S(V)$与面积 S 的关系曲线

在图 3.7.4 所示的实验曲线中，(3.7.13)式等号右端第一项是 $C_{LF}/C_{ox}=1$，$V_g = V_A$ 和 $V_g = V$ 三条直线与 $C_{LF}/C_{ox} \sim V_g$ 所围成的面积. 第二项是 $C_{LF}/C_{ox}=1$，$V_g = V_{FB}$ 和 $V_g = V$ 三条直线和 $C_{LF}/C_{ox} \sim V_g$ 所围成的面积，图中阴影部分即对应 $V_s(V)$.

由式(3.7.6)求出 N_{ss} 和 V_g 的关系，再由式(3.7.13)求出 V_s 和 V_g 的关系，就可以求出 N_{ss} 和 V_g 的关系. 因此只要测出高低频 C-V 特性曲线就可以得到 N_{ss} 表面势的变化.

三、禁带中电压与能量的关系

图 3.7.5 是 p 型硅有界面态作用时的能带图. 从图中可以看出

$$qV_s = E_i^{(0)} - E_i^{(g)} \qquad (3.7.14)$$

$$qV_F = E_i^{(0)} - E_F \qquad (3.7.15)$$

式中，$E_i^{(0)}$ 为体内本征费米能级，$E_i^{(s)}$ 为表面本征费米能级，E_F 为费米势.

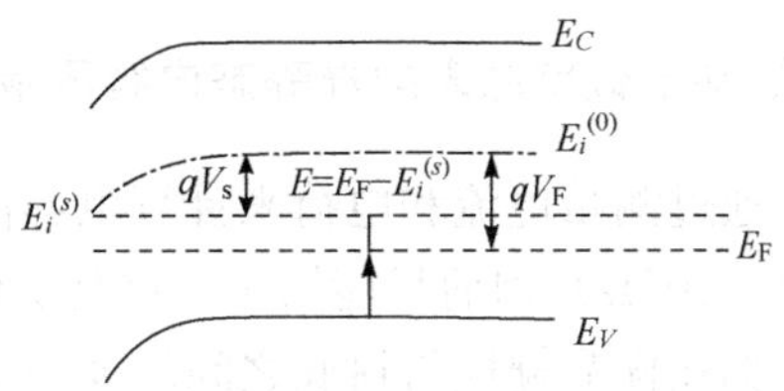

图 3.7.5　p 型硅有界面态作用时的能带图

由图中还可看出

$$E = E_F - E_i^{(s)} = [E_F - E_i^{(0)}] + [E_i^{(0)} - E_i^{(s)}] = -qV_F + qV_s = -KT\ln(N_A/n_i) + qV_s \qquad (3.7.16)$$

根据式(3.7.13)和(3.7.16)，就可求出禁带中的能量 E 和外加栅压 V_g 的关系，由此关系和式(3.7.6)即可求出界面态密度在禁带中按能量的分布.

四、测试方法

实验采用准静态和高频 *C-V* 法测试出 MOS 结构的高低频电容曲线，通过计算求出界面态密度 N_{SS} 与电压 V 的关系. 然后再根据表面势 V_S 与加在 MOS 结构上的电压 V_g 的关系，以及在禁带中表面势 V_S 与能量 E 之间的关系，得到禁带中能量 E 与电压 V 的关系. 由 N_{SS}-V 与 E-V 就可以得到 N_{SS}-E，即禁带中界面态密度的分布.

准静态 *C-V* 测试法是指如果在 MOS 结构上加一个扫描速率很慢的线性斜坡扫描电压，足以维持半导体的反型层处于准平衡条件，称 MOS 结构的这种变化过程为准静态过程. 因为界面态充放电的时间常数比反型层电荷变化的时间常数短，因此当反型层处于准平衡状态，界面态也必然维持在准平衡状态. 在保持 MOS 结构准静态变化的情况下，测量 MOS 结构 *C-V* 特性的方法，即为准静态法. MOS 准静态测量结果和低频测量结果一致.

【实验设备和材料】

KV300 型高频 *C-V* 测试仪、手动探针台、MOS 器件、*LCR* 表、吉时利 2450 等.

【实验内容与步骤】

(1) 测量 MOS 样品的漏电流，对于漏电流小于 1×10^{-13} A 的样品才能进行准静态测量；

(2) 用满足准静态条件的交流扫描信号测出 MOS 结构的准静态 *C-V* 特性曲线；

(3) 测量 MOS 结构的高频 *C-V* 特性曲线.

【实验报告与数据分析】

1. 实验中得到的高低频 *C-V* 曲线数据，在 MATLAB 中根据计算公式编程处理，分别求出 N_{SS}-V_g、V_S-V_g、E-V_S 的关系曲线；

2. 由实验曲线求界面态密度在禁带中按能量的分布，画出曲线 N_{SS}-E.

【注意事项】

在测试过程中，为了保证样品处于热平衡状态，扫描速率必须足够低.

【思考题】

试分析漏电流对准静态测量界面态密度的影响.

附录:基于数字源表的准静态电容测量

通过测量电流和电荷来计算电容值. 这种"斜率"方法使用简单,但是它的频率范围有限(1～10Hz),因而只能用于一些特殊情况下.

如在样品栅极与衬底之间施加一个斜坡电压,利用吉时利 2450 测出 I-V 曲线,然后根据斜坡电压的变化速率计算出准静态 C-V 关系曲线.

设所加的斜坡电压为 $V_{gs}(t)=V_0+at$,则 $a=\frac{\mathrm{d}V_{gs}}{\mathrm{d}t}$.

因为在 Δt 时间内,电容电荷的增量 ΔQ 为:$\Delta Q=i\cdot\mathrm{d}t$,而 ΔQ 也可以表示为

$$\Delta Q=C(V_{gs})\cdot\mathrm{d}V_{gs},$$

由此可得:$C(V_{gs})=\frac{i}{a}$,因此只要测出 MOS 结构的 I-V 特性,就可以得到 MOS 结构的低频 C-V 特性曲线. 必须说明,这种方法通常可用于测量大小为 100～400pF 斜率 a 为 0.1～1V/S 的电容.

第4章　综合实验

本章通过系列化的实验项目，以半导体器件设计为主线，围绕器件设计与工艺制造，以及器件特性表征与检测技术，通过综合实验把第2章和第3章的实验知识糅合在一起，以增强对各单项实验知识之间的融会贯通，帮助学生更深入地掌握工艺原理和器件机理.内容安排如下：

4.1节介绍半导体工艺和器件设计的计算机仿真工具的使用，本书的仿真实验采用SILVACO TCAD仿真工具，包括工艺仿真工具ATHENA和器件仿真工具ATLAS.

实验项目分为两部分：4.2～4.4节是半导体工艺和器件仿真基础实验；4.5～4.6节是综合流程实验，包括器件设计流程和完整器件制造流程实验，把前述的各个单项工艺、测试、仿真实验项目的内容整合在一起，最后设计或制造出硅基NMOS或双极型晶体管等器件.由此通过案例式的实验技能训练，把传统仪器实验与计算机仿真实验有机结合起来，以使学生熟悉对半导体器件设计、制造和测试的整体把握，并能根据要制造的器件性能的不同，把单项工艺按照不同的次序和数目加以组合，为从事器件制造和工艺设计打下良好的基础.

4.1　半导体仿真工具SILVACO TCAD介绍

器件研发有正向和逆向思维，如图4.1.1所示，研发过程应是正向和逆向的综合.仿真与实验协同，相互印证，合理进行实验方案设计，减少实验次数，提高效益.仿真是理论性质的实验，提供设计依据，提高开发效率，节省成本；提升芯片制造、器件设计水平，促进行业进步.这就是仿真能达到的目的，也是在微电子行业中需要仿真的原因.

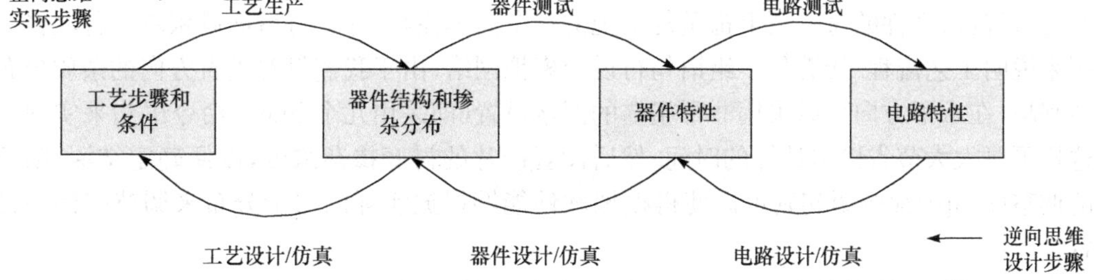

图4.1.1　器件设计和制备的过程

TCAD是Technology Computer Aided Design的缩写，用于半导体工艺模拟以及器件模拟的工具.商用的TCAD工具有Silvaco公司的ATHENA和ATLAS，Synopsys公司的TSuprem和Medici以及ISE公司的Dios和Dessis.本实验课程选用Silvaco公司的ATHENA和ATLAS.

SilvacoTCAD 的主要组件包括交互式工具 Deckbuild、Tonyplot，二维工艺仿真器 ATHENA、二维器件仿真器 ATLAS、器件编辑器 DevEdit 和三维仿真器 Victory，此外还有一些内部的模块.

所有 TCAD 仿真组件都可以在集成环境 Deckbuild 的界面灵活调用，Deckbuild 的特性功能如下：输入和编辑仿真文件、查看仿真输出并对其进行控制、提供仿真器间的自动转换、提供工艺优化以快速而准确地获得仿真参数、内建的提取功能对仿真得到的特性进行提取、内建的显示提供对结构的图像输出、可从器件仿真的结果中提取对应 SPICE 模型的参数.

Tonyplot 是可视化工具，用于对结构的显示，包括一维、二维结构；三维结构的显示需要使用 Tonyplot3D，可显示的类型包括几何结构和物理量的分布等，也可以显示器件仿真所得到的曲线. Tonyplot 可将显示结果导出图片，也可以将结构中的物理量的分布导出成数据文件，还提供动画制作等功能.

工艺仿真工具 ATHENA 提供一个易于使用、模块化、可扩展的平台，用于半导体工业的仿真处理，帮助工艺开发和优化半导体制造工艺，对所有关键制造步骤（注入、扩散、刻蚀、淀积、氧化、光刻等）进行快速精确的模拟. 仿真后得到包括 CMOS，bipolar，SiGe，SOI，Ⅲ-V，光电子学以及功率器件等器件的结构，精确预测器件结构中的几何结构，掺杂剂量分配和应力等. 优化半导体工艺，达到击穿、泄漏电流和可靠性等的最佳结合. 通过模拟取代了耗费成本的硅片实验，并且可以缩短开发周期和提高成品率.

器件仿真工具 ATLAS 可以模拟半导体器件的电学、热学和光学特性，分析以硅元素为基础的高级材料，它提供一个基于物理的、使用简便的、模块化的、可扩展的平台，用以分析所有在二维和三维模式下半导体器件的直流、交流和时域响应，很好地解决成品率和工艺变动问题，优化组合速度、功率、密度、泄漏、发光度及可靠性等要求.

4.1.1 工艺仿真工具 ATHENA

ATHENA 程序首先必须提供一个输入文件，包括一系列的注释语句、初始化语句、材料语句、工艺语句和输出语句. 该输入文件可以通过程序生成器来编辑产生，开始是标题行，指输入文件的每一页上都重复出现的一个简单注释. 标题行后面可跟着几行注释行用来说明工艺流程. 接着是一组语句行设定模拟网络，由于我们仅对垂直方向的杂质分布感兴趣，在水平方向可以采用非常粗糙的网格设置（即采用几个 line x 命令语句来实现），这样可以大大节省模拟计算的时间. 然后设置硅片的衬底掺杂浓度，以便确定结深. 随后的调整（adapt）命令语句则可以使得模拟软件能够根据实际的掺杂分布来调节网格的设置情况.

ATHENA 仿真的输入输出框架如图 4.1.2 所示：由工艺步骤、版图和掩模等基本的工艺条件作为仿真输入，经过 ATHENA 仿真后，得到相应的器件结构，内建的计算器也可以计算简单的电学信息.

ATHENA 程序的仿真流程如图 4.1.3 所示.

接着是对具体的工艺进行仿真，这些工艺包括：Bake，CMP，Deposition，Development，Diffusion，Epitaxy，Etch，Exposure，Imaging，Implantation，Oxidation，Silicidation.

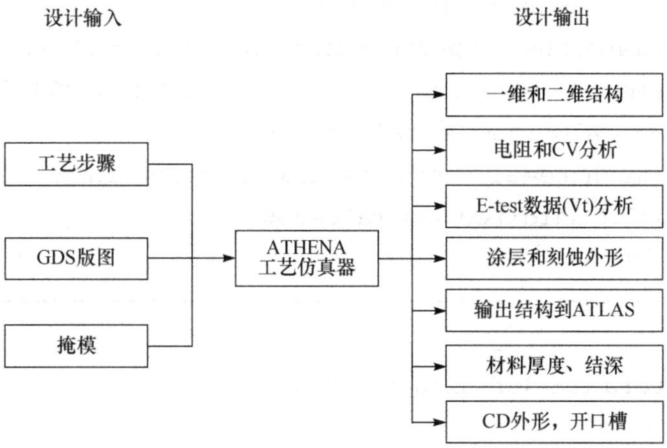

图 4.1.2　ATHENA 的输入和输出框架

（资源来源：唐龙谷编著. 2014. 半导体工艺和器件仿真软件 Silvaco TCAD 实用教程. 北京：清华大学出版社，P34）

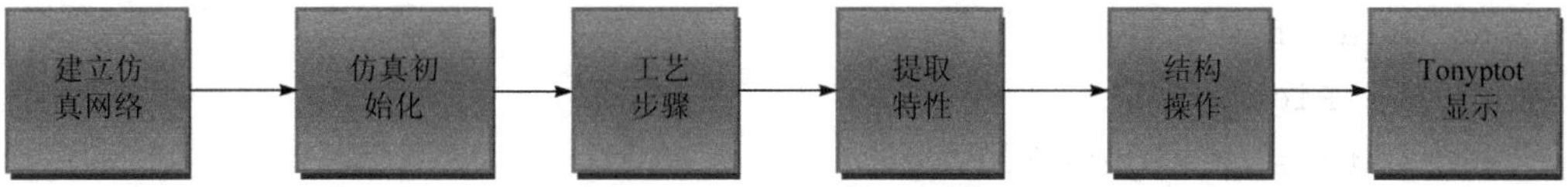

图 4.1.3　器件仿真流程图

例如，要处理扩散工艺，调用扩散(diffuse)命令语句，通过指定其中的 c. phos 参数来设置硅片表面的磷掺杂浓度. 扩散工艺完成后，可以通过软件提取出有关杂质分布的物理参数和电学参数，如结深、薄层电阻等. 最后保存模拟结果，并调用后处理软件 Tonyplot 显示数值模拟结果.

和扩散工艺过程一样，氧化工艺可以调用同样的 DIFFUSION 语句，只需要分别针对干氧氧化或湿氧氧化增加 DRYO2 或 WETO2 这两个参数. 在 DIFFUSION 语句中增加一个参数 PRESSURE=x，还可以实现对高压氧化工艺的描述，其中 x 是以大气压为单位所表示的氧气气压. 利用参数 T. RATE=x 来改变氧化的温度，其中 x 是以每分钟多少度为单位所表示的温度变化速率. 对于掺氯的氧化工艺过程则可以使用参数 HCL=x 来表示，其中 x 是氧化气中所含氯化氢气体的百分比. 对于掺有稀释气体的氧化工艺过程，则可以使用命令参数 F. H2=x，F. H2O=x，F. HCl=x，F. N2=x，F. O2=x 来表示，其中，x 为以每分钟多少标准立升为单位所表示的相应气体流量.

下面作为一个例子，使用 ATHENA 仿真一个 NMOS 器件：

在系统提示符下，输入命令 deckbuild-an&，进入 deckbuild 交互模式，调用 ATHENA 程序. 当出现 deckbuild 主窗口后，点击 File 目录下的 Empty Document，清空 deckbuild 文本窗口后输入新的语句.

1. 网格定义和工艺参数定义

```
go athena
```

```
# Define the BOE Etch Parameters
rate.etch machine=boe photoresist a.m rie dir=40 iso=0.0
rate.etch machine=boe oxide a.m rie dir=800 iso=400
# Define the Aluminum Deposition mashine
rate.depo machine=al_depo material=ALUMINUM a.m \
sigma.dep=0.0 unidirec dep.rate=300 \
angle1=0.00
# ------------------------------------------------------------

# Parameters for defining the structure
set DiffLeft=3.
set DiffRight=6.
set SimRight=8.
set GateOxRight=3.5
set ViaLeft=4.5
set ViaRight=5.5
set GateMetalRight=3.5
set ContLeft=4
set ContRight=6
# --- Diffusion and Drive-in Parameters---
set DiffTime=10
set DiffTemp=1000
set DiffDope=1.0e21
set DriveTime=15
set DriveTemp=1000
set GateOxideTime=30
set GateOxideTemp=1000
# ============================================

base.par oxide       grad.space=3   ratio.box=2
base.par silicon     grad.space=3   ratio.box=2
base.par aluminum    grad.space=3   ratio.box=5
base.par nitride     grad.space=3   ratio.box=5
base.par photo       grad.space=3   ratio.box=5

base.mesh  surf.ly=0.0 surf.dy=0.1\
  active.ly=1.0 active.dy=0.5 epi.ly=2.0 epi.dy=1.0\
  sub.ly=10.0 sub.dy=10.0 back.ly=500 back.dy=100
```

```
init silicon c.boron=2.0e16 orientation=100 width.str=8.0 depth.str=3.5

method two.d

# STEP 1: Initialize Oxide
diffuse time=30 temp=1000 WETO2
struct outfile=00_01_init_oxide.str
```

2. 光刻-定义扩散区窗口

```
# MASK 1 LITHOGRAPHY
deposit photoresist thick=0.5 div=5
etch   photo start   x=$DiffLeft   y=-2
etch   cont  x=$DiffLeft   y=0
etch   cont  x=$DiffRight   y=0
etch   done  x=$DiffRight   y=-2
struct outfile=01_01_MASK1.str
```

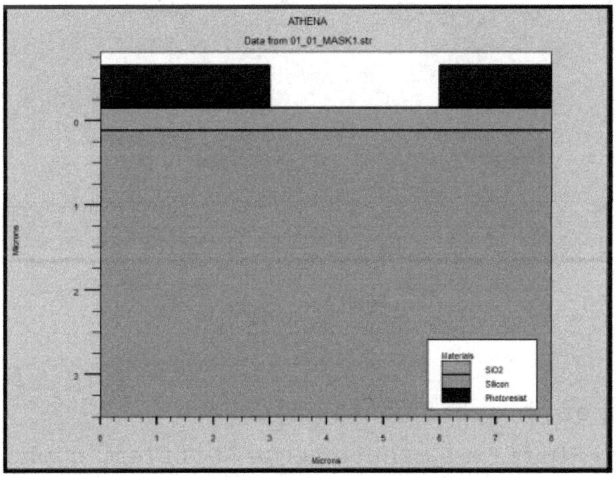

图 4.1.4 光刻定义扩散窗口

3. 刻蚀和去胶-刻蚀场氧

```
# MASK 1 ETCH
etch machine=boe time=5 minute dx.mult=0.5
struct outfile=01_02_boe_etch_w_mask.str
strip photo
struct outfile=01_03_boe_etch_result.str
```

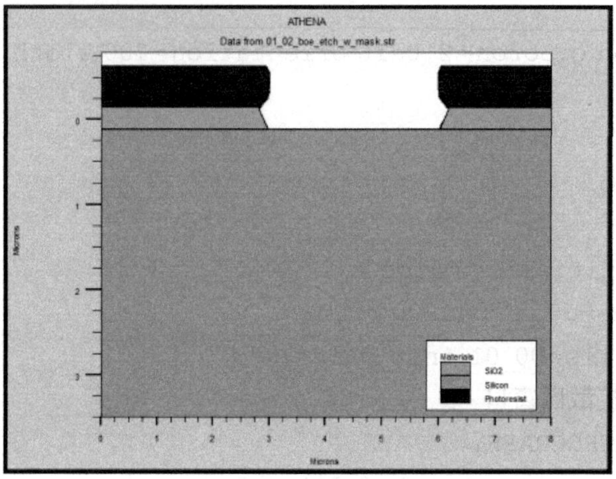

图 4.1.5　刻蚀氧化成形成扩散窗口

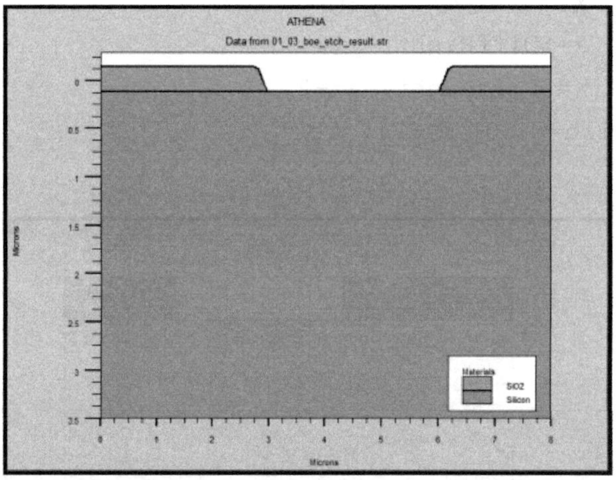

图 4.1.6　去胶

4. 磷扩散

```
# Diffusion of phosphor constant source
diffusetime=$DiffTime minute temp=$DiffTemp c.phos=$DiffDope
struct outfile=01_04_Diff.str
```

5. 氧化和驱进

```
# Drive in with wet oxidation
diffuse time=$DriveTime minute temp=$DriveTemp WETO2
struct outfile=01_05_Drive.str
```

6. 光刻-定义栅氧区

```
# MASK 3 LITHOGRAPHY
deposit photoresist thick=0.5 div=2
```

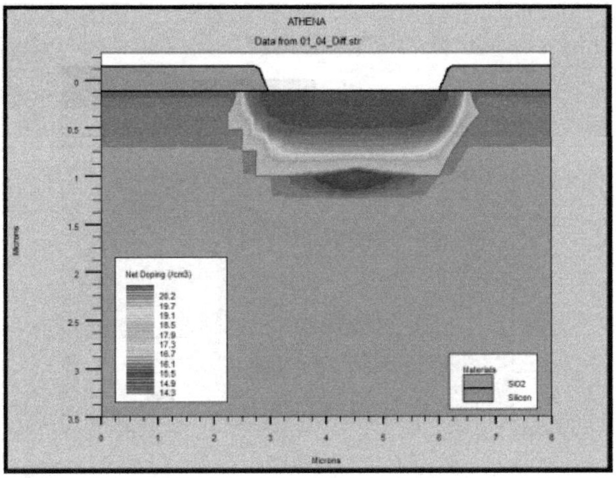

图 4.1.7　磷扩散后的剖面轮廓图

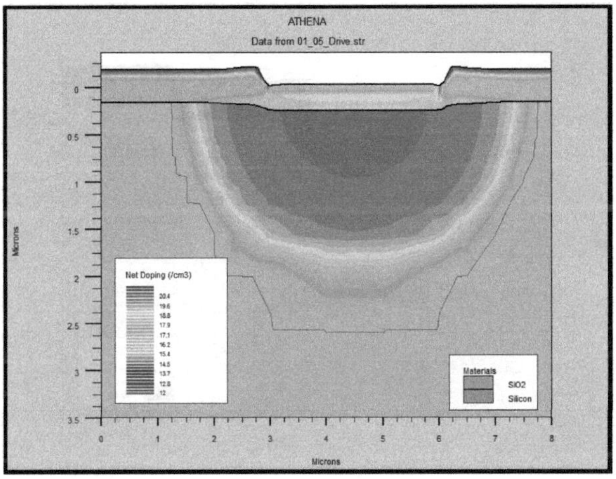

图 4.1.8　氧化和驱进

```
etch   photo   start   x=$GateOxRight   y=-3
etch     cont   x=$GateOxRight   y=1
etch     cont   x=0      y=1
etch     done   x=0      y=-3
struct outfile=03_01_mask3_photo.str
```

7. 刻蚀-去掉栅氧区场氧

```
#  MASK 3 ETCH
etch machine=boe time=4 minutes
struct outfile=03_02_boe_etch_w_mask.str
strip photo
struct outfile=03_03_boe_etch_result.str
```

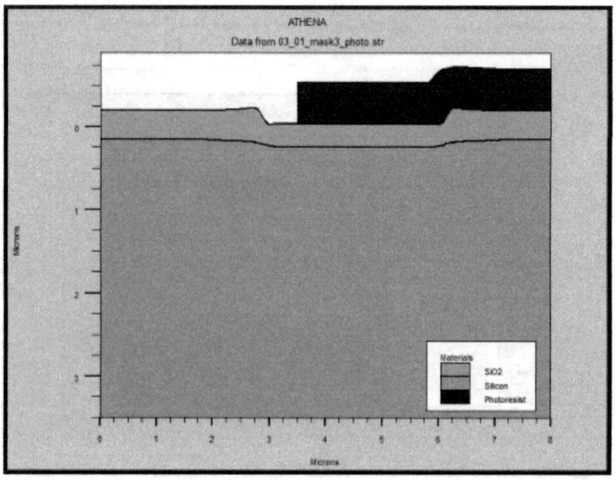

图 4.1.9　光刻形成栅氧区

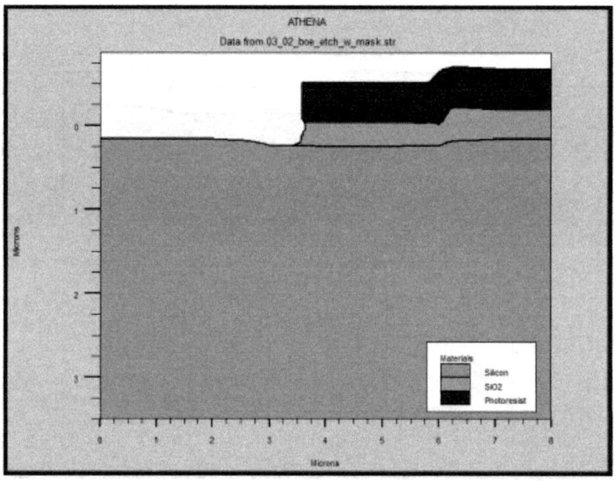

图 4.1.10　刻蚀氧化层留下栅氧区

8. 栅极热氧化

```
#  GATE OXIDATION
diffuse time=$GateOxideTime minute temp=$GateOxideTemp DRYO2
struct outfile=03_04_Gate_Oxide.str
```

9. 光刻-定义通孔区

```
#  MASK 4 LITHOGRAPHY
deposit photoresist thick=0.5 div=2
etch photo start x=$ViaLeft y=-3
etch contx=$ViaLeft y=1
etch contx=$ViaRight y=1
etch done x=$ViaRight y=-3
```

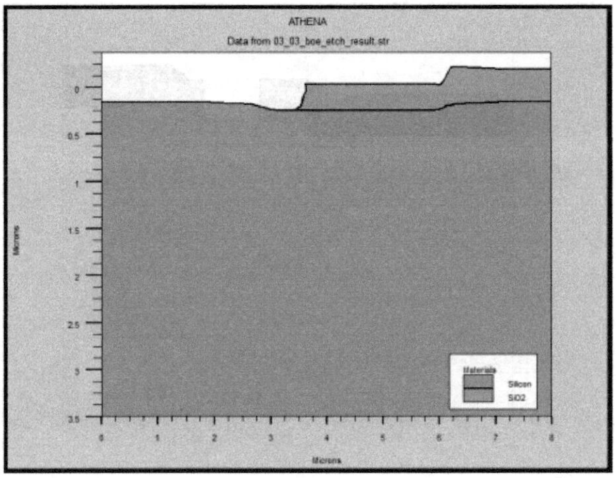

图 4.1.11 去胶后形成栅极

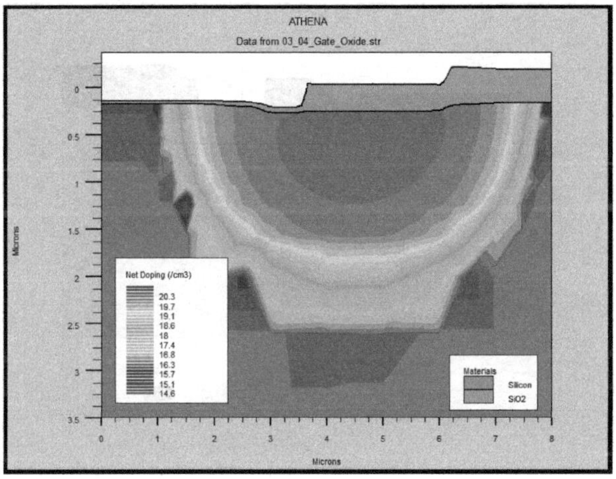

图 4.1.12 栅极热氧化

```
struct outfile=04_01_via_photo.str
```

10. 刻蚀-打开通孔接触扩散区

```
# MASK 4 ETCH
etch machine=boe time=3 minutes
struct outfile=04_02_via_etch_w_mask.str
strip photo
struct outfile=04_03_via_etch_result.str
```

11. 光刻-定义金属区

```
# MASK 5 LIGHOGRAPHY
deposit photoresist thick=1 div=2
# contact region
```

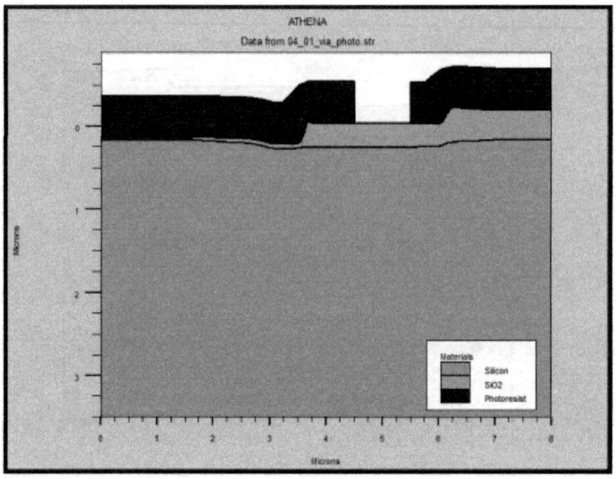

图 4.1.13　光刻定义通孔区

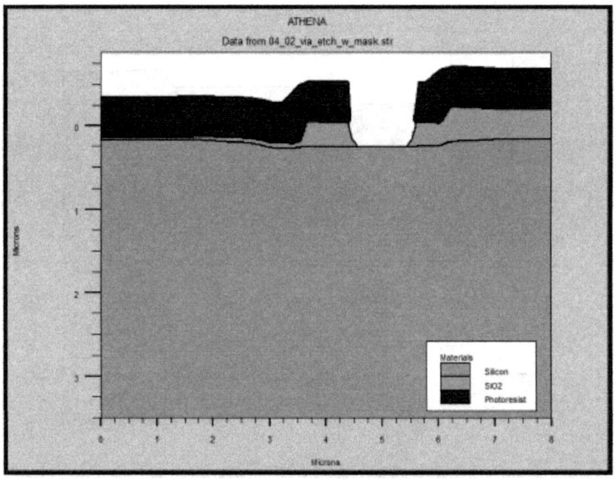

图 4.1.14　刻蚀扩散区氧化层

```
etch photostartx=$ContLeft y=-3
etch cont x=$ContLeft y=1
etch cont x=$SimRight y=1
etch done x=$SimRight y=-3
# gate region
etch photostartx=$GateMetalRighty=-3
etch cont x=$GateMetalRight y=1
etch cont x=0.00 y=1
etch done x=0.00 y=-3
struct outfile=05_01_metal_mask.str
```

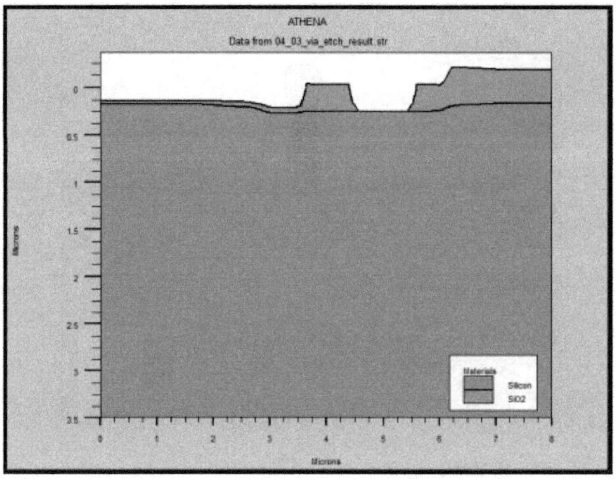

图 4.1.15　去胶后打开通孔接触扩散区

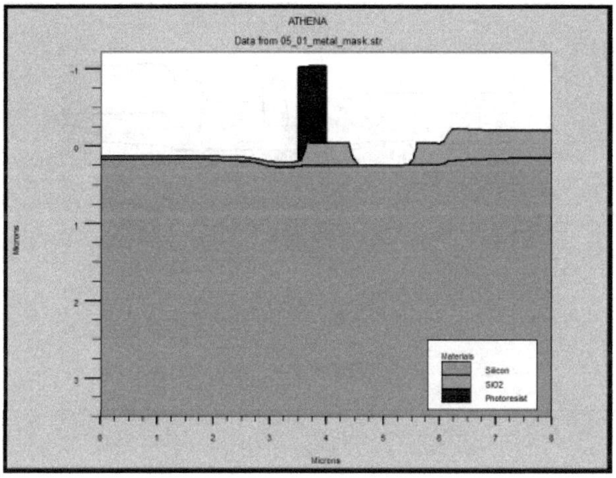

图 4.1.16　光刻定义金属区

12. 金属层沉积

```
# METAL Deposition
deposit machine=al_depo time=20.0 minutes div=10
struct outfile=05_02_metal_depo.str
```

13. 去胶-剥离工艺

```
# METAL Liftoff
strip photo
struct outfile=05_03_metal_liftoff.str
```

14. 半个 NMOS 结构的镜像

```
# Mirror to constrcut the whole MOS
structure mirror left outfile=05_05_MOS_structure.str
```

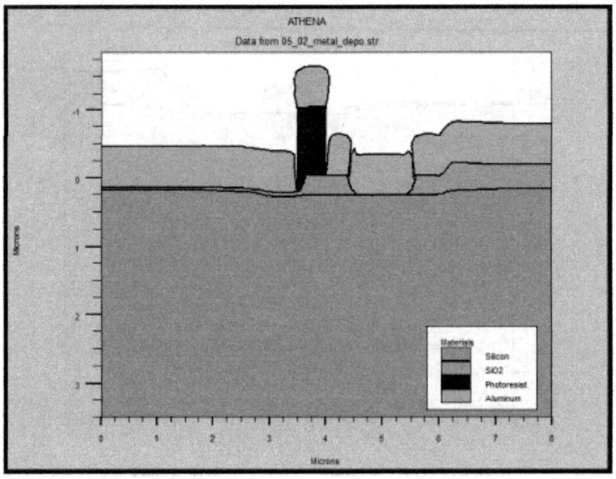

图 4.1.17　铝金属沉积

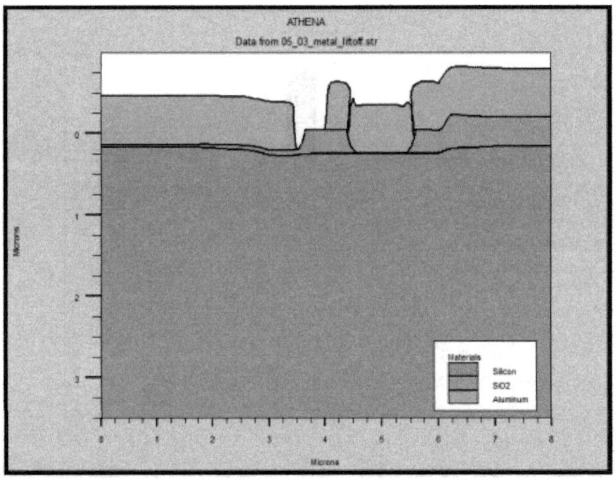

图 4.1.18　去胶

15. 基本参数提取

```
# Extract the basic parameters from the simlation
extract name="nxj" xj silicon mat.occno=1 x.val=4.0
extract name="1D Vt" 1dvt ntype qss=1e10 workfunc=4.7 x.val=0.2

# Extract a design parameter.....
# extract final S/D Xj...
extract name="nxj" xj silicon mat.occno=1 x.val=4 junc.occno=1
# extract the long chan Vt...
extract name="n1dvt" 1dvt ntype vb=0.0 qss=1e10 x.val=0.5
# extract a curve of conductance versus bias....
```

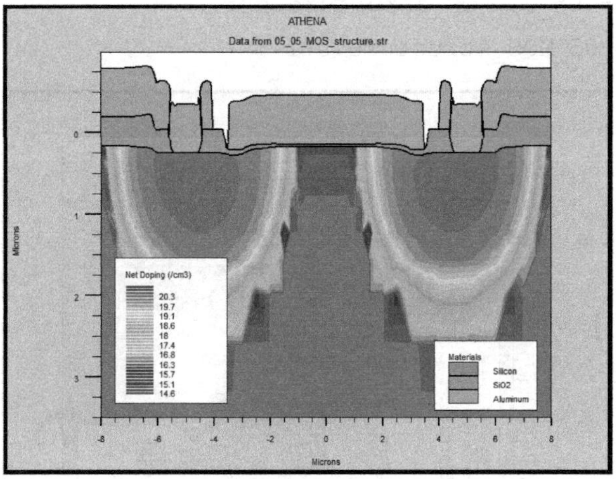

图 4.1.19 完整的 NMOS 结构

```
extract start material="Silicon" mat.occno=1 \
bias=0.0 bias.step=0.2 bias.stop=2 x.val=0.5
extract done name="sheet cond v bias" curve(bias,1dn.conduct material="Silicon" mat.occno=1  region.occno=1) outfile="extract.dat"
# extract the N+ + regions sheet resistance...
extract name="n+ + sheet rho" sheet.res material="Silicon" mat.occno=1 x.val=4 region.occno=1
# extract the sheet rho of channel
extract name="channel sheet rho" sheet.res material="Silicon" mat.occno=1 x.val=0.3 region.occno=1
# extract the surface conc under the channel....
extract name="chan surf conc" surf.conc impurity="Net Doping" material="Silicon" mat.occno=1 x.val=0.5

# Plot all teh process structure crosssection
tonyplot-st 01_* .str 02_* .str 03_* .str 04_* .str 05_* .str
```

16. *I-V* 器件特性仿真

```
# Filename:
# Title:
# Author:
# Version:

go athena

# import the final structure
```

```
init infile= 05_05_MOS_structure.str
tonyplot 05_05_MOS_structure.str
```

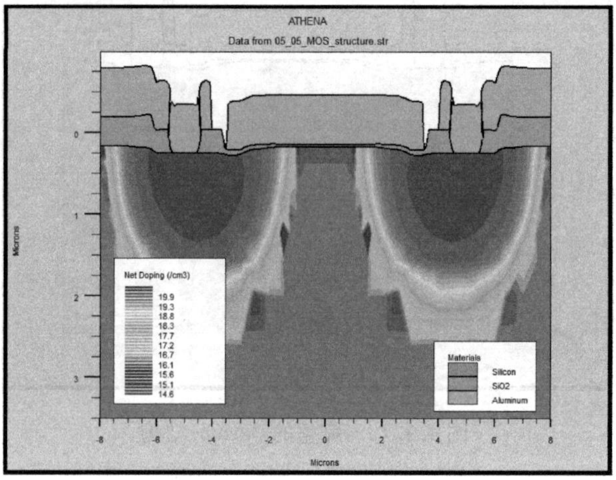

图 4.1.20　完整的 NMOS 结构

```
# Set Electrodes on the Structure
electrode name=gate      x=0 y=0
electrode name=source  x=5.0
electrode name=drain    x=-5.0
electrode name=substrate backside

# invoke the ATLAS
go atlas

# Define the contact and interface for the gate
contact name=gate aluminum
interface qf=3e10

# Define the model to use
models cvt srh print numcarr=2
method climit=1e-4 maxtrap=10

# Solve for multiple gate voltage
solve init
solve vgate=0 outf=10_solve_tmp0
solve vgate= 1 outf=10_solve_tmp1
solve vgate= 2 outf=10_solve_tmp2
solve vgate= 3 outf=10_solve_tmp3
```

```
solve vgate= 4 outf=10_solve_tmp4
solve vgate= 5 outf=10_solve_tmp5

# load in temporary files and ramp Vds
load infile=10_solve_tmp0
log outf=20_mos1_0.log
solve name=drain vdrain=0 vfinal=5 vstep=0.25

load infile=10_solve_tmp1
log outf=20_mos1_1.log
solve name=drain vdrain=0 vfinal=5 vstep=0.25

load infile=10_solve_tmp2
log outf=20_mos1_2.log
solve name=drain vdrain=0 vfinal=5 vstep=0.25

load infile=10_solve_tmp3
log outf=20_mos1_3.log
solve name=drain vdrain=0 vfinal=5 vstep=0.25

load infile=10_solve_tmp4
log outf=20_mos1_4.log
solve name=drain vdrain=0 vfinal=5 vstep=0.25

load infile=10_solve_tmp5
log outf=20_mos1_5.log
solve name=drain vdrain=0 vfinal=5 vstep=0.25

# extract max current and saturation slope
# extract name="nidsmax" max(i."drain")
# extract name="sat_slope" slope(minslope(curve(v."drain",i."
drain")))

# Plot the IV curve and by overlaping curves
tonyplot -overlay -st 20_mos1_* .log-set 0E_Overlap_IV.set

quit
```

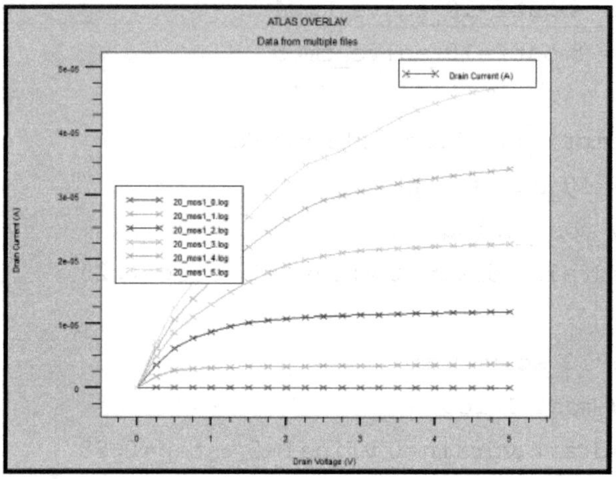

图 4.1.21　NMOS 器件的 I-V 曲线图

4.1.2　器件仿真工具 ATLAS

ATLAS 是一个基于物理规律的二维器件仿真工具，可实现基于器件虚拟制造基础之上的虚拟分析和虚拟测试. 预测器件在无源状态下的内部结构和器件物理特性参数以及有源条件下的静态或瞬态伏安特性；通过数值求解得到器件各区域内的电位、电场、杂质纵向分布、横向分布及等位杂质分布，各区域内载流子寿命、迁移率及其与杂质浓度间的定量关系，各区域内的电流密度、电子复合率与生产率的变化，各区域内电场场强和内电势分布等数据. 上述各类数据反映出特定工艺制程条件下特定器件的内部运行机制.

ATLAS 仿真使用两种输入文件：一个包含 ATLAS 执行指令的文本文件和一个定义了待仿真结构的结构文件. 器件的结构文件可来自于工艺仿真，或在 ATLAS 中建立.

ATLAS 会产生三种输出文件：运行输出文件(run-time output)记录了仿真的实时运行过程，包括错误信息和警告信息；记录文件(log files)存储了所有通过器件分析得到的端电压和电流；结果文件(solution files)存储了器件在某单一偏置点下有关变量解的二维或三维数据.

在 ATLAS 中，每个输入文件必须包含按正确顺序排列的五组语句. 这些组的顺序如图 1 所示. 如果不按照此顺序，往往会出现错误信息并使程序终止，造成程序非正常运行.

下面以 NMOS 结构的 ATLAS 电学特性仿真为例介绍具体操作：

首先，创建工作根目录并启动 ATLAS 软件.

(1) 依次点击“File”，“new folder”，并在弹出窗口 “new folder name”中输入工作文件夹名；

(2) 在主窗口输入“deckbuild　-as&”(注意 deckbuild 与-as 之间的空格)，按回车；

(3) 在 deckbuild 集成环境下，输入语句：go atlas . 按下回车键即启动 ATLAS.

接着，仿真步骤包括：建立 NMOS 结构，产生简单 *Id*-*V*gs 曲线，提取器件参数如 Vt, Beta 和 Theta，产生 *Id*-*V*ds 曲线族.

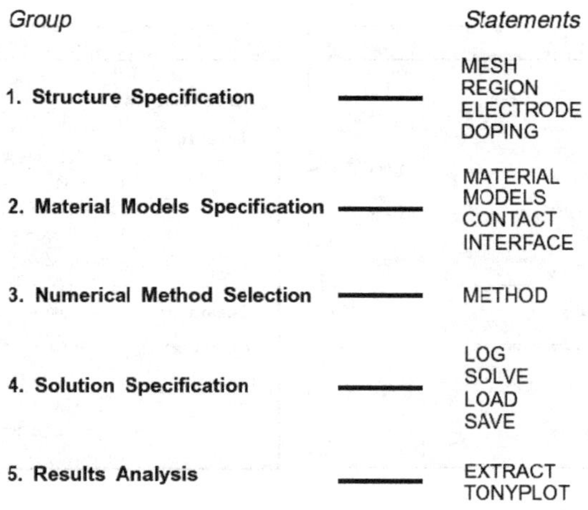

图1

一、建立 NMOS 结构

建立器件的一般步骤:①定义网格;②定义材料区域;③定义电极;④定义掺杂;⑤定义材料类型;⑥定义物理模型;⑦定义接触类型.建立后的器件可用 tonylopt 直接显示出来,以便于查看修改.

(一) 定义网格

实现某器件物理特性分析,首先要依据分析的需要设置器件的网格结构.通常,器件物理特性分析可直接继承前期工艺级仿真的数值计算网格.如果在 ATLAS 中定义器件则需自行建立网格.

网格的大小由 x、y 坐标(loc)定义,为了更为精确的描述网格,ATLAS 将网格进行细分(spac),等号后面的参数即为细分的间隔.网格的疏密决定仿真结果的精确程度.

1. 依次点击右上角"commands"、"structure"、"mesh".(如图 2).进入图 3 所示的"ATLAS Mesh"界面.在"Type"选项中选择"construct new mesh".进入图 4 的"ATLAS Mesh Define"界面.

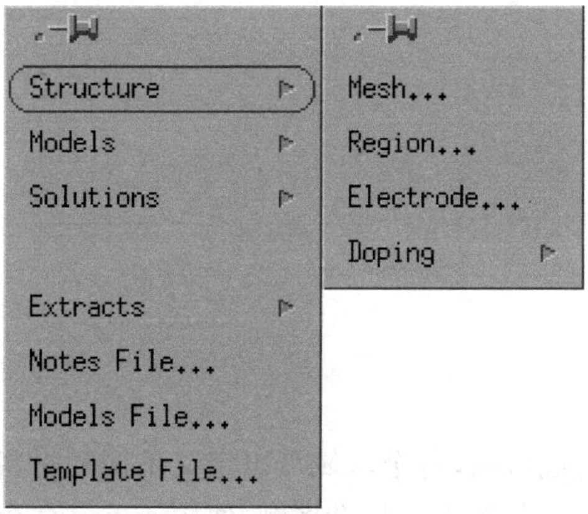

图2

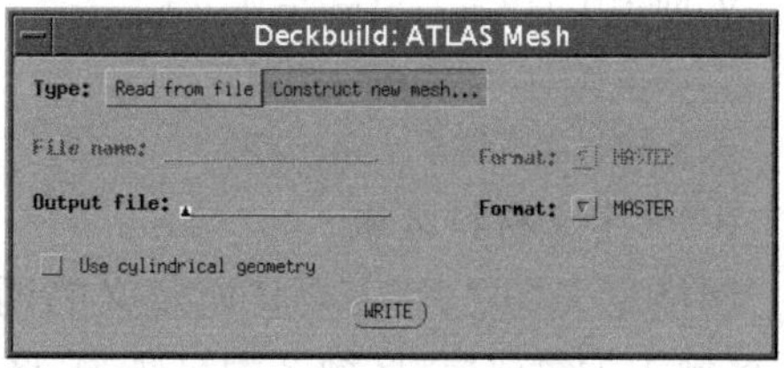

图3

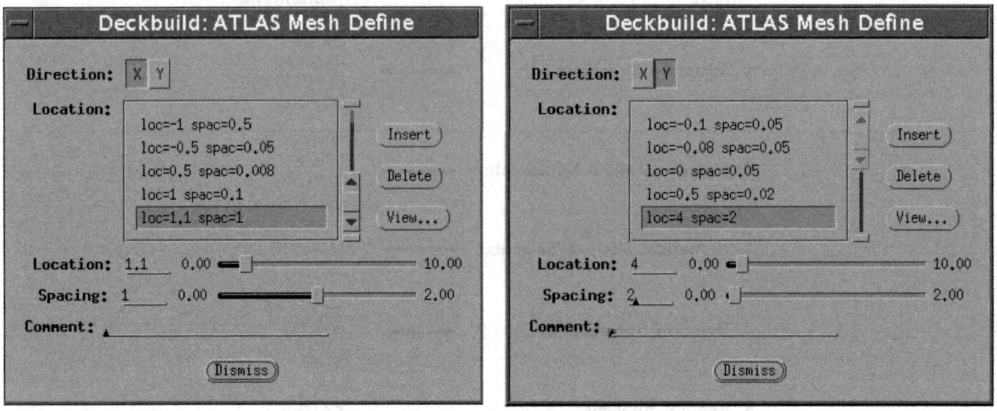

图 4

2. "Direction"选项选择"X". 在"Location"中输入－1.1,"spacing"中输入 1,点击"Insert". 按照以上流程依次输入(－1.1,1)、(－1,0.1)、(－0.5,0.008)、(0.5,0.008)、(1,0.1)、(1.1,1). 输入 x 完毕后点击"Y". 输入(－0.1,0.05)、(－0.08,0.05)、(0,0.05)、(1,0.05)、(2,1)、(4,2).

3. 然后点击图 3 中的"WRITE". 在主界面中将生成如下语句.

```
go atlas
#
mesh  space.mult=1.0
#
x.mesh loc=-1.1 spac=1
x.mesh loc=-1 spac=0.1
x.mesh loc=-0.5 spac=0.008
x.mesh loc=0.5 spac=0.008
x.mesh loc=1 spac=0.1
x.mesh loc=1.1 spac=1
#
y.mesh loc=-0.1 spac=0.05
y.mesh loc=-0.08 spac=0.05
y.mesh loc=0 spac=0.05
y.mesh loc=1 spac=0.05
y.mesh loc=2 spac=1
y.mesh loc=4 spac=2
```

(二) 定义材料区域

网格定义好之后,需要将所定义的网格划成区域,每个区域可以定义不同的材料类型. 区域 1 为氧化层,区域 2 为衬底 Si,区域 3、4 为 N 型重掺杂区域. 使用 region 命令定义不同的区域.

1. 依次点击右上角“commands”、“structure”、“Region”. 进入图 5 的“ATLAS Region”界面.

2. 点击“Add Region”,“Number”中出现“1”. 依次在下面的数据输入端口中输入“－1. 1,1. 1,－0. 1,0”,并选择“Material”为“SiO2”.

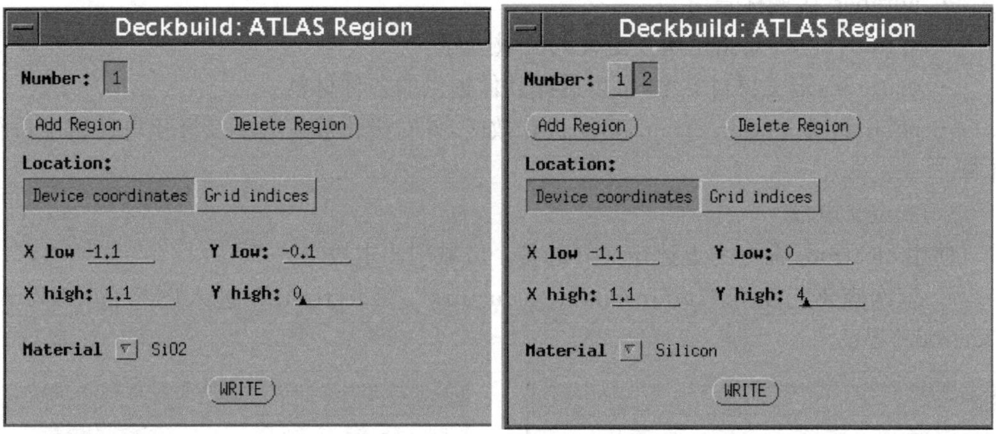

图 5

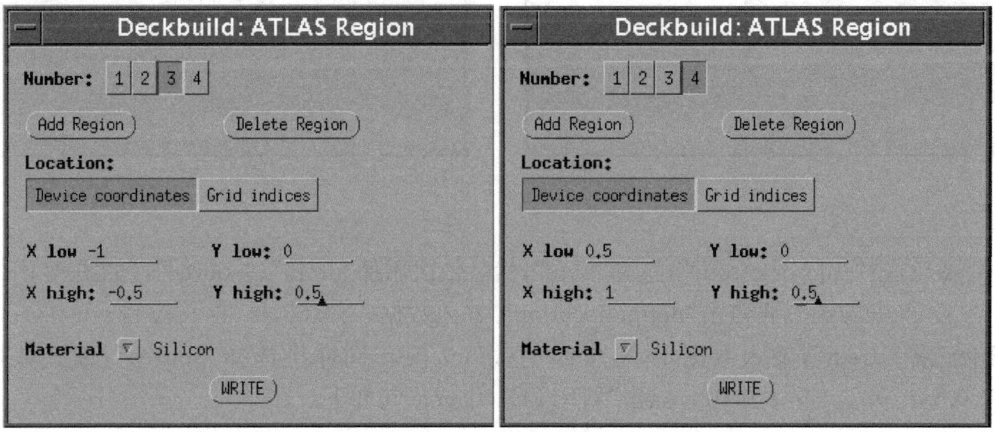

图 6

3. 按照第 2 步的方法依次建立区域 2、3、4. 区域 2 的数据为“－1. 1,1. 1,0,4”, “Material”为“Silicon”(图 5); 区域 3 的数据为“－1,－0. 5,0,0. 5”,“Material”为“Silicon”; 区域 4 的数据为“0. 5,1,0,0. 5”, “Material”为“Silicon”(图 6). 按下“WRITE”. 生成语句如下.

```
region   number=1 x.min=- 1.1 x.max=1.1 y.min=- 0.1 y.max=0 material=SiO2
region   number=2 x.min=- 1.1 x.max=1.1 y.min=0 y.max=4 material=Silicon
region   number=3 x.min=- 1 x.max=- 0.5 y.min=0 y.max=0.5 material=Silicon
```

region　number=4 x.min=0.5 x.max=1 y.min=0 y.max=0.5 material=Silicon

部分语句解释：

- region：命令是区域定义命令.
- number：区域标号
- x.min、x.max：指定所要定义的区域边界.
- material：定义材料类型，可以选择软件提供的各种材料.
- polarization　calc.strain：申明极化效应，并对极化效应大小及极化电荷密度进行计算.

（三）定义电极

使用 electrode 命令为上述定义好的各个区域引出电极.

1. 依次点击右上角“commands”、“structure”、“Electrode”. 进入图 7 的“ATLAS Electrode”界面.

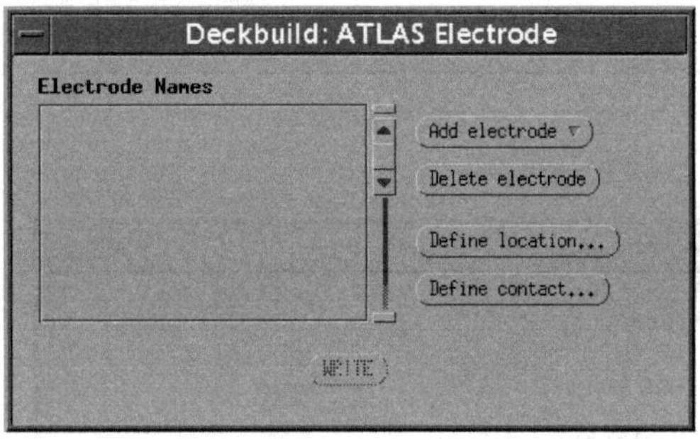

图 7

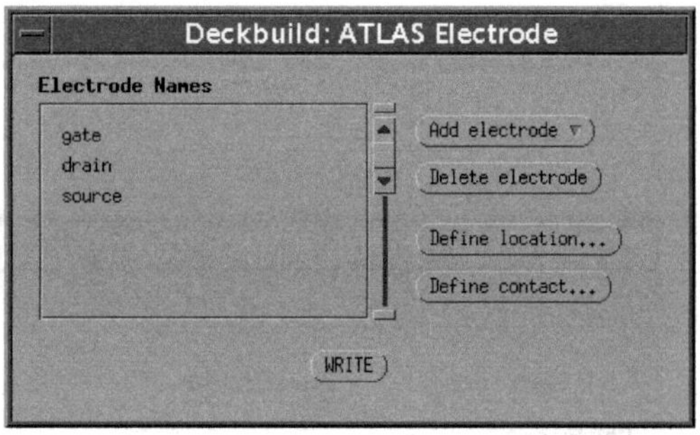

图 8

2. 点击“Add delctrode”，选择“gate”；然后依次添加“drain”、“source”，（如图 8）；

3. 点击“gate”，再点击“define location”. 输入数据(−0.55，0.55，−0.1，−0.08)；同样再选择“drain”，输入数据(0.7，0.9，−0.1，0.01). 同样再选择“source”，输入数据(−0.9，−0.7，−0.1，0.01). 点击“WRITE”，生成语句如下：

```
# # 1=gate # 2=drain # 3=source
electrode　name=gate number=1 x.min=-0.55 x.max=0.55 y.min=-0.1 y.max=-0.08
electrode　name=drain number=2 x.min=0.7 x.max=0.9 y.min=-0.1 y.max=0.01
electrode　name=source number=3 x.min=-0.9 x.max=-0.7 y.min=-0.1 y.max=0.01
#
contact　name=gate neutral
contact　name=drain neutral
contact　name=source neutral
```

部分语句解释：

- electrode：定义电极命令. name 是电极名.
- number：引出电极区域标号.
- contact：为每个电极添加接触类型. neutral 为接触类型.

（四）定义掺杂

使用 doping 命令为区域 2、3、4 进行掺杂，区域 2 中掺入浓度为 1e17 的施主杂质，区域 3、4 中掺入浓度为 1e19 的施主杂质.

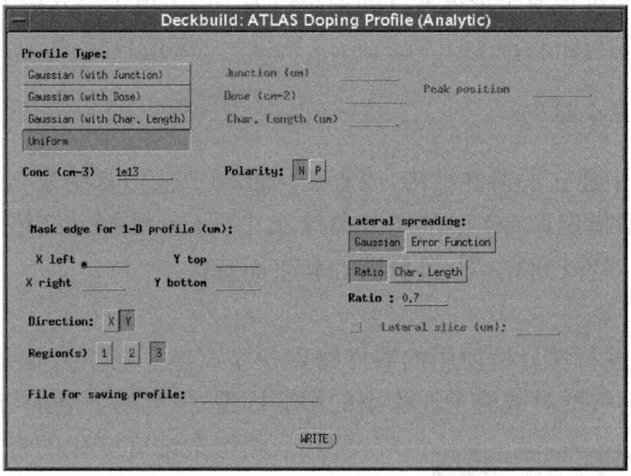

图 9

1. 依次点击右上角“commands”、“structure”、“Doping”，“Analytic”. 进入图 9 的“ATLAS Doping Profile”界面.

2. “Profile Type”选择 uniform，“conc”中填入“1e17”，“polarity”选择 P，“regions”选择 2，其余保持默认. 点击“WRITE”. 语句如下所示.

```
doping    uniform conc= 1e17  p.type direction= y regions= 2
```

3. 再次进入“Atlas Doping Profile”界面. “Profile Type”选择 uniform，“conc”中填入“1e19”，“regions”选择 3，其余保持默认. 点击“WRITE”.

4. 同样第 3 步的操作将“regions”选择 4. 生成语句如下.

```
doping    uniform conc=1e19  n.type direction=y regions=3
doping    uniform conc=1e19  n.type direction=y regions=4
```

部分语句解释：

- doping：掺杂命令
- uniform：杂质分布类型是均匀分布(常用参数是杂质类型和杂质浓度)
- conc：杂质浓度
- n. type：杂质类型
- regions：区域标号

（五）定义材料特性

所有的材料都被分为半导体、绝缘体、导体三大类. 每一类都有特定的参数，如半导体有电子亲和势、能带间隙、少子寿命等. 采用 material 命令来定义相关参数.

Material 参数分为几大类. 区域参数，能带结构参数，迁移率模型参数，复合模型参数等等. 每个参数都对应一定的物理模型，由一系列方程来表示这些量. 常用参数（命令）有：本征载流子浓度允许的最小值（ni. min）、电子空穴的寿命（taun0、taup0）、电子空穴迁移率（mun、mup）.

本部分将指定本征载流子浓度允许的最小值为 1e-10，电子空穴的寿命均为 1e-9s. 直接在主窗口中输入语句行：`material  ni.min=1e-10  taun0=1e-9  taup0=1e-9`.

二、模型指定命令组

当在 ATLAS 中建立了器件结构，或直接从前期工艺仿真结果得到器件的结构数据文件之后. 进入模型指定命令组. 在这个命令组中，分别用 Model 语句、Contact 语句和 Interface 语句定义器件物理模型、接触特性和表面特性.

1. 选定物理模型

实现该器件物理特性分析使用的器件物理模型有电子与空穴输运方程、电子与空穴漂移扩散模型、掺杂浓度对载流子迁移率的影响模型、强电场下电子与空穴的速度饱和效应模型、依赖掺杂浓度变化的肖克莱·霍尔·里德（SRH）复合模型、雪崩击穿诱发的电子-空穴对倍增模型、禁带变窄（oldslotboom）模型、非完全电离模型、非局域隧道击穿模型等. 本节将用 models 命令指定物理模型. 这些物理模型可以分为 5 组：迁移率模型，复合模型，载流子统计模型，碰撞离化模型和隧道模型. 针对目前的技术均有简便的方法配置相应模型，例如，本实验的 MOS 器件应选用的基本模型有迁移率模型（CVT）、复合模型（SRH）、载流子统计模型（fermidirac）.

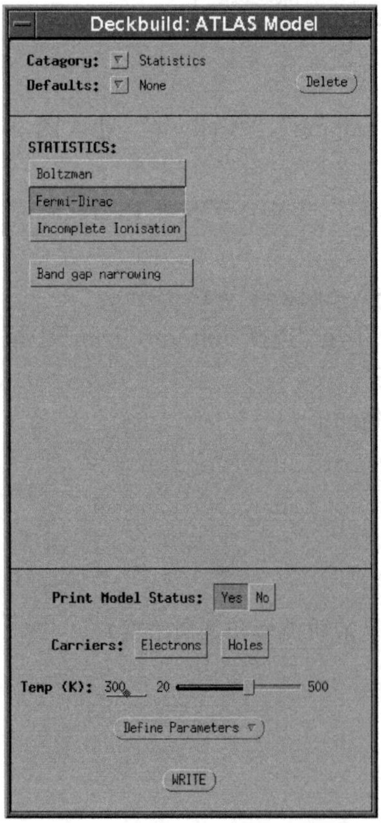

图 10

本例选用载流子统计模型（fermidirac），具体操作：

1）依次点击右上角“commands”、“models”、“models”. 进入图 10 的“ATLAS Models”界面.

2）“Catagory”选择“Statistics”；下面选择“Fermi-Dirac”；点击“WRITE”.

2. 定义接触类型

与半导体材料接触的电极默认其具有欧姆特性. 如果定义了功函数，电极将被作为肖特基（Shottky）接触处理. Contact 语句用于定义有一个或多个电极的金属的功函数.

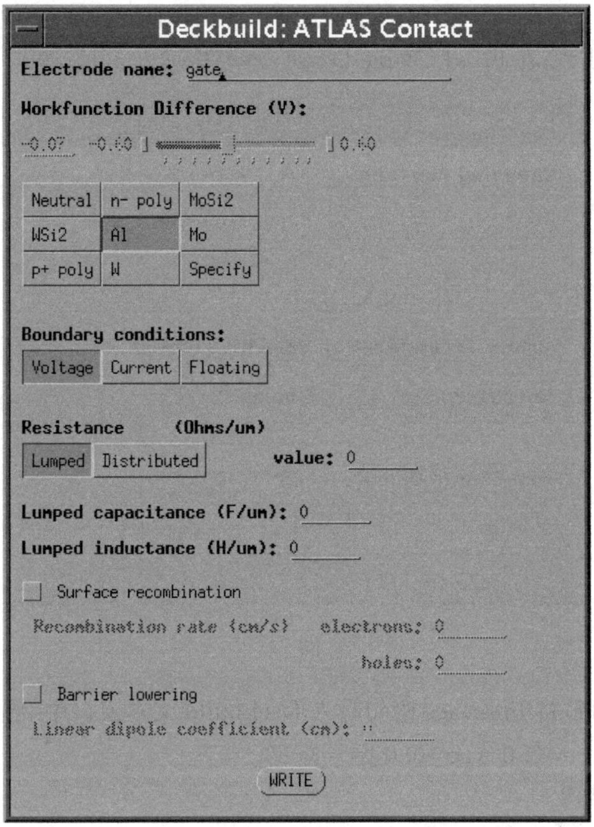

图 11

1）依次点击右上角“commands”、“models”、“contact”. 进入 “ATLAS Contact”界面. 如图 11.

2）“Electrode name”中填入“gate”，“Workfunction Difference”选择“Al”，点击“WRITE”.

3）再次进入“ATLAS Contact”界面，“Electrode name”中填入“source”，“Workfunction Difference”选择“Al”，勾选“Surface recombination”，点击“WRITE”.

4）再次进入“ATLAS Contact”界面，“Electrode name”中填入“drain”，“Workfunction Difference”选择“Al” 勾选“Surface recombination”，点击“WRITE”. 生成语句如下：

```
contact name=gate  workfunction=4.1
contact name=source  workfunction=4.1 surf.rec
contact name=drain  workfunction=4.1 surf.rec
```

以上将每个电极均定义为欧姆接触，接触势为 4.1.

3. 指定接触面特性

使用 Interface 语句定义 NMOS 结构的接触面特性，包括定义接触面电荷浓度(qf)以及半导体和绝缘体材料接触面的表面复合率(s. n. 、s. p.). 如定义硅和氧化物接触面电荷浓度固定为 $3\times10^{10}\,cm^{-2}$，步骤如下：

1) 在 ATLAS Commands 菜单中，依次选择 Models 和 Interface…项. Deckbuild：ATLAS Interface 菜单将会出现；在 Fixed Charge Density 一栏中输入 3e10，如图 12 所示；

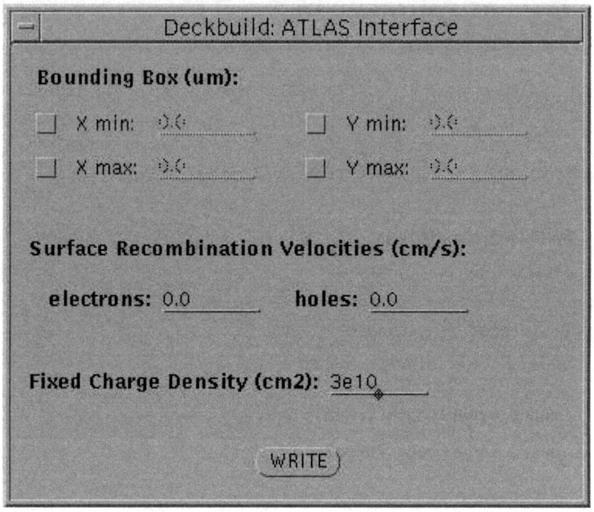

图 12

2) 点击 WRITE 将 Interface 语句写入 Deckbulld 文本窗口中. 语句如下：

```
Interface s.n=0.0 s.p=0.0 qf=3e10
```

4. 输出器件结构

如前面所述“结果文件(. str)存储了器件在某单一偏置点下有关变量解的二维或三维数据”，因此只需用 silvaco 自带的画图工具 tonyplot 对. str 文件操作即可直接输出器件的结构.

1) 在程序窗口中输入下列语句：

```
solve init
save outfile=NMOS.str
tonyplot NMOS.str
quit
```

2) 点击右上角的“run”，

弹出已经建好的器件结构如图 13 所示.

三、数学方法选择命令组

1. 重新打开 deckbuild 窗口. 载入已经建立的器件模型. 步骤如下：

1) 输入“go atlas”并按下回车键. 启动 ATLAS.

2) 在 ATLAS Commands 菜单中，依次选择 Structure 和 Mesh…项. ATLAS Mesh 菜单将会弹出，如图 14 所示；

3) 在 Type 栏中，点击 Read from file；在 File name 栏中输入结构文件名“NMOS. str”；

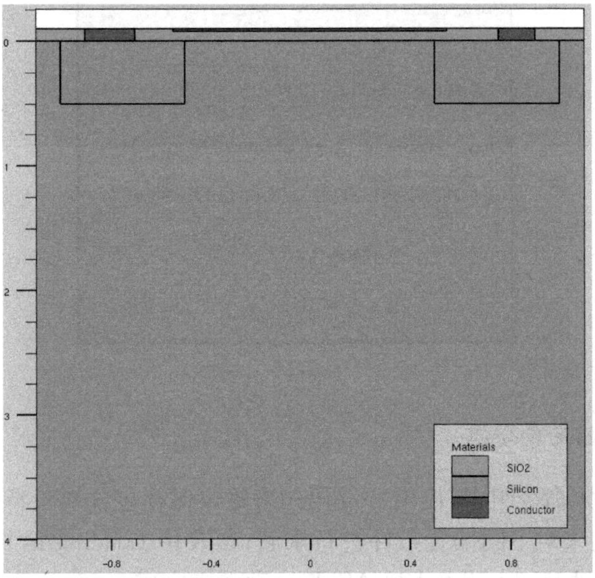

图 13

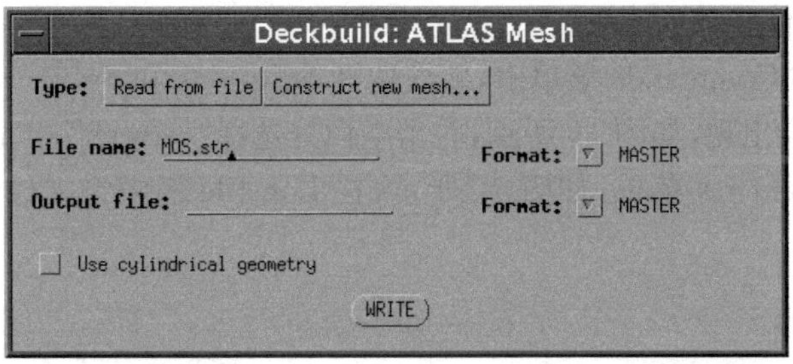

图 14

4) 点击 WRITE 键并将 Mesh 语句写入 DECKBUILD 文本窗口中,如下所示.

```
mesh  infile=NMOS.str
```

2. 接下来选择数学方法进行模拟. 可以用几种不同的方法对半导体器件问题进行求解. 对 MOS 结构而言,一般使用去耦(GUMMEL)和完全耦合(NEWTON)这两种方法. 简单地说,以 GUMMEL 法为例的去耦技术就是在求解某个参数时保持其他变量不变,不断重复直到获得一个稳定解. 而以 NEWTON 法为例的完全耦合技术是指在求解时,同时考虑所有未知变量. 本节只使用 NEWTON 法. 定义 Method 语句如下:

1) 在 ATLAS Commands 菜单中,依次选择 Solutions 和 Method…项. Deckbuild: ATLAS Method 菜单将会出现;在 Method 栏中选择 NEWTON 选项,如图 15 所示;默认设定的最大重复数为 25,这个值可以根据需要修改;将 Reduce…前面的勾去掉;

2) 点击 WRITE 将 Method 语句写入 Deckbuild 文本窗口中;

3) 将会出现 Method 语句,如下所示.

```
method  newton itlimit=25 autonr nrcriterion=0.1 tol.time=0.005
dt.min=1e-25
```

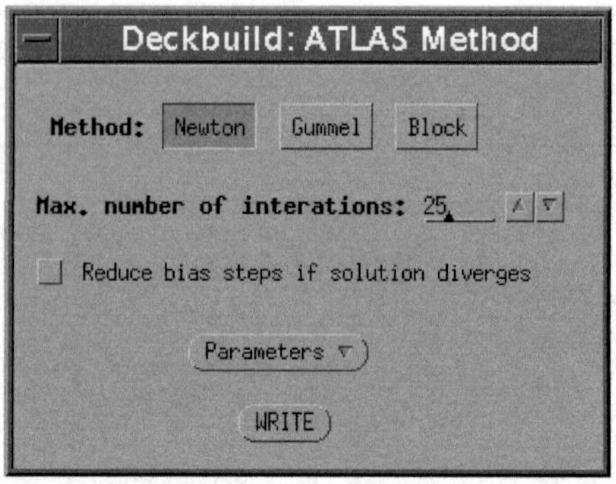

图 15

四、解决方案指定命令组

在解决方案指定命令组中，使用 Log 语句来输出保存包含端口特性计算结果的记录文件，用 Solve 语句来对不同偏置条件进行求解，以及用 Loading 语句来加载结果文件. 这些语句都可以通过 Deckbuild：ATLAS Test 菜单来完成.

*V*ds=2V 时，获得 *I*d～*V*gs 曲线. 在 NMOS 结构中，当 *V*ds=2V 时，获得简单的 *I*d～*V*gs 曲线的具体步骤如下：

1) 在 ATLAS Commands 菜单中，依次选择 Solutions 和 Solve…项. Deckbuild：ATLAS Test 菜单将会出现，如图 16 所示，右击空白处选择“refresh”；点击 Prop…键以调用 ATLAS Solve properties 菜单，如图 17 所示；在 Log file 栏中将文件名改为“NMOS_”，完成后点击 OK；

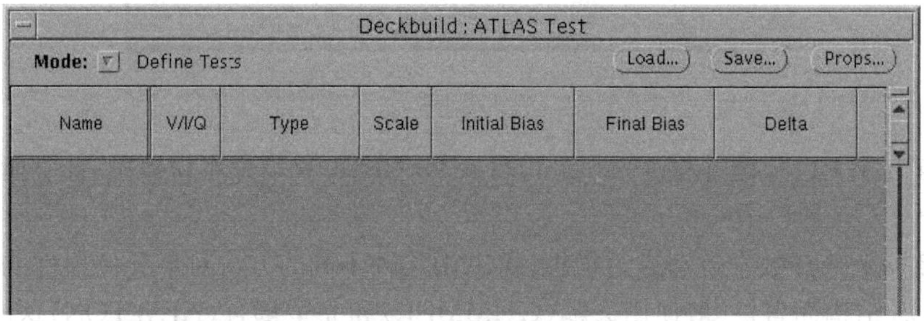

图 16

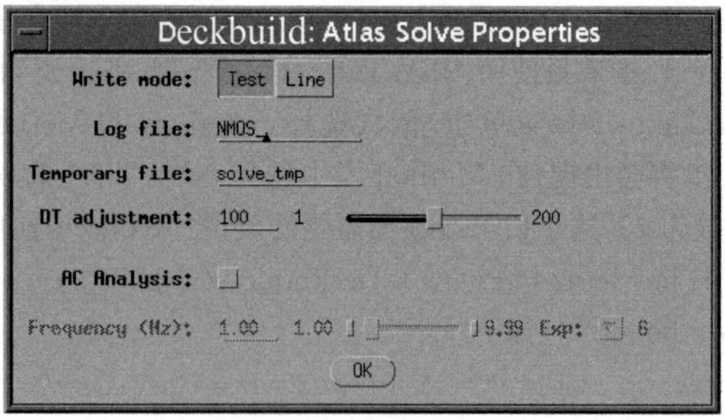

图 17

2) 将鼠标移至 Worksheet 区域，右击鼠标并选择添加新行 Add new row，如图 18 所示；

3) 一个新行被添加到了 Worksheet 中，如图 19 所示；

4) 将鼠标移至 gate 参数上，右击鼠标. 会出现一个电极名的列表. 选择 drain，将 gate 改为 drain，如图 20 所示；

5) 点击 Initial Bias 栏下的值并将其值改为 2；

6) 接下来，再将鼠标移至 Worksheet 区域，右击鼠标并选择 Add new row；

7) 这样就在 drain 行下又添加了一个新行，如图 21 所示；

8) 在 gate 行中，将鼠标移至 CONST 类型上，右击鼠标并选择 VAR1. 分别将 Final Bias 和 Delta 的值改为 5 和 0.2，设置栅极偏置参数，如图 22 所示；

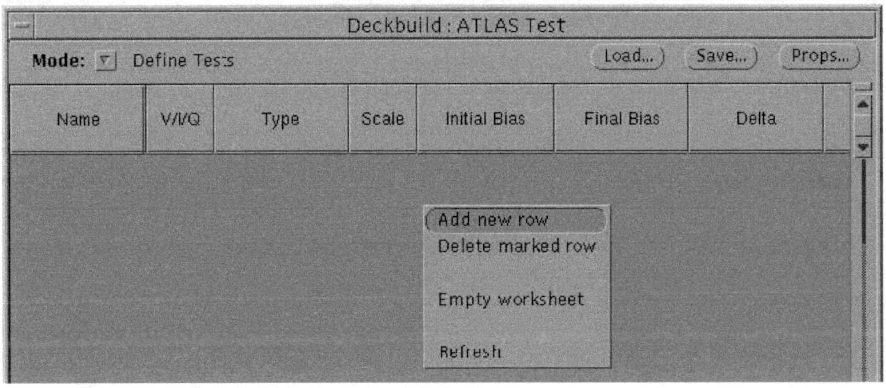

图 18

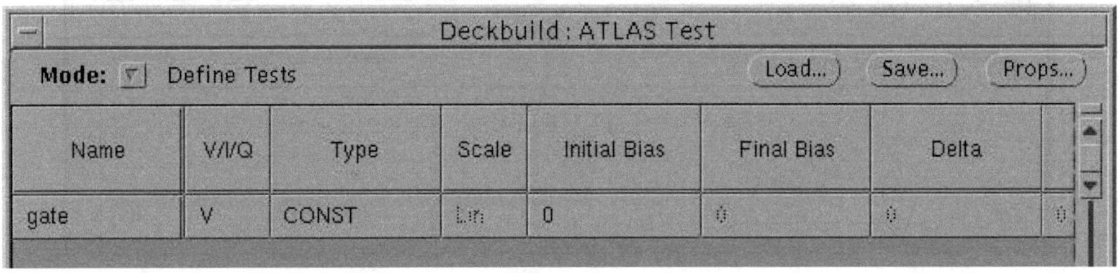

图 19

9) 点击 WRITE 键，如下语句将会出现在 Deckbuild 文本窗口中.

```
Solve init
Solve vdrain=2
Log outf=NMOS_0.log
Solve name=gate vgate=0 vfinal=5 vstep=0.2
```

上述语句以 Solve init 语句开始. 这条语句提供了一个初始猜想，即零偏置（或热平衡）情况下的电势和载流子浓度.

在得到了零偏置解以后，第二条语句即 Solve vdrain=2 将会模拟漏极直流偏置为

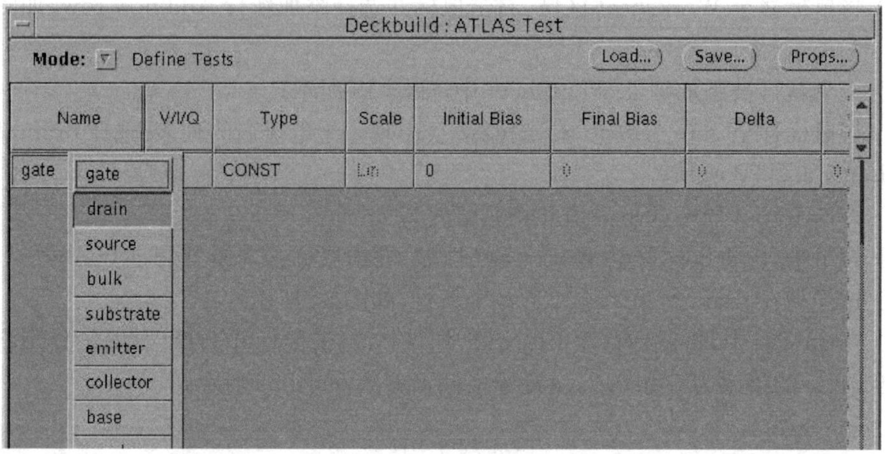

图 20

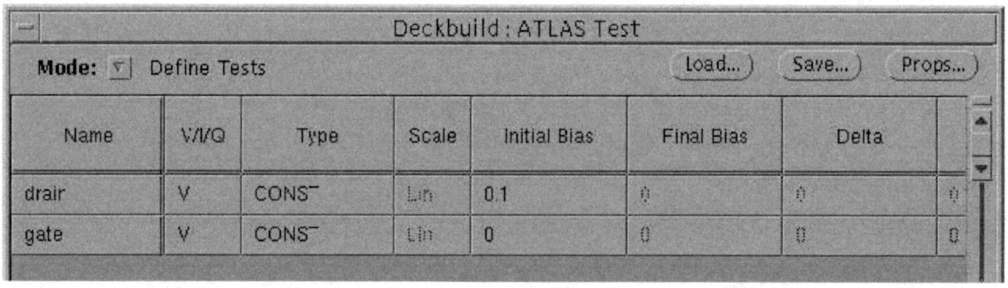

图 21

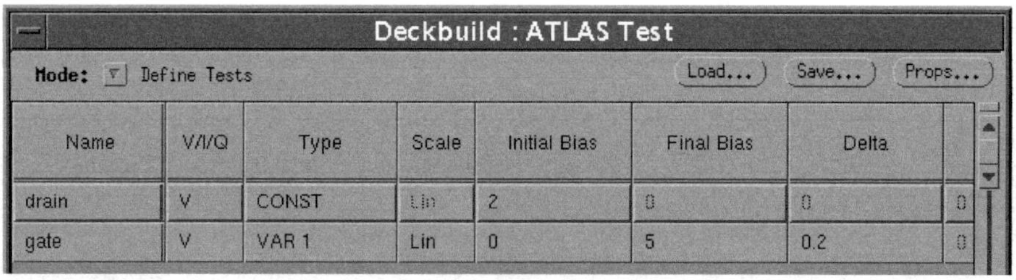

图 22

2V 的情况. 如果 solve 语句没有定义某电极电压，则该电极电压为零. 因此，不需要将所有电极电压都用 solve 语句进行定义.

第三条语句是 Log 语句，log outf＝NMOS_0. log. 这条语句用来保存所有在 NMOS_0. log 文件中由 ATLAS 计算得出的仿真结果. 这些结果包括在直流仿真下每个电极的电流和电压. 要停止保存这些信息，可以使用带有“off ”的 log 语句如 log off，或使用不同的 log 文件名.

最后一条 solve 语句：Solve name＝gate vgate＝0 vfinal＝5 vstep＝0. 2 使栅极电压从 0V 变化到 5V，间隔为 0. 2V. 注意在这条语句中 Name 参数是不能缺少的，而且电极名区分大小写.

NMOS 模型的 vdrain 和 vgate 范围根据实际模型进行合理的选择.

五、运行

1. 显示图形

点击 run 按钮,运行结束之后,高亮“NMOS_0. log”, 点击右上角“TOOLS”、“plot”、“plot structure”. 即可画出 $Id \sim Vgs$ 曲线.(或者直接在以上程序的末尾输入“tonyplot NMOS_0. log”,点击 cont 按钮). NMOS 器件的 $Id \sim Vgs$ 曲线图如图 23 所示.

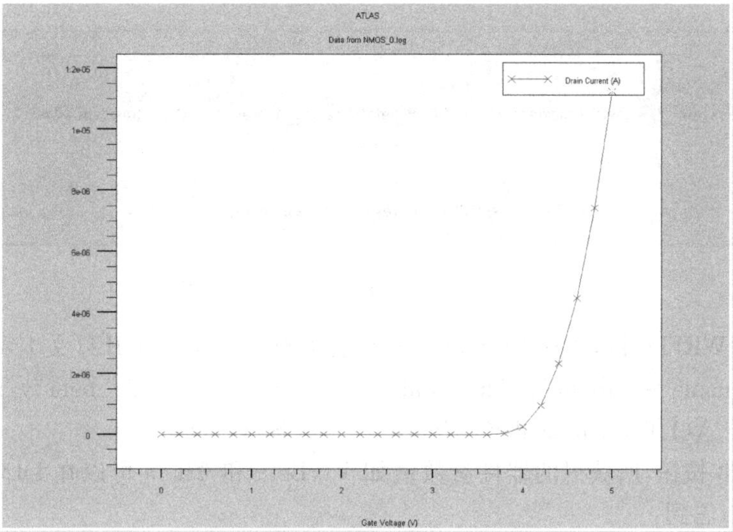

图 23

2. 获取器件参数

在这个仿真中,还要获取一些器件参数,例如 Vt,Beta 和 Theta. 这可以通过 ATLAS Extract 菜单来完成:

1) 在 ATLAS Commands 菜单中,依次选择 Extract 和 Device…项. Deckbuild:ATLAS Extaction 菜单将会出现;在默认情况下,Test name 栏中选择的是 Vt. 用户可以修改默认的计算表达式. 点击 WRITE 键,Vt Extract 语句将会出现在 DECKBUILD 文本窗口中:

```
extract name="vt" (xintercept(maxslope(curve(abs(v."gate"),abs(i."drain")))) \ -abs(ave(v."drain"))/2.0)
```

2) 下面,继续调用 Deckbuild:ATLAS Extaction 菜单. 点击 Test name 并将其改为 Beta,设置 Beta 计算语句如图 24 所示;

3) 点击 WRITE 键,Beta Extract 语句将会出现在 Deckbuild 文本窗口中:

```
extract name= "beta" slope(maxslope(curve(abs(v."gate"),abs(i."drain")))) * \ (1.0/abs(ave(v."drain")))
```

4) 最后,再一次调用 Deckbuild:ATLAS Extaction 菜单来设置计算 theta 参数的 Extract 语句. 然后,点击 Test name 栏并将其改为 Theta,设置 Theta 计算语句如图 25 所示;

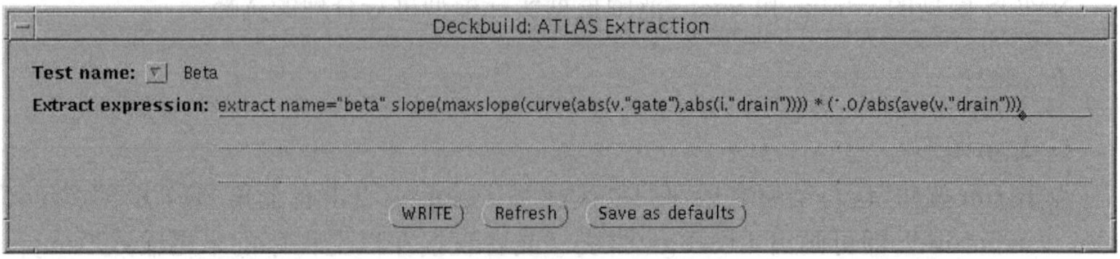

图 24

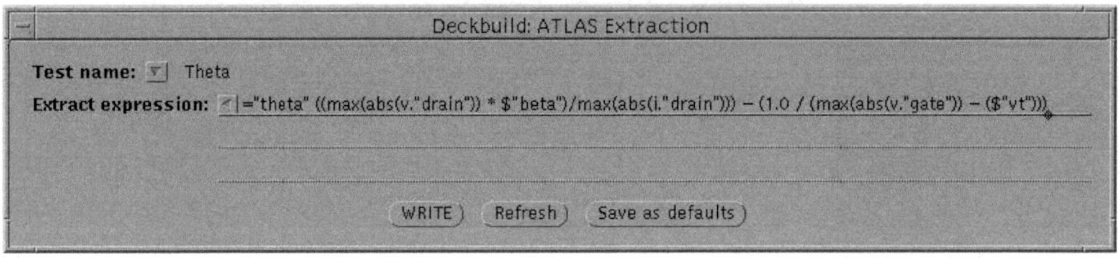

图 25

5) 点击 WRITE 键，Beta Extract 语句将会出现在 DECKBUILD 文本窗口中：

extract name = " theta" ((max (abs (v. " drain")) * $ " beta")/max (abs (i. "drain"))) — \(1. 0 / (max(abs(v. "gate")) — ($ "vt")))

点击 cont 按钮，所获得的器件参数值如 Vt，Beta 和 Theta 可以在 DECKBUILD 的运行输出窗口看到：

vt=4. 24473 V

beta=1. 63054e-05 A/V2

theta=0. 530346 1/V

3. 获得输出特性曲线

下面要在 Vgs 分别为 7V，7. 2V 和 7. 4V 时生成输出特性曲线族，Vds 变化范围是 0V 到 8V. 为了不使后面的端口特性写入到前面的 log 文件 NMOS_0. log 中，需要输入另一条 Log 语句，如下：

log off

为了得到曲线族，首先需要使用 Deckbuild: ATLAS Test 菜单得到每个 Vgs 的结果：

1) 在 ATLAS Commands 菜单中，依次选择 Solutions 和 Solve…项以调用 Deckbuild: ATLAS Test 菜单；点击 Prop…键以调用 ATLAS Solve properties 菜单；将 Write mode 栏改为 Line，然后点击 OK；

2) 设置栅极偏置参数，如图 26；如欲删除某一行，则双击该行，右击空白处选择 delete marked row；

3) 点击 WRITE 键，Solve 语句将会出现在如下所示的 Deckbuild 文本窗口中：

solve vgate=7

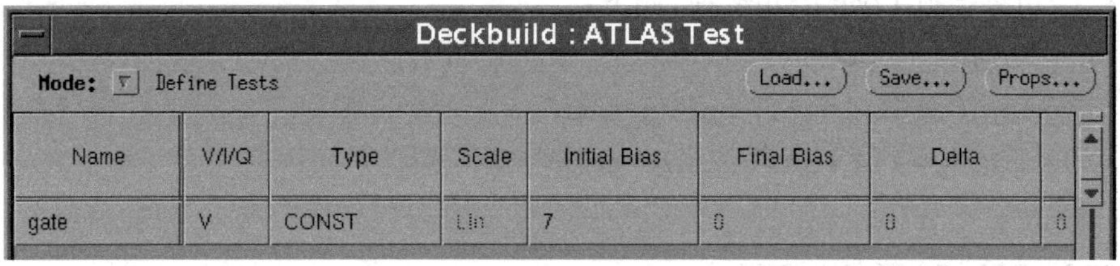

图 26

为了在 ATLAS 结果文件中保存结果输出，在 Solve 语句中添加语句 outf=solve_tmp1：

```
solve vgate=7 outf=solve_tmp1
```

4）对栅极偏置为 7.2V 和 7.4V 分别重复运用上述语句：

```
solve vgate=7.2 outf=solve_tmp2
solve vgate=7.4 outf=solve_tmp3
```

接下来，再一次使用 ATLAS Test 菜单设置 Solve 语句，使得漏极电压变化范围从 0V 到 8V，步骤如下：

5）在 ATLAS Commands 菜单中，依次选择 Solutions 和 Solve…项以调用 Deckbuild:ATLAS Test 菜单；点击 Prop…键以调用 ATLAS Solve properties 菜单；将 Write mode 栏改为 Test；

6）完成后点击 OK；

7）在工作区中，将 Name 栏的 gate 改为 drain，Type 栏的 CONST 改为 VAR1，Initial Bias，Final Bias 和 Delta 分别设为 0，8 和 0.5；

8）点击 WRITE 键，下列语句将会出现在 Deckbuild 文本窗口中：

solve init
log outfile= 1.log(注：此处为手动修改)
solve name=drain vdrain=0 vfinal=8 vstep=0.5

接下来，使用 Load 菜单加载栅极偏置为 7V 时的结果文件 solve_tmp1，并用它替换 solve init 语句：

9）选中 solve init 语句，在 ATLAS Commands 菜单中，依次选择 Solutions 和 Load…项以调用 Deckbuild 中 ATLAS Load 菜单；在 Deckbuild 中 ATLAS Load 菜单的 File name 栏中输入 solve_tmp1；在 Format 栏中，选择 SPISCES 格式；点击 WRITE 键，则出现确认提示窗口. 选择“Yes，replace selection”.

```
solve vgate=7 outf=solve_tmp1
solve vgate=7.2 outf=solve_tmp2
solve vgate=7.4 outf=solve_tmp3
#
solve init*
log outf=1.log
solve name=drain vdrain=0 vfinal=8 vstep=0.5
```

“*”语句将会被 Load 语句替换，如下：

```
solve vgate=7 outf=solve_tmp1
solve vgate=7.2 outf=solve_tmp2
solve vgate=7.4 outf=solve_tmp3
#
load infile=solve_tmp1
log outf=1.log
solve name=drain vdrain=0 vfinal=8 vstep=0.5
```

这样，从 Load 语句开始到 Solve 语句为止的语句组将会生成 $Vgs=7V$ 时的曲线的数据. 要生成 $Vgs=7.2V$，$Vgs=7.4V$ 时的曲线数据，只要复制这三个语句即可，并且：

10）将 Load 语句中的输入文件名从 solve_tmp1 改为 solve_tmp2 或 solve_tmp3；

11）将 solve 语句中的 log 文件名从 1. log 改为 2. log 或 3. log；

最终的语句如下所示.

```
solve vgate= 7 outf= solve_tmp1
solve vgate=7.2 outf=solve_tmp2
solve vgate=7.4 outf=solve_tmp3
#
load infile=solve_tmp1
log outf=1.log
solve name=drain vdrain=0 vfinal=8 vstep=0.5
#
load infile=solve_tmp2
log outf=2.log
solve name=drain vdrain=0 vfinal=8 vstep=0.5
#
load infile=solve_tmp3
log outf=3.log
solve name=drain vdrain=0 vfinal=8 vstep=0.5
#
tonyplot 1.log - overlay 2.log 3.log
```

为了画出曲线族，即把三个 plot 文件的结果画在同一张图中，输入如下 Tonyplot 语句：

```
tonyplot 1.log-overlay 2.log 3.log
```

在这个语句中，-overlay 是指在一张图中覆盖三个 plot 文件. 点击 Deckbuild 控制栏上的 run 键，继续进行器件仿真. 一旦仿真完成以后，TONYPLOT 将自动调用输出特性曲线族. 如图 27 所示.

附：一开始并不会出现图 27 而是出现图 28.

1. 右击选中 Display.

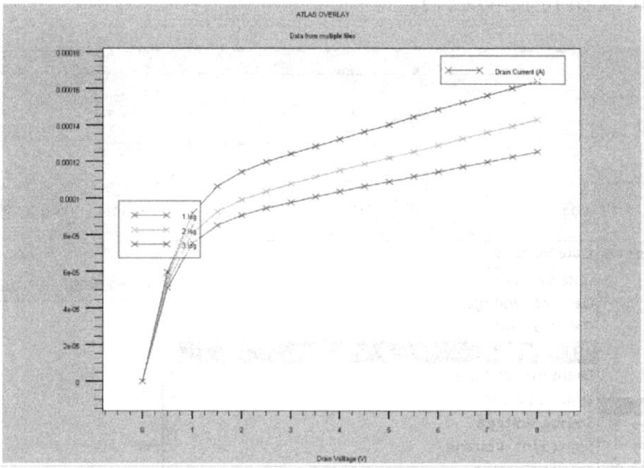

图 27

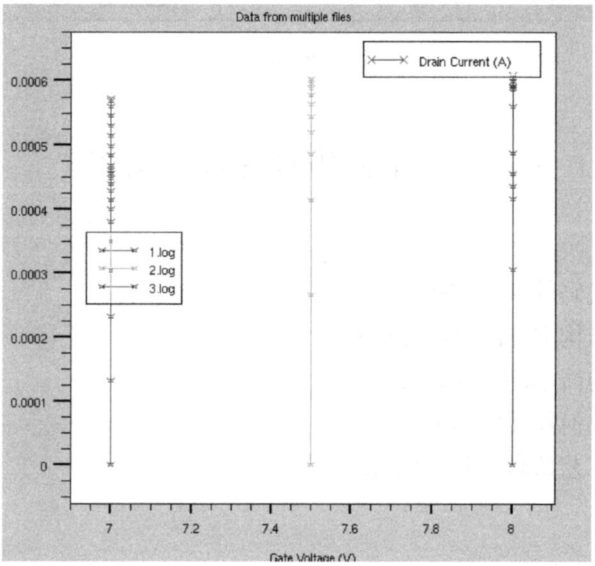

图 28

2. X Quantity 一栏选择 Drain Voltage，然后点击 OK 即可(如图 29).

六、退出仿真

最后，输入下面语句来退出仿真：quit

保存源程序，点击 file→save，在 file 栏中输入"文件名. str"，点击保存即可，可以在当前工作目录下找到该文件.

此外，半导体器件仿真工具的系统平台有两种：服务器平台和 PC 机平台. 前述介绍的是在服务器平台上的操作，如果在 PC 机平台，则按以下操作：

在 PC 机界面的开始菜单－>所有程序－>找到 S. EDA Tools，点击 DeckBuild 进入软件. 打开 ATLAS 源程序(* . str)，检查并确保已添加程序第一条指令：go atlas. 点击

Execution 中的 Run 按钮将自动运行.

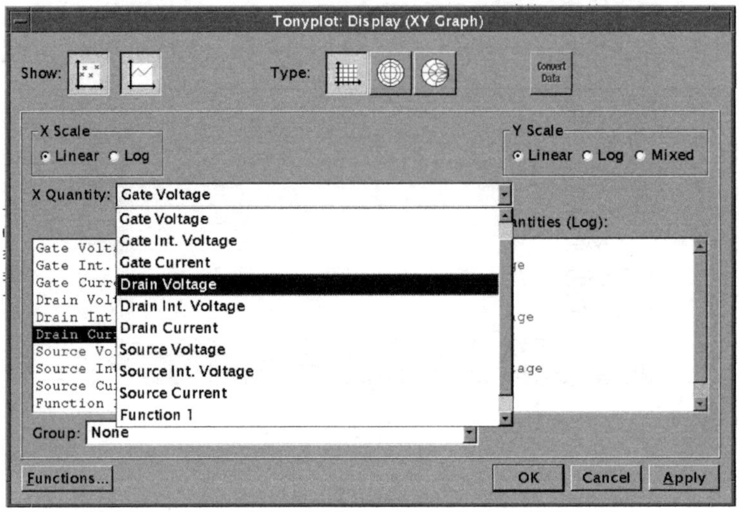

图 29

4.2　工艺仿真的基本操作

【实验目的】

1. 掌握仿真代码的基本结构;
2. 掌握仿真结构文件的绘图和设置;
3. 掌握薄膜的简单淀积和刻蚀;
4. 掌握结构几何尺寸的提取;
5. 掌握氧化工艺仿真的几种模式.

【实验原理】

一、工艺仿真概述

工艺仿真(Process Simulation)是通过计算机软件,对加工工艺进行计算,以达到对工艺结果器件的预测.通过工艺仿真的器件结构,预测器件的性能,作为优化工艺的辅助,则是器件仿真(Device Simulation)的内容.两者紧密联系,构成了所谓的 Technology Computer Aided Design(TCAD).目前业界领先的半导体仿真软件有 Silvaco 公司的 ATHENA和 ATLAS,Synopsys 公司的 TSuprem 及 Medici 等.

大多数工艺仿真软件都是基于斯坦福大学在 1977 年建立的工艺工程模块(Stanford University Process Engineering Module,缩写成 SUPREM).所以很多核心的语句及算法都相仿.但是随着工艺工程的发展,仿真模块也不断的改善以适应新的需求,最明显的是由以前的二维仿真计算过渡到三维.同时,新技术的复杂性也需要完善专门的模块来应对,比如 Silvaco 公司针对离子注入、光刻、刻蚀等关键步骤,开发了 MC Implant,Elite 和

Optolith 等模块.

工艺仿真首先要建立一个仿真的空间. 该仿真空间在计算机内表述成一个数组. 该数组一般可以是很多离散的点来表示空间上的分布. 通常采用的方法是有限元方法. 有限元中,不同定点间的连线,构成了一个网格分布. 而网格的疏密程度,则体现了计算的精确度,也直接影响仿真结果的准确性. 这个步骤一般是通过一组 LINE 语句实现的.

然后,从工艺的物理机制出发,描述网格上的物理参数. 对于 CMOS 半导体工艺来说,最重要的是定义起始硅片衬底的杂质特性、掺杂浓度、表面晶向等. 这个步骤在 SUPREM 里是通过 INITIALIZE 语句实现的.

再建立工艺工程的模型,在仿真域中建立离散化的微分方程,并以时间为轴,分步求解. 半导体工艺中的最典型的过程是利用费克定律所建立的扩散模型,体现在 SUPREM 语言中的 DIFFUSE 命令中. 将在半导体掺杂扩散和热氧化工艺中运用到.

其他的关键工艺模型包括,淀积薄膜所用的 DEPOSITION,刻蚀薄膜所用的 ETCH 等. 这些模型通常涉及很多与工艺条件相关的参数,但最简化的模型中只需定义淀积的材料和厚度,及刻蚀的区域等.

最后,设计人员需要从计算结果中提取感兴趣的参数,这个过程通过 EXTRACT 语句实现.

二、氧化工艺介绍

对硅表面进行热氧化是半导体制造中的一个重要过程. 在热氧化过程中,高温环境让氧分子有足够的可动性穿过已形成的氧化层,到达氧化硅-硅界面,产生氧化反应. 氧化剂除了纯氧外(干氧氧化),还可以通过水蒸气或通入氢气引入氢元素(湿氧氧化),以加快氧化的速度. 但湿氧氧化一般具有较松散的结构、较低的折射率和其他问题,并不能在某些关键氧化层(如场效应管的栅氧)中应用. 另外,通过氯化氢(HCl)或氯气(Cl_2)有助于清洁氧化炉中的金属杂质,同时也有增快氧化速率的作用.

氧化过程通常以费克定律方程及气流平衡方程描述. 对于特定温度下,氧化层厚度和氧化时间的关系有两个极限形式:①在氧化层的厚度足够薄的时候,氧化速率是线性的;②在氧化层足够厚的时候,其速率为抛物线的.

【实验设备和材料】

计算机、Silvaco TCAD 软件

【实验内容与步骤】

一、熟悉 ATHENA 工艺仿真工具的基本语句

根据表 4.2.1 的实验过程内容,操作仿真软件并记录仿真结果和回答问题. 在运行程序之前,可以尝试理解每个语句. 现代计算机语言的一个特点就是可读性. Silvaco ATHENA中的每行代码都以命令开头,且其命令在字面上可以解读. 后续的参数也具有一定的可辨识性.

表 4.2.1　工艺仿真工具的基本语句

序号	操作步骤	观察记录	问题
1	打开 Silvaco TCAD 软件的 Deckbuild 程序	版本号,开始时间	
2	在命令编辑窗口中输入(或拷贝)表格代码 1 的内容		
3	点击运行程序(菜单 Excution－>Run,或使用快捷键)		
4	查看输出窗口		
5	查看 Tonyplot 绘图输出窗口	存储图片	横轴的范围是多少?
6	在 Tonyplot 程序菜单选择 Plot->Display…并在 Tonyplot:Display (Cross Section)的窗口中点击激活显示网格,并点击 Apply,OK.【你可以通过 File->Save Set Files … 来存储显示设置成比如 mymesh. set 文件,并在 tonyplot 代码后面加上-set mymesh. set】	存储图片	这个 Cross-section plot 是一维的还是二维的? 这里横轴表示的是仿真中的哪个坐标,物理上的意义是什么? 这里的网格间距是多少,对应代码中的哪几行?
7	改变代码 1 的第 5 行,spac=0. 05,使得网格为渐变. 并运行程序. 显示网格.	存储图片	对比这个网络和之前的区别
	在代码 1 的第 5 和第 6 行间加入代码,line y loc=0. 5 spac=0. 1 并运行程序. 显示网格	存储图片	对比这个网络和之前的区别
8	用#注释掉代码 1 中第 7 行代码,并去掉第 8 行代码中的注释		
9	运行程序	存储图片	这个 Cross-section plot 是一维的还是二维的?
10	重新使用代码 1 中第 7 行的初始化代码,并在末尾加上 c. boron=3e14		
11	运行程序,显示网格	存储图片	这个 Cross-section plot 比起之前增加了什么? 并解释你看到的曲线
12	输入【代码 2】中的内容并运行	存储图片	
13	按照步骤 6 中的过程开画图显示选项并显示网格和等差线图(Contours)	存储图片	显示的结构是什么,氧化硅层中的网格是多少?
14	输入【代码 3】中的内容		解释 2-8 行所构建的衬底

续表

序号	操作步骤	观察记录	问题
15	运行代码	存储图片	描述该结构的形成过程. 为什么?
16	输入【代码 4】中的内容		
17	观察程序输出窗口的数据	存储图片	
18	通过结构输出估算氧化层厚度	记录厚度	两个厚度都分别是结构的哪条切线,在图中注明?
19	比较通过参数提取命令得到的值		哪个值更加准确?
20	检查个步骤所须记录均已完成.	记录完成时间	

【代码 1】网格、衬底初始化和绘图

序号	代码	解释
01	`# NAME: 01_Meshing.in` `# TITLE:`	以# 开头的行是注释行(1)
02	`go athena`	GO 命令让运算环境进入工艺仿真
	`# Create a mesh for calculation` # 建立计算的网格系统	
03	`line x loc= 0.0 spac= 0.02`	LINE 是定义网格的核心命令
04	`line x loc= 0.2 spac= 0.02`	LOC 是 LOCATION 的简写
05	`line y loc= 0.0 spac= 0.2`	SPAC 是 SPACING 的简写
06	`line y loc= 1.0 spac= 0.2`	X 和 Y 分别表示两个坐标轴
	`# Initialize a silicon` # 初始化衬底	INIT 是 INITIALIZE 的简写,用于把运算的网格初始化成特定的材料衬底
07	`init silicon`	
08	`# init silicon two.d`	two.d 是 TWO.DIM 的简写,一旦指定,则计算以二维进行
	`# save the structure file` # 保存结构文件	STRUCT 是 STRUCTURE 的缩写,用于保存结构到一个文件,其输出文件名由 outfile 参数指定

续表

【代码 1】网格、衬底初始化和绘图

序号	代码	解释
09	structoutfile= 00_init.str	
	# Plotthestructure # 对结构文件进行绘图	TONYPLOT 调用外部程序进行仿真结构的绘图
10	tonyplot 00_init.str	
11	# tonyplot 00 _ init. str - set mymesh.set	采用-set mymesh.set 可以使用以前的显示设置来绘图
12	quit	QUIT 命令推出当前的仿真

(1) 注意不能在命令后用# 注释

(2) 简写可以方便输入,并让程序简洁,但必须注意保留可读性,比如 THICKNESS 可以简写成 THI,但就不如 THICK 来的明了.

【代码 2】简单的薄膜淀积及刻蚀

序号	代码	解释
	# TITLE: 02Simple Depo and Etch	
1	go athena	
	# Start from last structure	
2	initinfile= 00_init.str	通过 infile 可以指定之前的结构作为开始
3	deposit oxidethick= 0.2 div= 5	DEPOSIT 命令淀积薄膜,THICK 是 THICKNESS 的简写,表示淀积薄膜的厚度,DIV 是 DIVISION 的简写,表示淀积的薄膜的网格将有五个区域
4	etch oxide left p1.x= 0.1	ETCH 命令刻蚀薄膜,OXIDE 指被刻蚀的是氧化硅薄膜,LEFT p1.x 指从指定的 x 坐标以左的薄膜被刻蚀掉
5	structoutfile= 02_oxideetch.str	
6	tonyplot 02_oxideetch.str	
7	struct mirror left \ outfile= 02_mirror.str	STRUCT MIRROR LEFT 将结构镜像扩展成新的结构"\"符号代表该命令在下一行继续
8	tonyplot 02_mirror.str	
9	quit	

续表

【代码 3】多层淀积和刻蚀

序号	代码	解释
1	go athena	
2	line x loc=0.0 spac=0.10	
3	line x loc=0.3 spac=0.02	
4	line x loc=1 spac=0.1	
5	line y loc=0.0 spac=0.03	
6	line y loc=0.2 spac=0.02	
7	line y loc=1 spac=0.1	
	# Initialize	
8	init silicon c.boron=3e14 \ orientation=100 two.d	
9	deposit oxide thick=0.02 div=2	淀积 0.02 微米的栅氧，网格将分为 2 个区域
10	deposit poly thick=0.5 \ C.phos=5e19 div=10 \ dy=0.02 ydy=0.0	POLY 淀积一层多晶硅，并指定掺杂浓度.所用的网格数.DY 是定义网格精度，并从哪里开始
11	etch poly start x=0.2 y=-1	一组 ETCH 命令，POLY 指被刻蚀的是多晶硅薄膜，START 定义起始顶点，CONT 定义中间节点，DONE 定义终止顶点.整个 ETCH 的结果是顶点所定义的闭合多边形中的材料被刻蚀
12	etch cont x=0.4 y=1	
13	etch cont x=2 y=1	
14	etch done x=2 y=- 1	
15	etch oxide dry thick=0.03	去掉 0.03 微米的氧化层.Dry 表示干法刻蚀
16	deposit oxide thick=0.2 div=8	淀积一层厚的二氧化硅
17	etch oxide dry thick=0.2	刻蚀二氧化硅
18	struct mirror left \ outfile=03_multidepoetch.str	
19	tonyplot 03_multidepoetch.str	
20	quit	

续表

【代码 4】参数的提取

序号	代码	解释
1	`go athena`	
2	`initinfile=03_multidepoetch.str`	导入之前的结构以便计算提取.
3	`tonyplot03_multidepoetch.str`	
4	`extract name= "Tox1" thickness \ oxide mat.occno= 1 x.val= 0.1`	EXTRACT 是参数提取语句.NAME 给该提取赋以名字.THICKNESS 是提取什么参数.OXIDE 是针对什么材料.MAT.OCCNO 是按材料出现的顺序定义那层材料.X.VAL 指定在那个位置上做参数提取
5	`extract name= "Tox2" thickness \ oxide mat.occno= 1 x.val= 0.15`	
6	`quit`	

二、氧化工艺仿真

通过虚拟晶圆制备软件，来仿真氧化工艺. 首先对比几种氧化工艺，干氧氧化、湿氧氧化、带氯的干氧氧化，多气体氛围氧化在一定时间内产生的氧化膜厚度. 然后通过不同时间的氧化，观察氧化速率随已形成氧化膜厚度的变化. 再进一步通过氮化硅薄膜来进行选择性氧化的实验，观察截面的变化情况，结果如表 4.2.2 所示. 最后设计一个氧化工艺过程，来制备一个边缘很光滑的硅光波导.

表 4.2.2 氧化工艺仿真操作

序号	操作步骤	观察记录	问题
1	打开 Silvaco TCAD 软件的 Deckbuild 程序	版本号，开始时间	
2	在命令编辑窗口中输入(或拷贝)表格【代码 1】的内容		
3	点击运行程序(菜单 Excution->Run，或使用快捷键)		
4	查看输出窗口		
5	查看 Tonyplot 绘图输出窗口	存储图片	
6	在 Tonyplot 程序菜单选择 Tools->Ruler…并尝试量度厚度	记录数据	
7	在 DeckBuild 的输出窗口中找到 Extract 语句的位置，并读取厚度数据	存储图片	
8	比较手工量度和提取获得的数据差异	记录数据	
9	观察杂质浓度在硅和二氧化硅中的分布	描述现象	

续表

序号	操作步骤	观察记录	问题
10	改变【代码 1】中第 08-09 行的内容，使得每次只有一个 DIFFUSE 命令有效. 重复操作 3—9. 结合参考文献比较不同氧化方法的异同	存储图片	
11	注释掉代码第 03 行，反注释 04 行，运行程序，重复操作 3—9	存储图片 记录数据	
12	在命令编辑窗口中输入(或拷贝)表格【代码 2】的内容使用手动方法量度随时间变化的氧化膜厚度	存储图片	
13	使用手动方法量度随时间变化的氧化膜厚度	记录数据	
14	改变循环条件，注释去第 3 行，打开第 4 行，重复操作 12，13 的内容	存储图片 记录数据	
15	把 13 和 14 的数据结合，画出时间 0－60min 的氧化膜厚度曲线	数据处理 绘数据图	
16	输入【代码 3】中的内容		
17	运行并观察程序输出窗口的数据	存储图片	
18	在时间变化中解释所看到的氧化现象	现象描述	两个厚度都分别是结构的哪条切线，在图中注明？
19	手动提取几个关键点对氧化厚度对时间的变化		哪个值更加准确？
20	输入【代码 4】中的内容，并运行	存储图片	
21	测试并理解代码 4 的作用		
22	描述并解释所观察到的现象	现象描述	
23	记录完成时间		

【代码 1】氧化命令及氧化工艺比较

序号	代码	解释
	# NAME: 01_oxidation_compare.in # TITLE: Use various oxidation method in the SUPREM model # VERSION: 0.1 # AUTHOR:	

续表

【代码 1】氧化命令及氧化工艺比较

序号	代码	解释
01	go athena	使用 Athena 软件
02	# Mesh definition line x loc= 0.0 spac= 0.02 line x loc= 0.2 spac= 0.02 line y loc= 0.0 spac= 0.01 line y loc= 0.2 spac= 0.01 line y loc= 0.4 spac= 0.02 line y loc= 0.6 spac= 0.04	网格初始化
03 04 05 06	initc.boron= 1e15 # initc.phos= 1e15 # initc.boron= 1e15 orientation= 100 # initc.boron= 1e15 orientation= 111	可尝试改变衬底初始条件，研究掺杂类型和在氧化过程中的分布的改变，以及不同晶向表面氧化膜厚的不同
07	method adapt	采用自适应的网格
08	# (1) Use default dry oxide recipe for oxidation DIFFUSE temp= 1000 dryo2 time= 60	通用的干氧只需控制温度和时间
09	# (2) Use default dry oxide recipe with HCL for oxidation # DIFFUSE temp= 1000 dryo2 hcl= 3 time= 60	混合 HCl 的情况理论上会加快氧化速度.HCL= 3 代表氯化氢的百分比为 3%
10	# (3) Use default wet oxide recipe for oxidation # DIFFUSE temp= 1000 weto2 time= 60	采用通用的湿氧氧化
11	# (4) Use flow rate model for oxidation # DIFFUSE temp= 1000 time= 60 f.o2= 2 f.h2= 20	采用混合气体的氧化.这里的 F.O2 和 F.H2 都指气流量
12	# Extraction of the oxide thickness after oxidation extract name= "Tox2" thickness oxide \ mat.occno= 1 x.val= 0.1	提取氧化层厚度
13	structoutfile= 01_oxidation.str	存储结构
14	tonyplot 01_oxidation.str	绘图
同时 HCl 的加入有利于使用 Cl 离子去除污染物		

续表

【代码 2】氧化厚度和氧化时间的关系：氧化速率

序号	代码	解释
	# NAME: 02_oxidation_rate. in # TITLE: Plot oxide thickness as a function of oxidation time # VERSION: 0. 1 # AUTHOR:	
1	go athena	
	# Call the OS command del to remove all the previous saved files # In Windows System	DeckBuild 可以调用操作系统的命令，最有用是在每次重新运行程序前，清除之前的结果
2	SYSTEM del *. str # In Unix system # SYSTEM \rm −rf 02_time_*. str	
	# Use FOREACH command to repeat the same process # From 20. 0 minutes to 120. 0 minutes with 20. 0 minutes step	这里用到了一个有用的编程方法，循环. FOREACH 语句将其变量（OxTime）按照（起始值 TO 终止值 STEP 步进值）的方式循环[1]. 循环内部的语句在 END 处终止. 尝试在 10 到 60 和 0 到 10 做两次，以比较厚层和薄层氧化膜时的速率
3	foreachOxTime (10. 0 to 60. 0 step 10. 0) # From 0 minutes to 20 minutes with 2. 0 minutes step	
4	# foreachOxTime (0. 0 to 10. 0 step 1. 0)	
	# Mesh definition	
5	line x loc=0. 0 spac=0. 02 line x loc=0. 2 spac=0. 02 line y loc=0. 0 spac=0. 01 line y loc=0. 2 spac=0. 01 line y loc=0. 4 spac=0. 02 line y loc=0. 6 spac=0. 04	
6	initc. boron=1e15 # initc. phos=1e15 # initc. boron=1e15 orientation=100 # initc. boron=1e15 orientation=111	
7	method adapt	采用自适应的网格
	#DryOxide with variable time	这里我们暂时只分析一般性的干氧氧化. 时间为循环变量
8	DIFFUSE temp=1000 dryo2 time=OxTime	
9	structure outfile=02_time_OxTime. str	存储结构的文件名也由循环变量决定[2]

续表

【代码 2】氧化厚度和氧化时间的关系:氧化速率

序号	代码	解释
10	# End of for each end	终止 FOR 循环
11	# Plot all the files tonyplot 02_time* .str	一次画出所有时间变量的仿真结果.* 号和 DOS 命令一样为通用适配符号[3]

[1] 类似 C 语言中的 for(i=0;i< 10;i+=step)的语句结构.

[2] 提取氧化层厚度的语句 Extract 由于需要重新 Init,难以在 FOREACH 循环内部使用.

[3] 我们需要手工的从输出文件中提取厚度信息.详见...

【代码 3】利用氮化硅阻挡选择性产生场氧

序号	代码	解释
	# NAME: 03_field_oxide.in # TITLE: Observehowthefieldoxideisform, with nitride as a blocking mask # VERSION: 0.1 # AUTHOR:	
1	go athena	
2	# Substrate mesh definition line y loc=0 spac=0.05 line y loc=0.6 spac=0.2 line y loc=1 line x loc= - 1 spac= 0.2 line x loc=-0.2 spac=0.05 line x loc=0 spac=0.05 line x loc=1 spac=0.2	注意我们 x 的坐标是- 1 到 1
3	init orient=100	
4	# Pad oxide deposition deposit oxide thick=0.02 div=1	建立 20nm 氧化层
5	# Nitride deposition deposit nitride thick=0.1 div=1	建立 100nm 氮化硅层
6	# Open a window to the substrate etch nitride left p1.x=0	从仿真区域的中间打开窗口,左边的区域露出硅衬底
7	etch oxide left p1.x=0	

续表

【代码 3】利用氮化硅阻挡选择性产生场氧

序号	代码	解释
8	# With structure file diffuse tim=90 tem=1000 weto2\\ dump=1 dump.prefix=03_fo	进行湿氧氧化，DUMP=1 决定每 1 次计算存储一个结构，文件前缀由 DUMP.PREFIX 给出
9	tonyplot - st03_fo* .str	输出图样
10	quit	

【代码 4】利用氧化形成光波导

序号	代码	解释
1	# NAME: 04_oxidation_etchless_wg.in	
2	# TITLE: Use Structured Oxide Mask to create Etchless waveguide	
3	# VERSION: 0.1 # AUTHOR:	
4	go athena	
5	# Parameters set SubSiliconHeight=0.5 set DevSiliconHeight=0.22 set BOXOxideHeight=1.0 set OxideRibHeight=1.0 set OxideRibWidth=1.0 set OxideRibSlab=0.2 set OxideEtchStop=\\ ($ BOXOxideHeight+\\ $ DevSiliconHeight+\\ $ OxideRibSlab)	利用了 DeckBuild 的参数定义语句，可便于随时对参数进行调整，而不用频繁的手动计算和更改代码．对于这个结构来说，主要是通过 SOI 器件硅层表面的氧化层定义厚度．其主要参数是其物理结构．SET 变量名= 赋值为定义，而变量的提取则需$ 变量名．尽量地使用有意义的变量名是一个程序员应有的好习惯
6	# Creeating Mesh line x loc=0.0 spac=0.1 line x loc=1.0 spac=0.02 line x loc=3.0 spac=0.02 line x loc=4.0 spac=0.1 line y loc=0.0 spac=0.1 line y loc=$ SubSiliconHeight spac=0.2	在硅表面以上的氧化层
7	initc.boron=1e17 # method adapt	初始化

续表

【代码 4】利用氧化形成光波导

序号	代码	解释
8	structure outfile=00_init.str tonyplot00_init	记录初始化的文件
	# SOI	
9	deposit oxide \\ thick=$BOXOxideHeightdiv=10	BOX 层
10	deposit silicon \\ thick=$DevSiliconHeightdiv=22	硅层
11	structure outfile=01_SOI.str	输出 SOI 的结构
	# Oxide MASK	
12	deposit oxide \\ thick=$OxideRibHeight div=10	掩膜氧化层
13	etch oxide start x=0.0\\ y=$OxideEtchStop	
14	etch cont x=2-$OxideRibWidth/2 \\ y=$OxideEtchStop	
15	etch cont x=2-$OxideRibWidth/2y=-4	
16	etch done x=0.0 y=-4	
17	etch oxide start x=4.0 \\ y=$OxideEtchStop	
18	etch cont x=2+$OxideRibWidth/2 \\ y=$OxideEtchStop	
19	etch cont x=2+$OxideRibWidth/2 \\ y=-4	
20	etch done x=4.0 y=-4	
21	structure outfile=021_Mask.str	
22	tonyplot 021_Mask.str	
	# Oxidation	
23	diffuse time=250 temp=1000 f.o2=3.0 f.h2=20 structure outfile=022_Result.str	
24	tonyplot 022_Result.str	
25		

【实验报告与数据分析】

1. 将实验过程中的观察记录汇总到一个文档中，并针对每个实验记录回答问题；
2. 完成设计实验的内容，将仿真代码和仿真结果附上，在关键步骤需要有注释；
3. 更改氧化工艺仿真代码4的参数，使得所制备的硅波导的尺寸比【代码4】中的更加窄和更加陡峭.

【思考题】

1. Athena的仿真与Atlas有什么相似和不同，两者怎么联系？
2. 在氧化膜的淀积中，为什么说这个是几何上的淀积？
3. 以上的问题在刻蚀过程中也存在吗？
4. 回顾半导体器件制造工艺的主要步骤有哪些，有哪些是循环的？

4.3 PMOS器件工艺仿真实验

【实验目的】

1. 熟悉ATHENA工艺仿真工具；
2. 使用ATHENA对一些硅器件进行工艺仿真.

【实验原理】

PMOS的器件仿真与NMOS相似，要使用一系列的仿真模块：网格定义、光刻、硼扩散、氧化、栅极定义、刻蚀、金属层沉积、去胶、剥离等.

PMOS器件的工艺流程如图4.3.1所示.

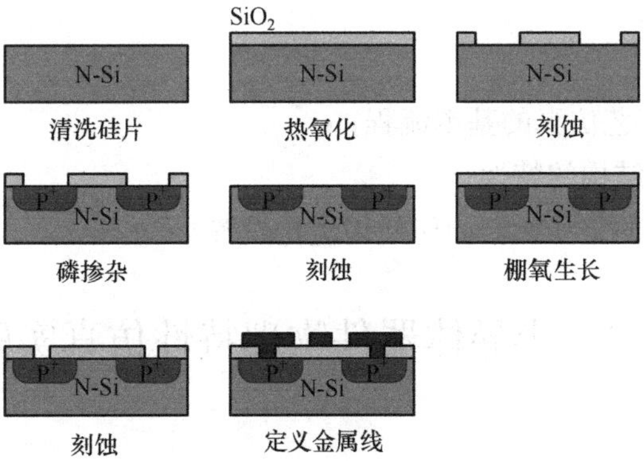

图4.3.1 PMOS器件的工艺流程图

【实验设备和材料】

计算机、Silvaco TCAD软件

【实验内容与步骤】

1. 设计一些语句尽量的逼近图4.3.2的仿真结果. 其中栅氧的厚度为0.02μm.
2. 采用ATHENA工艺仿真工具对PMOS器件的工艺过程进行仿真；
3. 提取栅极氧化层厚度和栅极氧化层的最优化；

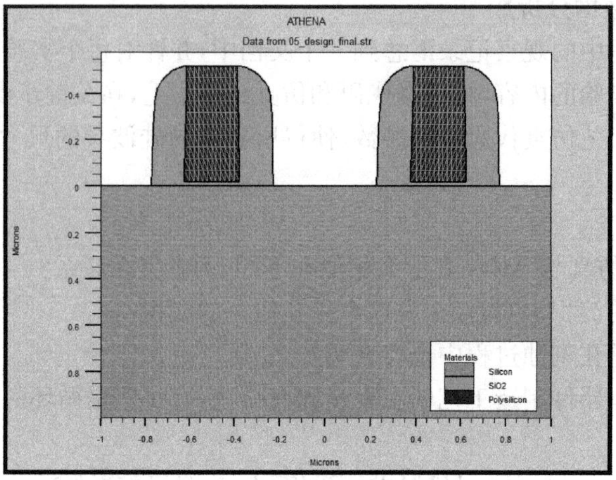

图 4.3.2 器件仿真结构图

4. 获取器件参数.

1）计算结深；

2）源/漏极方块电阻；

3）沟道阈值电压.

【实验报告与数据分析】

1. 写出 PMOS 器件的工艺仿真过程的语句，关键的步骤需要有注释；
2. 导出每个工艺步骤的结构图；
3. 分析器件参数.

【思考题】

1. 写出 CMOS 工艺仿真的基本流程；
2. 如何提取器件结构的特性；
3. 工艺优化的目的是什么？如何使用优化设置？

4.4 半导体器件物理特性仿真实验

【实验目的】

1. 理解半导体器件数值模拟的原理；
2. 掌握 Silvaco Atlas 工具的器件结构描述流程及物理特性仿真流程；
3. 理解器件结构参数和工艺参数变化对主要电学特性的影响.

【实验原理】

器件物理特性仿真是一种建立在物理基础上的数值仿真. 器件仿真可以实现电学特性仿真、电学参数提取，可用于设计新型器件，改进旧器件，验证器件的电学性能等，如 MOS、BJT、二极管等提取电学参数，或建立简约模型进行 IC 电路级仿真. 图 4.4.1 是工艺仿真、器件仿真与电路仿真工具之间的关系图.

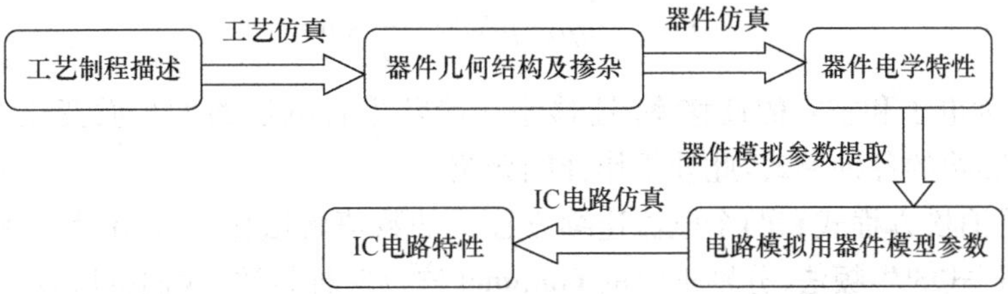

图 4.4.1　工艺仿真、器件仿真与 IC 电路仿真之间的关系

一、MOS 器件电流—电压特性的数值模拟

器件电特性的模拟分为稳态分析和瞬态分析两类. 稳态分析是求在一定电压条件下，流过各端的恒定电流和各端之间的电容量；瞬态分析是求在外加电压变化时，各端的电流随时间变化的情况. 以下简单地说明如何用二维模拟求 NMOS 器件的**电流—电压特性的方法**.

NMOS 断面结构如图 4.4.2 所示，对该器件进行二维稳态分析.

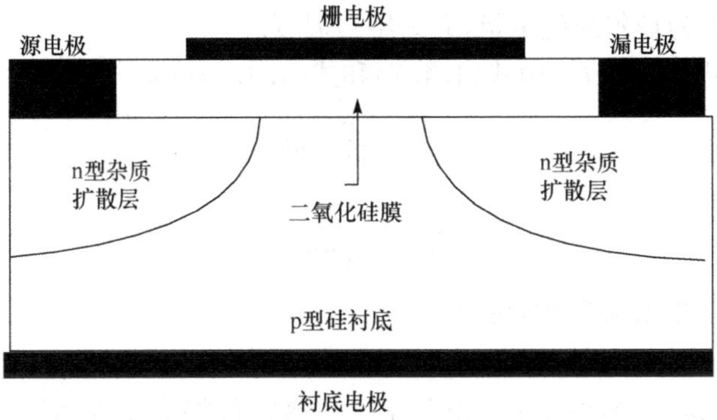

图 4.4.2　NMOS 器件的截面结构

MOS 器件在稳态下有电流流动，基本方程式为泊松方程式加上电流连续方程式.

泊松方程式为

$$\nabla(\varepsilon \nabla \psi)=q(n-p-C_B) \tag{4.4.1}$$

式中，C_B为硅衬底的杂质浓度，ε 为介电常数，q 为单位电荷量. n 、p 分别表示电子和空穴的浓度.

电子电流 J_n 和空穴电流 J_p 的连续方程式为

$$-\nabla J_n+qR=0 \tag{4.4.2}$$

$$-\nabla J_p-qR=0 \tag{4.4.3}$$

式中，R 为单位时间内产生/复合的电子/空穴的浓度，一般应考虑碰撞电离等现象，此处不作详细说明. J_n 和 J_p 可按下式求得

$$J_n=-q\mu_n\left(n\nabla\psi-\frac{kT}{q}\nabla n\right) \tag{4.4.4}$$

$$J_p=-q\mu_p\left(p\nabla\psi-\frac{kT}{q}\nabla p\right) \tag{4.4.5}$$

式中，μ_n、μ_p 为电子和空穴的迁移率. 迁移率一般随垂直电场的大小而变化，已提出了考虑垂直电场影响的各种模式，此处不作详细介绍.

下面，就泊松方程式和两个电流连续方程式的数值解法作一介绍. 数值解法中，有同时解三个方程式的**牛顿法**、分别求解的 **Gummel 法**等两种解法. 我们就后者的方法作一简单介绍. 采用逐步逼近法求解，假设第$(m+1)$次的静电电位为 ψ_{m+1}，由式(4.4.1)可得

$$\nabla(\varepsilon\nabla\psi_{m+1})=q(n_m-p_m-C_B+\delta n-\delta p) \tag{4.4.6}$$

式中，δn 和 δp 分别表示与第 m 次电子、空穴浓度的增量.

p 型衬底时用下式定义：

$$n=C_B\exp\left(\frac{q}{kT}\psi\right) \tag{4.4.7}$$

$$p=\frac{n_i}{C_B}\exp\left(-\frac{q}{kT}\psi\right) \tag{4.4.8}$$

如果是 n 型衬底时，则将右边的系数 C_B 和 n_i^2/C_B 对换，静电电位 ψ 的符号为负. n_i 为本征载流子浓度，k 为玻尔兹曼常量，T 为绝对温度.

设 $\delta\psi$ 为静电电位的增量，由式(4.4.7)和式(4.4.8)可知

$$\delta n=\frac{q}{kT}n\delta\psi \tag{4.4.9}$$

$$\delta p=-\frac{q}{kT}p\delta\psi \tag{4.4.10}$$

把上两式代入式(4.4.6)中，可得

$$\nabla(\varepsilon\nabla\psi_{m+1})=q\{(n_m-p_m-C_B)+q/kT\quad(n_m+p_m)(\psi_{m+1}-\psi_m)\} \tag{4.4.11}$$

即，求出了第$(m+1)$次的静电电位 ψ_{m+1}，然后再将 ψ_{m+1} 分别代入式(4.4.4)及式(4.4.5)，求得第$(m+1)$次的电子浓度 n_{m+1} 和空穴浓度 p_{m+1}. 在 **Gummel 法**中，反复对该三个方程式求解，直到 ψ、n、p 与前一次计算出的值之间的差小于容许值(收敛)时为止.

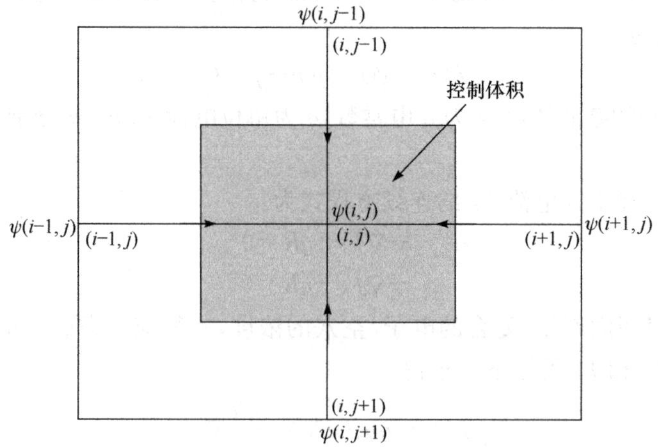

图 4.4.3　二维差分网格的一部分

图4.4.3表示差分网格和物理量的定义位置间的关系.物理量包括ψ、n、p,图中只表示出ψ这一物理量.直交网点的情况下,定义一次方程的微细区域为,通过上下网结点中点的长方形.该区域称为控制体积(control volume).静电电位的一次方程式,即泊松方程式可以用下式表示

$$a\psi_{m+1}(i,j-1)+b\psi_{m+1}(i-1,j)+c\psi_{m+1}(i,j)+d\psi_{m+1}(i+1,j)+e\psi_{m+1}(i,j+1)=f \tag{4.4.12}$$

如果求出了ψ、n、p的分布,再对各端周围的电流密度积分可得到各端的电流.逐渐变化加在各端上的电压,求出电流值时,就可得到MOS晶体管的电流-电压特性.

二、NMOS器件主要电学特性

以n型增强型MOSFET为例,在共源连接状态下,栅、源及漏、源之间的直流偏置电压分别为V_{GS}和V_{DS},如图4.4.4.当V_{DS}一定时,V_{GS}和I_{DS}的关系曲线即是MOSFET的转移特性曲线,如图4.4.5所示.在一定的V_{GS}下,漏极电流I_{DS}和漏源电压V_{DS}的变化关系曲线称为MOSFET的输出特性,如图4.4.6所示.

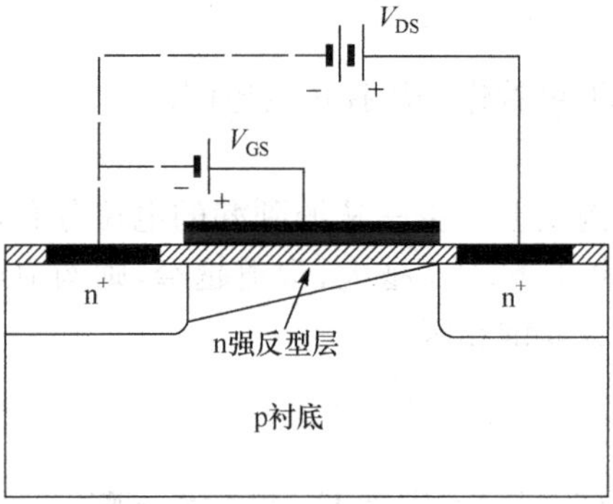

图4.4.4 直流偏置下的MOSFET

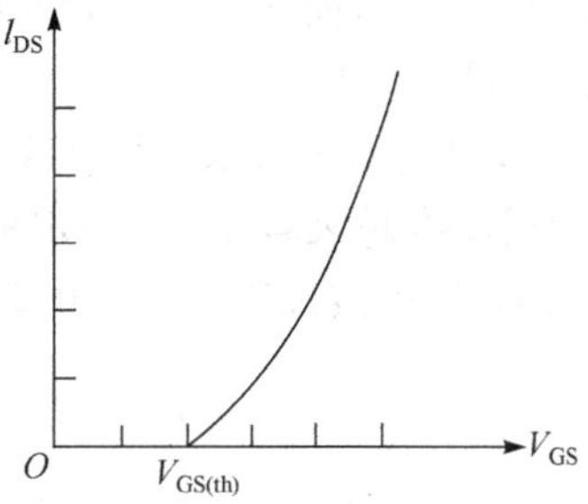

图4.4.5 NMOS转移特性

MOSFET中使栅下面半导体表面出现强反型形成导电沟道时的栅源电压称为阈值电压,也可看成MOSFET导通与截止两种状态间的临界栅源电压.阈值电压是MOSFET十分重要的特性参数之一.影响阈值电压的因素很多,与MOSFET多个结构参数及工艺参数有关.

$$V_{TP}=\frac{\sqrt{2\varepsilon_0\varepsilon_s qN_A 2\varphi_{Fp}}}{C_{ox}}+2\frac{kT}{q}\ln\frac{N_D}{n_i}+\phi_{ms}-\frac{Q_{ox}}{C_{ox}} \tag{4.4.13}$$

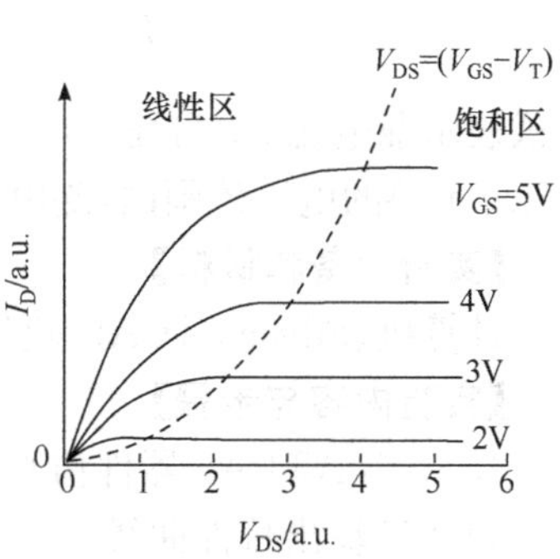

图4.4.6 NMOS输出特性曲线

由式(4.4.13)不难看出,阈值电压主要由栅电容C_{ox}、衬底杂质浓度、氧化层电荷密度Q_{ox}等因素决定.由$C_{ox}=\frac{\varepsilon_0\varepsilon_{ox}}{t_{ox}}$可知,栅氧化层的介电系数$\varepsilon_{ox}$越大,氧化层厚度$t_{ox}$越薄,则$C_{ox}$变大,使$V_T$降低.但氧化层太薄,就易被击穿,因

此，阈值电压越低的器件栅氧化层就越薄而致密. 对于结构已定的器件，主要通过调整衬底杂质浓度与 SiO_2 厚度来控制阈值电压.

直流特性是 MOSFET 的重要特性之一. MOSFET 在直流偏置下其漏源电流 I_{DS} 和栅源电压 V_{GS}、漏源电压 V_{DS} 之间的函数关系，也称静态特性. 以 N 沟道 MOSFET 为例，沟道电流：

$$I_{DS}=\frac{W_{\mu_n}C_{ox}}{L}\left[(V_{GS}-V_T)V_{DS}-\frac{1}{2}V_{DS}^2\right] \tag{4.4.14}$$

$\beta=\frac{\mu_n WC_{ox}}{L}$ 常称为增益因子，或称几何跨导参数.

1) $V_{DS}\ll(V_{GS}-V_T)$

$$I_{DS}=\beta(V_{GS}-V_T)V_{DS} \tag{4.4.15}$$

I_{DS} 随 V_{DS} 而线性增加，故称为线性区. 当栅源电压一定，沟道相当于一恒定电阻，对于不同的 V_{GS} 对应不同的阻值，这时源—漏之间的有效电阻即沟道电阻，也常称导通电阻 R_{on}，由(4.4.16)确定

$$R_{on}=\frac{V_{DS}}{I_{DS}}=[\beta(V_{GS}-V_T)]^{-1} \tag{4.4.16}$$

R_{on} 随 $(V_{GS}-V_T)$ 而线性变化，MOSFET 可看作一压控可变电阻.

2) $V_{DS}<(V_{GS}-V_T)$

V_{DS} 增大，但仍小于 $(V_{GS}-V_T)$，V_{DS} 在沟道上产生一从源到漏的电位分布，故从源到漏沟道反型层厚度越来越小. 在一定栅源电压下，V_{DS} 越大，沟道越窄，则沟道电阻越大，曲线斜率越小. 常将该区称为可变电阻区，或非饱和区.

$$I_{DS}=\beta\left[(V_{GS}-V_T)V_{DS}-\frac{V^2{}_{DS}}{2}\right] \tag{4.4.17}$$

在不同的 V_{GS} 下，I_{DS} 随 V_{DS} 增加而增加，达到峰值后，则随 V_{DS} 增加而下降.

3) $V_{DS}\geqslant(V_{GS}-V_T)$

$$I_{DSat}=\frac{W\mu_n C_{ox}}{2L}(V_{GS}-V_T)^2=\frac{\beta}{2}(V_{GS}-V_T)^2 \tag{4.4.18}$$

此式表示漏电流 I_{DS} 与漏源电压 V_{DS} 无关，即达到饱和，称为饱和漏电流 I_{DSat}. 在 $V_{DS}\geqslant(V_{GS}-V_T)$ 的电压范围内，漏电流达到饱和，故称为饱和区.

【实验设备和材料】

计算机、Silvaco TCAD 软件

【实验内容与步骤】

1. 采用 ATLAS 器件仿真工具对 NMOS 器件电学特性仿真.

1) *I-V* 输出特性曲线.

(1) Vds=0.1V 时，Id-Vgs 曲线.

(2) Vgs 分别为 3.3V，4.4V 和 5.5V 时，Id-Vds 曲线.

2) 器件参数提取，如阈值电压、Beta 和 Theta 等.

2. 改变器件结构参数和工艺参数，分析其对 NMOS 器件主要电学特性的影响.

1) 栅氧厚度 t_{OX}；

2）沟道长度 L；

3）衬底杂质浓度.

【实验报告与数据分析】

1. 给出各组仿真的转移特性曲线和输出特性曲线，并结合 NMOS 管的工作原理进行分析，包括阈值电压、线性区电流 I_D、饱和区电流 I_D等.

2. 分析阈值电压与器件结构参数和工艺参数的关系，如栅电容 C_{OX}（与栅氧厚度 t_{OX}有关）、衬底杂质浓度等.

3. 分析器件结构参数 t_{OX}（影响 C_{OX}）、沟道长度 L 等对 I_{DS}的影响.

4.5　半导体器件设计实验

【实验目的】

1. 初步掌握半导体器件的设计流程.

2. 根据所学的专业理论知识及器件功能需求对电路中的器件结构参数进行设计及计算，并通过仿真工具进行模拟验证.

【实验原理】

一、概述

晶体管的设计过程，实际上就是根据现有的工艺水平，材料水平，设计水平和手段以及所掌握的晶体管的有关基本理论，将用户提出的或预期要得到的技术指标或功能要求，变成一个可实施的具体方案的过程. 设计者必须对当前所能获取的半导体材料的有关参数和工艺参数有充分的了解，并弄清晶体管的预期电学参数与材料参数、工艺参数和器件几何结构参数之间的相互关系，才可能得到设计所提出的要求.

二、晶体管的结构特点

根据功能和参数的不同，晶体管的实际结构特别是平面图形比起图 4.5.1 来要复杂得多. 虽然硅外延平面管的纵向图形和图 4.5.2 大致相近，但平面图形却是形形色色、千差万别的，如圆形、条形、枝状、梳状、覆盖式及网格式等. 图 4.5.3 和图 4.5.4 分别列举了圆形和梳状两种管芯的平面图及相应的纵向结构，其结构的多样性和复杂性由此可见一斑.

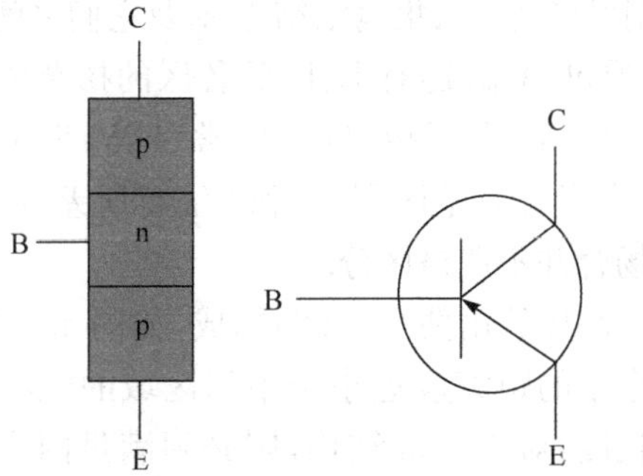

图4.5.1　双极晶体管结构示意图及电路符号

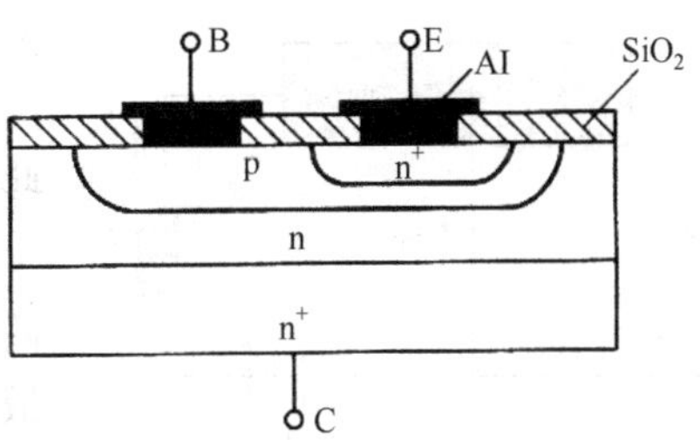

图 4.5.2　晶体管纵向结构图

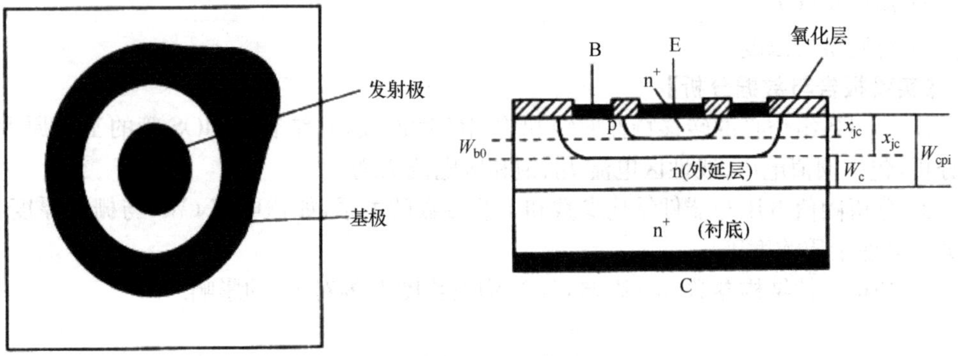

图 4.5.3　圆形结构

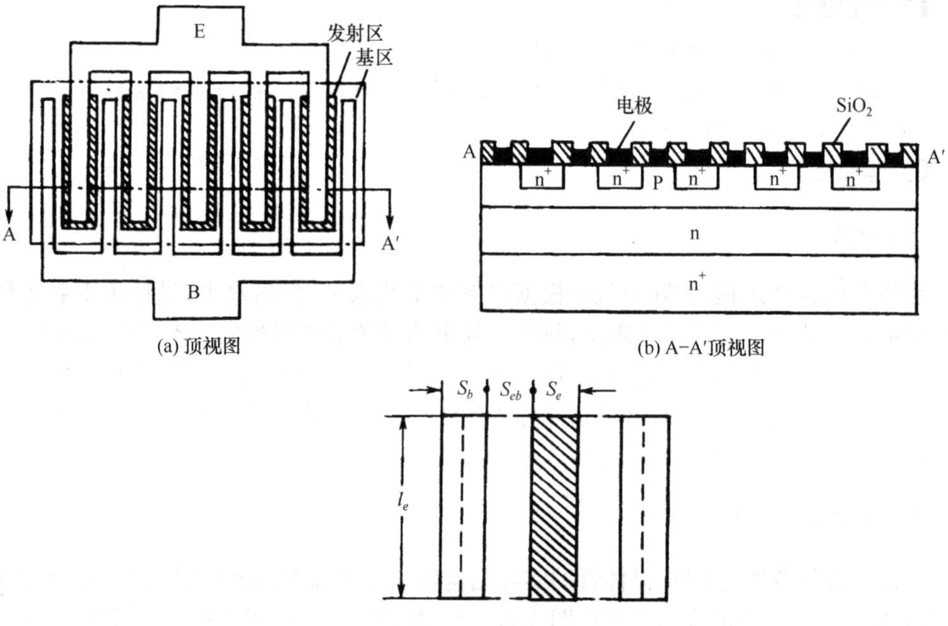

(a) 顶视图　　(b) A–A′顶视图

(c) 基本单元

图 4.5.4　梳状结构

双极晶体管的纵向结构参数主要有发射结结深 x_{je}、集电结结深 x_{jc}及它们之间的冶金基区宽度 W_{b0}，集电区厚度 W_c，以及外延层厚度 W_{epi}，还有 E、B、C 各区的掺杂浓度 N_E、N_B、N_C等. 需要指出的是，常以 W_b表示基区宽度，实指有效基区宽度. 和 W_{b0}有所差别，但在有些场合并不严格区分.

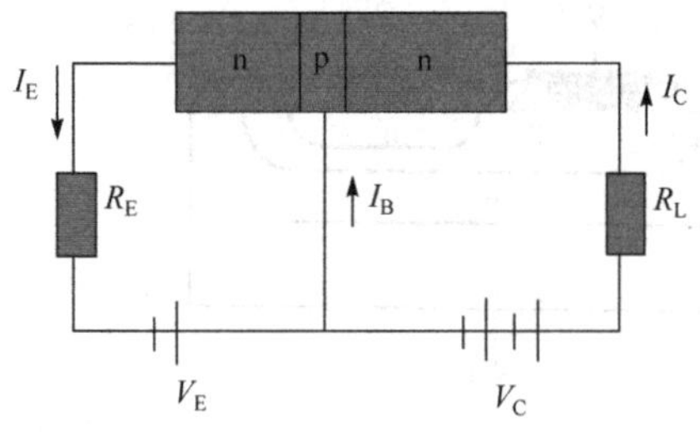

4.5.5　晶体管的结构特点($W_b \ll L_{nb}$)

晶体管由两个 pn 结构成，如图 4.5.5 所示，两个结的距离应远小于中间区域的“少子”的扩散长度，对于 npn 结构，则必须满足两个结中间的区域 p 区也就是基区宽度必须远小于基区少数载流子的扩散长度，即满足 $W_b \ll L_{nb}$.

由于基区很窄，从正向 pn 结即发射结注入过来的电子在基区只有极少部分被复合掉，绝大部分都能扩散到达反向 pn 结即集电结势垒区的边缘，并被集电结势垒区的强电场扫到 n 型集电区，形成远大于 pn 结反向电流的集电极输出电流，实现了电流的传输.

同时，发射结在正向电压作用下，其注入是双向的，在发射区向基区正向注入非平衡少数载流子的同时，基区也会向发射区反向注入非平衡少数载流子，只是载流子的极性不同而已. 但是，基区向发射区注入的非平衡载流子是由基极电流提供的，不能形成输出的集电极电流，对器件的放大作用没有贡献. 故为了增大输出电流和输入电流之比，还必须使由发射区向基区的正向注入远大于由基区向发射区的反向注入，这就要求发射区的掺杂浓度 N_E 远大于基区的掺杂浓度 N_B，一般要比基区高 $10^2 \sim 10^4$ 倍.

综上所述，双极晶体管在结构上具有两大特点：1、$W_b \ll L_{nb}$；2、$\dfrac{N_E}{N_B} \geqslant 10^2$. 通常我们使用的都是这类晶体管. 当然在应用于电路时，还需使其发射结正向偏置，集电结反向偏置，才能实现对微弱电信号良好的放大作用. 常用晶体管发射区、基区、集电区的杂质浓度的典型值依次为 $10^{19}/cm^3$、$10^{17}/cm^3$、$10^{15}/cm^3$ 左右.

晶体管平面图形的结构参数主要包括发射条和基极条的条宽 s_e、s_b，条长 l_e，条数 n 以及二者之间的距离 s_{eb} 等，发射极的总周长、基区的总面积也是重要的参数.

正是因为这些结构参数的不同，才使得晶体管具有各种不同的性能和电学参数.

三、双极晶体管的放大原理与晶体管结构参数之间的定量关系

在电路中对电流、电压或功率具有放大作用是双极晶体管的基本功能. 晶体管的放大功能是在外加直流偏置电压的作用下，内部载流子输运和分配的结果. 明确电子与空穴在经由晶体管发射结的注入、通过基区的载运、再经集电结的传输这一系列作用的微观过程，我们就能深入理解双极晶体管的放大原理. 并建立放大系数和晶体管结构参数之间的定量关系.

电流增益即电流放大系数 α_0、β_0，是双极晶体管放大性能的重要参数. 它们与晶体管内载流子的传输电流 I_{ne}、I_{pe}、I_{rb}、I_{nc} 等的关系如下(图 4.5.6)：

$$\beta_0 = \frac{I_{ne}}{I_{pe} + I_{rb}} \tag{4.5.1}$$

$$\alpha_0 = 1 - \frac{I_{pe}}{I_{ne}} - \frac{I_{rb}}{I_{ne}} \tag{4.5.2}$$

可见，欲提高双极晶体管的电流放大系数，就要尽可能减少发射结的反向注入电流 I_{pe} 及基区复合电流 I_{rb}. 这些电流主要基于非平衡少数载流子的扩散或复合作用.

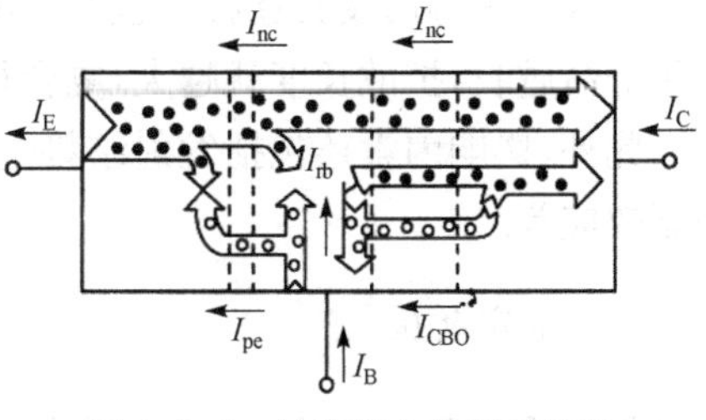

图 4.5.6　晶体管内载流子传输

对于基区均匀掺杂的 npn 晶体管，基区、发射区和集电区的有效宽度为 W_b、W_e、W_c；发射区和发射结势垒区的边界为 x_e，集电区和集电结

势垒边界为 x_c. 采用一维理想模型,并作下列近似:

(1) 发射结和集电结均为理想突变结,且都是平行平面结,两结的面积相等.

(2) 发射区、基区、集电区的杂质分别为 N_E、N_B、N_C,都为均匀分布,且 $N_E>N_B>N_C$.

(3) 势垒区的宽度远小于少子的扩散长度,则势垒区的复合作用忽略不计,通过势垒区的电流不变.

(4) 外加电压全部降落在发射结和集电结势垒区,势垒区以外为电中性区,没有电场.

(5) 电流为小注入,注入基区的"少子"密度比基区的"多子"密度小得多.

则晶体管的直流电流增益 α_0、β_0 和 W_b、N_E、N_B 等结构参数之间的有如下定量关系:

$$\alpha_0=\frac{1}{1+\dfrac{D_{pe}N_BW_b}{D_{nb}N_EW_e}+\dfrac{W_b^2}{2L_{nb}^2}}\approx 1-\frac{\rho_eW_b}{\rho_bW_e}-\frac{W_b^2}{2L_{nb}^2} \tag{4.5.3}$$

$$\frac{1}{\beta_0}=\frac{1-\alpha_0}{\alpha_0}\approx 1-\alpha_0=\frac{D_{pe}N_BW_b}{D_{nb}N_EW_e}+\frac{W_b^2}{2L_{nb}^2}\approx\frac{\rho_eW_b}{\rho_bW_e}+\frac{W_b^2}{2L_{nb}^2} \tag{4.5.4}$$

式中,$\rho_e=\dfrac{1}{q\mu_{ne}N_E}$,$\rho_b=\dfrac{1}{q\mu_{pb}N_B}$.

电流放大系数 β_0 一般在 20~200. 但是,这些定量关系式是在一些因素被忽略的理想状态下得到的,在一定的条件下,这些因素将会对放大系数带来影响,因此必须予以考虑.

提高电流增益的主要途径有:

减小基区宽度 W_b 是提高放大系数 α_0、β_0 的主要方面. 在同样的注入下,基区越窄,载流子密度梯度越大,自建电场也越大,这有利于载流子的扩散. 此外,基区越窄,基区的复合损失越小,因而基区输运系数越大.

同时,增大发射区的杂质浓度与基区的杂质浓度比,即增大 N_E/N_B 也是提高放大系数的重要方法. 对于缓变基区晶体管,一般发射区表面杂质浓度要比基区扩散层表面杂质浓度高两个数量级,即 $N_{ES}/N_{BS}\geqslant 10^2$. 在具体工艺控制中,提高杂质浓度比,可以提高 N_E,或降低 N_B,但降低基区浓度,会使基区电阻增大,从而使功率增益下降,噪声系数上升,大电流特性变坏. 一般都采用提高发射区杂质浓度,但不能超过杂质在硅中的固溶度,如取 $N_E=5\times10^{19}/cm^3$.

其次提高基区电场因子 η 即增大基区杂质自建电场将加快基区载流子的输运,也会使电流放大系数得以提高,实际上是提高基区的杂质浓度梯度,增大基区两侧杂质浓度之比.

基区少子寿命及其迁移率也是影响电流放大系数的因素之一,由公式不难看出,基区少子寿命越长,扩散长度就越大,复合得越慢,复合损失越少,则放大系数越大.

此外,影响因素还包括发射结势垒复合、发射区重掺杂效应、基区表面复合、基区宽度调制效应等.

四、击穿电压

晶体管某两个电极间加反向电压,另一电极开路时流过管中的电流称为反向截止电流，有 $I_{CEO}=(1+\beta_0)I_{CBO}$. 根据 pn 结击穿理论，当反向电压升高到一定值时，流过的反向电流就会急剧上升，即发生击穿，这时的电压称为击穿电压. 由于晶体管有三个极，故有三个击穿电压分别为 BV_{EBO}、BV_{CBO}、BV_{CEO}.

BV_{EBO}称发射结的反向击穿电压. 发射结两边掺杂浓度较高，且为单边结，一般可近似为单边突变结，根据突变结的击穿电压公式可知：高阻边的杂质浓度越低，击穿电压越高. 对于发射结，按 pn 结击穿电压公式计算，基区的杂质浓度 N_B 越低，则 BV_{EBO}越高. 由于晶体管的发射结一般工作在正偏压下，故对其击穿电压要求不高，而且基区杂质浓度较高，BV_{EBO}通常在 20V 以内.

BV_{CBO}称集电结的反向击穿电压. 对于硅平面管，其基区杂质浓度 N_B 总是高于集电区的杂质浓度 N_C，故 BV_{CBO}由 N_C 决定. 如果为突变结近似，则 N_C 越低，BV_{CBO}越高. 但双扩散外延平面晶体管，一般集电结的结深较大，常作为线性缓变结近似，因此，在计算集电结的雪崩击穿电压时，按单个线性缓变结击穿电压的公式来计算. 由于在电路中集电极一般作为输出端，常和电源负极相连，使集电结处于反偏状态，故 BV_{CBO}的值较高.

BV_{CEO}在电路中共射极连接用得较多，BV_{CEO}作为 C、E 之间所能承受的最大反向电压，是一个重要的性能参数，它的高低反映了晶体管所能输出功率的大小. 基极开路，BV_{CEO}主要降落在集电结上，使集电结反偏，但也会使发射结处于弱正偏状态，因此，集电极-发射极间的击穿本质上还是集电结的击穿，但又和 BV_{CBO}不同，两者存在以下关系：

$$BV_{CEO}=\frac{BV_{CBO}}{\sqrt[n]{1+\beta_0}} \tag{4.5.5}$$

式中，n 为常数，对于集电结高阻区为 n 型的硅管，n=4；高阻区为 p 型时，n=2.

上述分析主要考虑到掺杂浓度或浓度梯度对雪崩击穿电压的影响，实际上，晶体管的击穿电压还与 pn 结的形状、表面状况及材料结构等诸多因素有关.

五、晶体管设计的一般步骤

晶体管设计可大致按下列步骤进行：

第一，根据预期指标要求选定主要电学参数，确定主要电学参数的设计指标.

第二，根据设计指标的要求，了解同类产品的现有水平和工艺条件，结合设计指标和生产经验进行初步设计，设计内容包括以下几个方面：

(1) 根据主要参数的设计指标确定器件的纵向结构参数，如集电区厚度 W_c，基区厚度 W_b和扩散结深 X_j等.

(2) 根据设计指标确定器件的图形结构，设计器件的图形尺寸，绘制出光刻版图.

(3) 根据设计指标选取材料，确定材料参数，如电阻率 ρ，位错，寿命，晶向等.

(4) 根据现有工艺条件，制定实施工艺方案.

(5) 根据晶体管的类型进行热学设计，选择分装形式，选用合适的管壳和散热方式等.

第三，根据初步设计方案，对晶体管的电学验算，并在此基础上对设计方案进行综合调整和修改.

【实验设备和材料】

计算机、Silvaco TCAD 软件

【实验内容与步骤】

1. 综合运用本实验课程中学到的知识，设计一个具有一定放大倍数和击穿电压的双极型晶体管，并仿真其电学特性是否符合设计指标. 要求：

1）功能需求描述：

均匀掺杂的 npn 双极晶体管(图 4.5.2)，$T=300\text{K}$ 时，$h_{FE}=120$，$V_{CEO} \geqslant V_{CBO}=50\text{V}$，晶体管工作于小注入条件下. 设计时应尽量减小基区宽度调制效应的影响.

2）晶体管结构设计内容：

晶体管纵向结构设计，包括衬底材料选取，集电区厚度 W_c，基区宽度 W_b，发射区宽度 W_e 和扩散结深 X_{jc} 和 X_{je} 等；

根据设计指标确定器件的纵向杂质浓度，包括晶体管集电区、基区和发射区杂质浓度 N_E，N_B，和 N_C，根据各区的掺杂浓度确定少子的扩散系数，迁移率，扩散长度和寿命；

确定晶体管器件的图形结构，即图形尺寸(芯片版图设计)，包括基区、发射区，及各电极(金属接触孔)的尺寸，并画出光刻版图.

2. 采用 ATLAS 工具构造器件结构，并仿真其主要电学特性.

【实验报告与数据分析】

1. 实验结果仿真：放大倍数，击穿电压 V_{eb}、V_{ce}、V_{cb} 及各特性曲线，需标明测试条件.

2. 结合实验数据讨论：

1）可能影响晶体管放大倍数的原因.

2）影响各 pn 结击穿特性的因素.

3. 撰写设计报告.

4.6 半导体器件制备和特性测试实验

【实验目的】

1. 熟悉半导体器件制备和特性测试的整个过程；

2. 学会用基本的工艺步骤制备出半导体器件；

3. 提高学生的动手能力、分析问题、解决问题能力.

【实验原理】

拥有金属-氧化物-半导体结构的晶体管称为 MOS 管(Mental-Oxide-Semiconductor)，有 p 型 MOS 管和 n 型 MOS 管之分，由 MOS 管构成的集成电路称为 MOS 集成电路，由 NMOS 组成的电路就是 NMOS 集成电路，由 PMOS 管组成的电路就是 PMOS 集成电路，由 NMOS 和 PMOS 两种管子组成的互补 MOS 电路，即 CMOS 电路. NMOS 是指沟道在栅电压控制下 p 型衬底反型变成 n 沟道，靠电子的流动；PMOS 是指 n 型 p 沟道，靠空穴的流动. CMOS 相比 Bipolar，优点就是其功耗低，集成度高等等. 当然 Bipolar 的驱动能力比 CMOS 强. 目前 BiCMOS 工艺就是结合了 CMOS 和 Bipolar 的优点.

NMOS 工艺就是制作 NMOS 器件的工艺，属常规半导体工艺. 有增强型 NMOS 管和耗尽型 NMOS 管之分，它们的结构基本相似，区别在于耗尽型 NMOS 管在 $V_{GS}=0$ 时，漏一源极间已有导电沟道产生，而增强型 NMOS 管要在 $V_{GS} \geqslant \text{S}$ 在时才出现导电沟道. 增强型 NMOS 的结构如下：

MOS 结构的关键在于对应栅极的沟道区、对应源极的扩散区和对应漏极的扩散区的形成. 在一块掺杂浓度较低的 p 型硅衬底上，制作两个高掺杂浓度的 n^+ 区，并用金属铝引出两个电极，分别作漏极 D 和源极 S. 然后在半导体表面覆盖一层很薄的二氧化硅（SiO_2）绝缘层，在漏一源极间的绝缘层上再装上一个铝电极，作为栅极 G. 在衬底上也引出一个电极 B，这就构成了一个 N 沟道增强型 MOS 管.

NMOS 器件的制造工艺需要用到四块版图，分别是扩散区版图、栅氧版图、通孔版图和金属版图，版图的图案和说明如表 4. 6. 1 所示：

表 4. 6. 1　NMOS 器件光掩模版示意图列表

序号	版图	说明
1	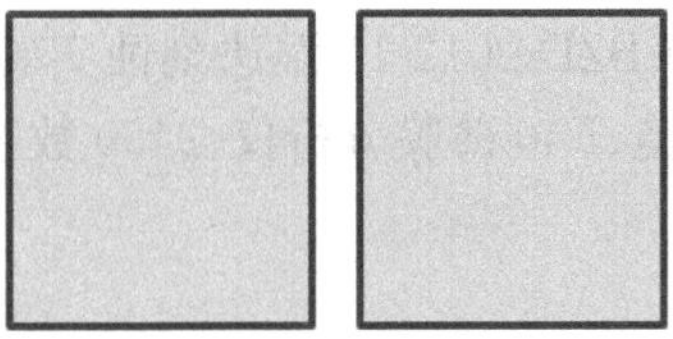	扩散区版图，该版图区域表示使用氧化层作为扩散模板的时候，氧化层的开口区域. 两个扩散区中间的狭缝就对应着 MOS 的沟道长度. 实际的长度会因工艺中的热过程而改变，所以实际沟道的长度会比版图上的沟道长度要小. 右侧是扩散区的横截面图. 其中，版图只定义了扩散区的横向开孔. 而掺杂及随后的热过程则定义了扩散区的深度（也就是结深），和横向延伸（缩短沟道长度）
2	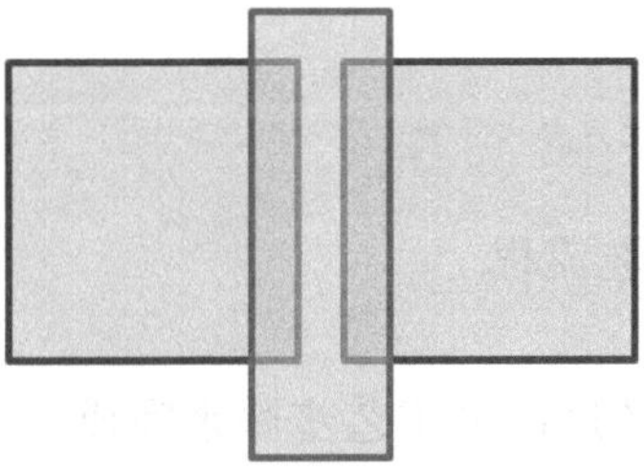	叠加了栅氧版图. 栅氧版图在工艺中通过刻蚀去掉多余的场氧，并重新在栅区生长比场氧要薄和质量高的栅氧
3	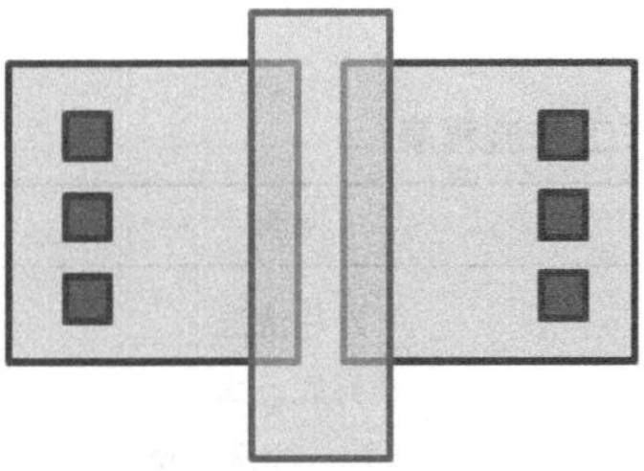	叠加了栅氧版图和通孔版图的. 在场氧上通过刻蚀开洞，让扩散区的硅表面暴露出来，供金属层接触
4	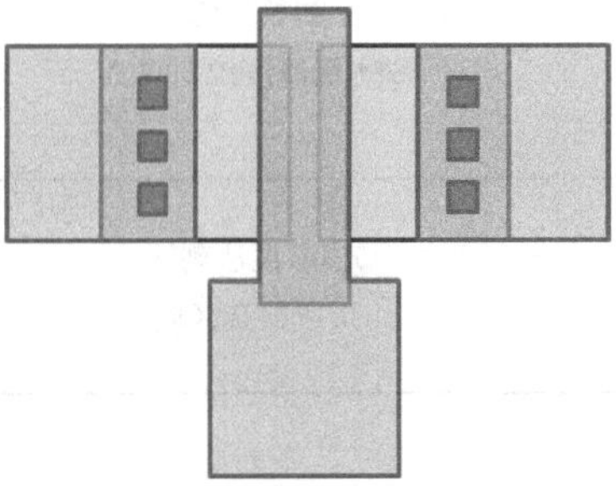	在之前的基础上叠加了金属版图. 金属版图共有三个方块，作为 MOS 结构的栅、源、漏三极的金属垫，在测试中，探针将扎在这三个金属区域上. 其中，与通孔版图重合的金属区是源极和漏极. 而连接一个与栅氧版图重合的条形金属的是栅极

续表

序号	版图	说明
5	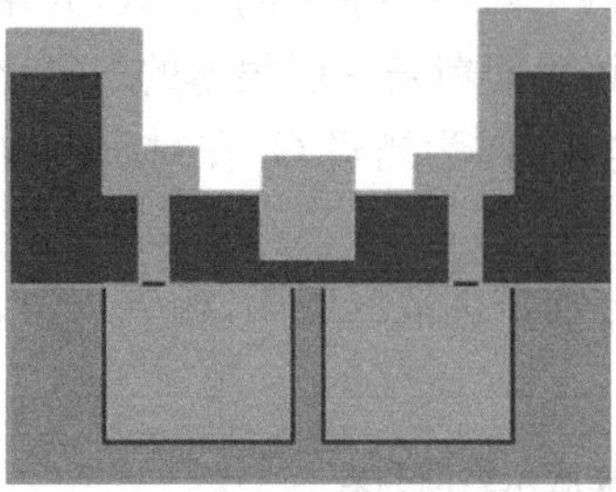	该结构完成后的器件截面图. 注意 MOS 结构的另外一个衬底电极,是通过旁边的接地窗口和衬底连接,并施加衬底偏压

【实验设备和材料】

SRD-L4514-3 三管扩散炉、尾气处理塔系统、BG-401A 型单面曝光机、CPN-PSD-100OP 净化显影机、KW-4A 型匀胶机、NXXD-XH-BZD-2012-11 湿法刻蚀实验台、ZHD-300M2 电阻蒸发镀膜机、四探针测试仪、金相显微镜、F40 薄膜分析仪、2450 数字源表等.

【实验内容与步骤】

1. 实验内容

通过一系列基本的工艺操作,完成一个 NMOS 器件.

2. 实验准备

(1) 熟悉有关仪器的操作步骤;

(2) 了解每个工艺间的安全守则和注意事项;

(3) 实验前设计好每个工艺步骤,熟悉整个工艺流程.

3. 实验过程

NMOS 是集成电路的基本器件,其制造需要经过许多工艺步骤来完成,表 4.6.2 概括了一个 NMOS 的工艺流程.

表 4.6.2　NMOS 器件制作工艺流程表

序号	NMOS 工艺流程	说明
1	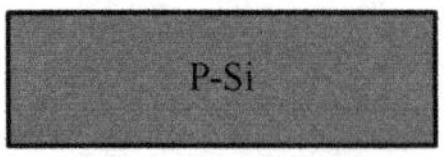	硅片清洗 衬底 p-Si $\rho=10\sim30\Omega\cdot cm$
2	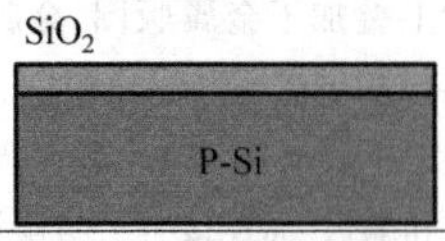	初始氧化 SiO_2层厚度约 2000Å
3	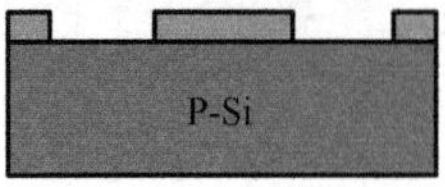	光刻、湿法刻蚀 形成掺杂区域

续表

序号	NMOS 工艺流程	说明
4	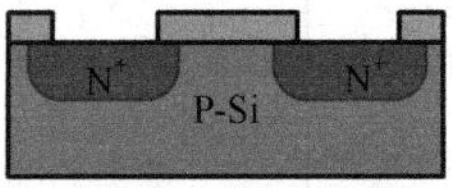	扩散磷
5	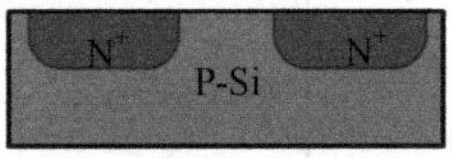	湿法刻蚀去掉 SiO_2 保护层
6	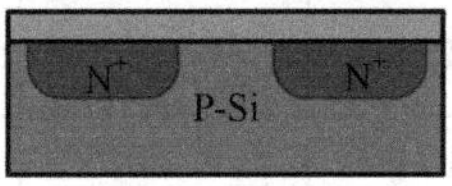	形成栅氧 SiO_2 层厚度约 500Å
7	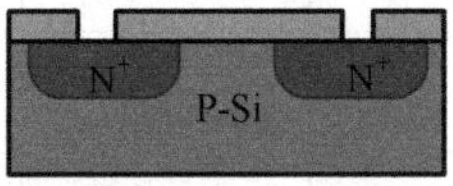	光刻形成引线孔
8	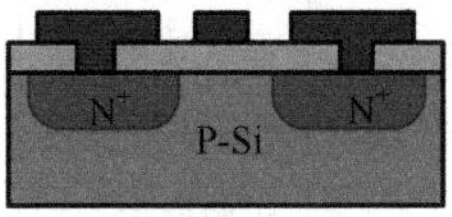	蒸铝 光刻形成电极

4. 实验记录(表 4.6.3)

表 4.6.3　NMOS 器件制作工艺实验记录表

序号	工艺	简要步骤	关键参数	测量	检验
1	硅片清洗	SC-1→SC-2	清洗液的浓度		
2	初始氧化	干氧→湿氧→干氧	氧化温度 氧化时间	氧化层厚度	氧化层的均匀性
3	版图 1 光刻	涂胶→曝光→显影	曝光能量	显影效果	过曝、欠曝
4.	版图 1 氧化膜刻蚀	HF 刻蚀	刻蚀速率 刻蚀时间	刻蚀残留	钻刻、穿孔
5.	光刻胶 1 去除				光刻胶残留
6	磷掺杂预扩散		温度，时间		
7	磷玻璃刻蚀	HF 刻蚀	刻蚀速率 刻蚀时间	方块电阻	
8	磷驱进		温度，时间		
9	版图 3 光刻	涂胶→曝光→显影	曝光能量	显影效果	过曝、欠曝

续表

序号	工艺	简要步骤	关键参数	测量	检验
10	版图 3 氧化膜刻蚀	HF 刻蚀	刻蚀速率 刻蚀时间	刻蚀残留	钻刻、穿孔
11	版图 3 光刻胶去除				光刻胶残留
12	栅氧氧化	干氧氧化	氧化温度 氧化时间	氧化层厚度	氧化层的均匀性
13	版图 4 光刻	涂胶→曝光→显影	曝光能量	显影效果	过曝、欠曝
14	版图 4 氧化膜刻蚀	HF 刻蚀	刻蚀速率 刻蚀时间	刻蚀残留	钻刻、穿孔
15	版图 4 光刻胶去除			方块电阻	光刻胶残留
16	版图 5 光刻	涂胶→曝光→显影	曝光能量	显影效果	过曝、欠曝
17	铝蒸镀	真空镀铝，沉积时间小于 20 秒	蒸镀时间	铝膜厚度	薄膜的均匀性
18	铝剥离				
19	退火	400℃退火 5 分钟	退火时间、温度		

5. 对器件进行 *I-V* 和 *C-V* 测试.

【实验报告与数据分析】

1. 认真记录实验过程中的每一个步骤和现象；
2. 填写完成工艺实验记录表，对实验结果进行分析与讨论；
3. 画出 *I-V* 和 *C-V* 特性曲线，分析器件的主要电学特性.

【注意事项】

1. 所有仪器设备都必须按照正确的操作步骤进行；
2. 注意在实验过程中佩戴防护工具，确保人身安全；
3. 实验过程中产生的废弃液体必须回收，不能随意排放.

【思考题】

1. 影响 NMOS 器件性能的工艺参数有哪些？
2. 针对本实验中 NMOS 器件的某项电学参数，结合 TCAD 仿真，请提出工艺上的优化方案以提高其性能.

参 考 文 献

韩雁，洪慧，马绍宇等. 2007. 集成电路设计制造中 EDA 工具实用教程. 杭州：浙江大学出版社
何晋浙. 2009. 高校实验室安全管理与技术. 北京：中国计量出版社
荒井英辅. 2000. 集成电路 A. 北京：科学出版社
吉时利公司网站：http://www.keithley.com.cn/re/sdl
姜忠良. 2009. 实验室安全基础. 北京：清华大学出版社
姜忠良，齐龙浩，马丽云等. 2009. 实验室安全基础. 北京：清华大学出版社
九院校编写组. 1991. 微电子学实验教程. 南京：东南大学出版社
刘刚等. 2009. 微电子器件与 IC 设计基础. 第二版. 北京：科学出版社
斯蒂芬 A. 坎贝尔. 2011. 微纳尺度制造工程. 严利人，张伟，等译. 北京：电子工业出版社
宿昌厚，鲁效明. 2003. 双电测组合法测试半导体电阻率的研究. 半导体学报. 24(3)：298
宿昌厚. 1979. 用四探针技术测量半导体——薄层电阻的新方案. 物理学报. 286(6)：759
唐龙谷. 2014. 半导体工艺和器件仿真软件 Silvaco TCAD 实用教程. 北京：清华大学出版社
Betty Lise Anderson 等. 2008. 半导体器件基础. 邓宁等译. 北京：清华大学出版社
Cherie R. Kagan 等. 2008. 薄膜晶体管(TFT)及其在平板显示中的应用. 廖燕平等译. 北京：电子工业出版社
Michael Quirk，Julian Serda. 2009. 半导体制造技术. 韩郑生等译. 北京：电子工业出版社
Peter Van Zant. 2012. 芯片制造——半导体工艺制造实用教程. 韩郑生，赵树武译. 北京：电子工业出版社
Robert F. Pierret. 2010. 半导体器件基础. 黄如等译. 北京：电子工业出版社
Silvaco 公司的 TCAD 网站为：http://www.silvaco.com/products/tcad.html